Nachhaltigkeit schafft neuen Wohlstand

Karin Feiler (Hrsg.)

Europäisches Forum für Nachhaltigkeit
des Club of Rome

Nachhaltigkeit schafft neuen Wohlstand

Bericht an den Club of Rome

Mit Beiträgen von

Martin Bartenstein, Orio Giarini, Hartmut Graßl, Hans Küng,

Patrick M. Liedtke, Franz Josef Radermacher, Josef Riegler,

Bert Rürup, Josef Schmid, Walter R. Stahel,

Klaus Töpfer, Ernst Ulrich von Weizsäcker

PETER LANG

Frankfurt am Main · Berlin · Bern · Bruxelles · New York · Oxford · Wien

Bibliografische Information Der Deutschen Bibliothek
Die Deutsche Bibliothek verzeichnet diese Publikation in der
Deutschen Nationalbibliografie; detaillierte bibliografische
Daten sind im Internet über <http://dnb.ddb.de> abrufbar.

Gedruckt auf alterungsbeständigem,
säurefreiem Papier.

ISBN 3-631-51633-9

© Peter Lang GmbH
Europäischer Verlag der Wissenschaften
Frankfurt am Main 2003
Alle Rechte vorbehalten.

Printed in Germany 1 2   4 5 6 7

www.peterlang.de

Dieses Buch wurde unter der Schirmherrschaft von
Seiner Königlichen Hoheit Prinz El Hassan bin Talal,
Präsident des Club of Rome,
erstellt

Autorenverzeichnis

Professor Dr. Klaus Töpfer, Exekutivdirektor, United Nations Environment Programme, Nairobi

Uwe Möller, Generalsekretär des Club of Rome, Hamburg

Professor Dr. Ernst Ulrich von Weizsäcker, Mitglied und Vorsitzender des Umweltausschusses im Bundestag, Mitglied des Club of Rome

Dr. Karin Feiler, BMWA, Leiterin der Abteilung Nachhaltige Wirtschaftsentwicklung;

Mag. Gabriele Zöbl, Geschäftsführerin des European Support Centre des Club of Rome, Wien

Professor Dr. Josef Schmid, Lehrstuhl für Bevölkerungswissenschaft, Otto-Friedrich-Universität Bamberg

Professor Dr. Hartmut Graßl, Meteorologisches Institut, Universität Hamburg, Max-Planck-Institut für Meteorologie in Hamburg

Professor Dr. Dr. Franz Josef Radermacher, Leiter des Forschungsinstituts, für anwendungsorientierte Wissensverarbeitung, Ulm, Mitglied des Club of Rome

Vizekanzler a. D. Dipl.-Ing. Dr. h. c. Josef Riegler, Präsident des Ökosozialen Forums Österreich, Wien/Graz

Dr. Petra C. Gruber, Leiterin des Instituts für Friede, Umwelt und Entwicklung, Wien

Professor Orio Giarini, Mitglied des Club of Rome, Genf/Triest

Patrick M. Liedtke, Vizepräsident des Europäischen Support Center des Club of Rome, Genf

Walter R. Stahel, Gründer des Institutes für Produktdauer-Forschung, Genf

Michael Windfuhr, FIAN Exekutivdirektor der Internationalen Menschenrechtsorganisation für das Recht sich zu ernähren, FIAN-International und Maartje van Galen, FIAN-International

Professor Dr. Bert Rürup, Lehrstuhl für Steuer- und Wirtschaftspolitik, TU Darmstadt

Dipl. Wirtsch. Ing. Jochen Jagob, Assistent am Institut für Volkswirtschafslehre der TU Darmstadt

Professor Dr. Hans Küng, Leiter des Instituts für Weltethos, Universität Tübingen

Dr. Martin Bartenstein, Bundesminister für Wirtschaft und Arbeit, Österreich.

Inhalt

I. Vorwort

Der Beitrag der Natur zu nachhaltigem Wohlstand

Klaus Töpfer

2002 erschien der globale Umweltbericht des UNEP"GEO-3". Darin wird hervorgehoben, dass in weiten Teilen der Welt – vor allem in den Entwicklungsländern – eine stetige Verschlechterung der Schlüsselindikatoren zu beobachten ist. Millionen von Menschen, die an durch den Konsum von verseuchtem Wasser hervorgerufenen Krankheiten sterben, sowie Produktionseinbußen infolge der Degradation des Bodens sind dafür ein deutlicher Beleg. Da in vielen Regionen das Bevölkerungswachstum anhält und der Zustand der Umwelt sich zunehmend verschlechtert, wird sich diese Situation für Millionen der Ärmsten auf unserem Planeten – unsere Heimat – weiter verschärfen.

Nachhaltiger Wohlstand setzt das Vorhandensein von genügend Ressourcen zur Sicherung der kontinuierlichen Versorgung der Menschen über Zeit und Raum hinweg voraus. Während diese Einsicht allgemein geteilt wird, gibt es noch viel zu wenige Menschen, die verstehen, dass die Umwelt ein tragendes Element, nicht ein Konkurrent, von nachhaltigem Wohlstand ist. Man kann den Kritikern eines rücksichtslosen Umgangs mit den Ressourcen entgegnen, dass es hierzu keine Alternative gebe. Diese Haltung gegenüber der Umwelt als einem Konkurrenten übersieht jedoch den entscheidenden Punkt, dass diese nämlich unabdingbare Voraussetzung für dauerhafte Entwicklung ist.

So heißt es in einem Bericht der Weltbank hinsichtlich der Wasserressourcen: "Die Umwelt ist nicht einfach irgendein Großverbraucher von Wasser. Sie selbst *ist* die Wasserquelle ... und eine Verschlechterung der Wasservorräte und –qualität in Flüssen, Seen, Feuchtgebieten und natürlichen Wasserspeichern könnte unweigerlich mit der Veränderung des Wasserversorgungssystems und den damit verbundenen Biotopen einhergehen. Diese haben dann auch Auswirkungen auf jetzige und auf zukünftige Generationen." Zudem sind jene, die behaupten, dass es keine andere Wahl gebe als die Umwelt zu belasten, sich zumeist nicht der Kosten bewusst, die mit übermäßigem Ressourcenkonsum verbunden sind. Und was noch schlimmer ist – es sind in der Regel die Armen, die am meisten unter einer zerstörten Umwelt zu leiden haben. Die Studien des UN-Umweltprogramms über Armut und Umwelt heben den Zusammenhang zwischen kurzsichtigem Ressourcenkonsum und Armut deutlich hervor.

Das vielleicht bekannteste Beispiel dafür, welcher ökonomische Preis mit einer fehlgeleiteten Nutzung von Ressourcen verbunden ist – ein Beispiel aus dem Bereich Boden und Wasser — ist der Fall des Aralsees. Die Nutzung der Frischwasserreserven für die Bewässerung landwirtschaftlicher Flächen hat sowohl den Spiegel als auch die Qualität des Wassers derart herabgesetzt, dass die einst stabile Fischereiindustrie völlig zum Erliegen kam. Beinahe alles, was in diesem Bereich je an Investitionen getätigt wurde, liegt nun vollkommen brach. Zudem hat die ineffiziente Nutzung von Wasser für die Bewässerung dieser semiariden Region zur Übersalzung des Bodens und in Folge zu einem beträchtlichen Rückgang der landwirtschaftlichen Produktion geführt.

Kurzum wir müssen über das Konzept des Umweltschutzes hinausgelangen und unser Hauptaugenmerk auf nachhaltiges Ressourcenmanagement legen, wollen wir kontinuierliche Entwicklung und gesicherten Wohlstand nicht als Ziele aus den Augen verlieren.

Und um diese Ziele zu erreichen, müssen wir einen Ansatz finden, der ökologische, ökonomische und soziale Aspekte gleichermaßen berücksichtigt. Daher bedarf es in den Sektoren mit dem höchsten Ressourcenverbrauch einer Bündelung politischer, gesetzlicher und wirtschaftlicher Maßnahmen. Diese Aufgabe kann nicht allein den Umweltministerien überantwortet werden.

Wendet man sich von den Schlüsselsektoren hin zu den ökonomischen Rahmenbedingungen, erhebt sich die Frage nach dem Zusammenhang zwischen dem Konzept nachhaltigen Wohlstands und der klassischen Wirtschaftstheorie. Die bedeutendsten Schübe innerhalb der gegenwärtigen Wirtschaftspolitik werden von Theorien ausgelöst, die bereits vor dem Konzept einer nachhaltigen Entwicklung formuliert wurden. Daher können konventionelle ökonomische Theorien und Praktiken meiner Ansicht nach nicht als *Determinanten* für die Art und Weise, wie wir mit den Umweltressourcen umgehen, herangezogen werden. Im Bereich der Mikroökonomie hingegen kommen wirtschaftstheoretische Instrumente bei der Lösungsfindung zuwenig zum Einsatz. Anders gesagt, die Forderung, alles den Märkten zu überlassen, kann nicht die angemessene Antwort auf die Frage, wie dauerhafter Wohlstand zu erreichen sei, sein. Während es hinsichtlich der Anwendung von nicht durch den Markt diktierten Bewertungs- und Preisbildungsmechanismen in Bezug auf die Umwelt bereits eine Reihe nützlicher Methoden gibt, sind die grundlegenderen Fragen betreffend die Umsetzbarkeit herkömmlicher ökonomischer Modelle zwecks nachhaltiger Gewährleistung von Entwicklung und Wohlstand auf makroökonomischer Ebene nach wie vor ungelöst. Es deutet nichts auf eine baldige Lösung hin. Vor diesem Hintergrund möchte ich nachdrücklich betonen, dass eine stärkere Berücksichtigung volkswirtschaftlicher Aspekte in der Mikroökonomie viel zu einer Verbesserung der Nachhaltigkeit im Ressourcenkonsum beitragen würde. Dazu gehörte etwa eine Preispolitik, die einen effizienteren Umgang mit Boden und Wasser und die Eindämmung der Umweltverschmutzung gewährleisten würde.

Auch die Frage der auch über die einzelnen Generationen hinausgehenden Gerechtigkeit findet in den konventionellen Wirtschaftsmodellen viel zu wenig Beachtung – insbesondere im Hinblick auf nachhaltige Entwicklung in den Ländern der Dritten Welt.

Zusammenfassend ergibt sich, dass wir im Bereich der Mikroökonomie verstärkt wirtschaftstheoretische Instrumente heranziehen müssen, um unseren Wohlstand zu sichern, während auf makroökonomischer Ebene adäquate Volkswirtschaftsmodelle zu entwickeln sind, die das Konzept nachhaltiger Entwicklung ausdrücklich thematisieren und auch der Generationenfrage die ihr gebührende Beachtung schenken.

Verständlicherweise stehen die Entwicklungsländer der Implementierung von im Westen entwickelten ökonomischen Konzepten mit Skepsis gegenüber – nicht nur, was die Tauglichkeit einzelner Methoden und Modelle betrifft, sondern auch hinsichtlich ihrer unausgewogenen Anwendung. So ist der vom Westen auf die Entwicklungsländer ausgeübte Druck in Richtung Abbau von Handelshemmnissen und Subventionen sowie Erhöhung der Wasser- und Strompreise angesichts der in der EU und den USA in der Landwirtschaft, der Wasserwirtschaft und der Fischereiindustrie bestehenden Stützungsmaßnahmen in vielen Fällen pure Heuchelei. Gerechtigkeit ist daher durch konsequenten Einsatz von wirtschaftspolitischen Instrumenten und globalen Standards gleichfalls von Bedeutung.

Jenen, die nachhaltigen Wohlstand durch die Umgestaltung der Industriegesellschaft in eine Dienstleistungsgesellschaft gesichert sehen, muss man zu bedenken geben, dass wir auf die 'alten' Industriezweige, wie Stahl und Chemie, kaum verzichten können werden, wollen wir weiter lebensnotwendige Güter produzieren. Sicherlich gibt es hier Spielraum für gesteigerte Effizienz in Produktion und Ressourceneinsatz, den es zu nutzen gilt. Grundsätzliche Fragen betreffend die Produktion und den Konsum bleiben jedoch bestehen. Welche Folgen hätte die weltweite Ausdehnung westlicher Konsumformen? Generell wären die Implikationen für Umwelt und Ressourcenbasis Besorgnis erregend. Doch es wäre völlig unrealistisch und auf groteske Art ungerecht, den Entwicklungsländern das Hinarbeiten auf westliche Lebensstandards zu verbieten. Es ist daher ein Gebot der Stunde, dass der Westen, der Begründer jener Produktions- und Konsumformen, die eine potenzielle Gefahr für den gesamten Planeten darstellen, viel größere Anstrengungen unternimmt, um Modelle auszuarbeiten, die einen angemessenen und nachhaltigen Lebensstandard für alle Länder ermöglichen. Für die Sicherung von Wohlstand und Frieden ist das unabdingbar. Denn eines ist gewiss: Das Potenzial für Konflikte zwischen Besitzenden und Habenichtsen wird solange vorhanden sein, solange nicht gerechter und dauerhafter Wohlstand für alle gewährleistet ist.

II. Einleitung

.

Nachhaltigkeit: Anspruch und Wirklichkeit. "Grenzen des Wachstums" – ein Denkanstoß

Uwe Möller

Der Club of Rome – 1968 gegründet – hat mit seinem 1972 veröffentlichten Bericht "Grenzen des Wachstums" entscheidend dazu beigetragen, eine neue Dimension des Denkens anzustoßen, die inzwischen durch den Begriff "Nachhaltigkeit" bzw. "nachhaltige Entwicklung" geprägt wird. Mit dem Bericht an den Club of Rome wurde damals die völlig neue, revolutionierende Frage nach der Begrenztheit der natürlichen Ressourcen gestellt – in einer Zeit, in der wirtschaftliches Wachstum mit dem Ziel, immer mehr Menschen einen höheren Wohlstand zu ermöglichen, als etwas Selbstverständliches angesehen wurde. – Stehen dafür aber auf unserem Planeten hinreichend Rohstoffe und Energien zur Verfügung, wie belastbar ist die natürliche Umwelt – Luft, Wasser, Boden, Artenvielfalt? Das waren die Fragen, die die Gründungsväter des Club of Rome damals bewegten.

Der Bericht "Grenzen des Wachstums" – weltweit in einer Auflage von 12 Millionen Exemplaren in mehr als 25 Sprachen – fand eine so außerordentliche Resonanz, weil ihm ein "rechnerisches Weltmodell" zugrunde lag, das quantifizierte Aussagen zu denkbaren Zukunftsszenarien bis weit ins 21. Jahrhundert machte. Der Computer führte die Sozial- und Wirtschaftswissenschaften zu neuen Horizonten, denn bisher war es nur möglich, die soziale und wirtschaftliche Realität in einfache verbale Modelle zu fassen, jetzt konnte man in umfassenden, komplexen Systemen rechnen. Nun war das Rechnen in Weltmodellen etwas Neues, in seiner Fragestellung mit den "Grenzen des Wachstums" etwas durchaus Provozierendes, mit der Folge, dass von einer sich herausgeforderten Wissenschaft "nachgerechnet" wurde. Das Ergebnis war eine weit verbreitete Kritik am Weltmodell des Berichts und seinen Zukunftsszenarien, sei es, dass man die Parameter oder die angenommenen Wechselbeziehungen im Modell nicht für zutreffend hielt – und, überhaupt der Denkansatz! Die "Grenzen des Wachstums", nur verbal herausgearbeitet, hätten zweifelsohne kaum eine vergleichbare Aufmerksamkeit gefunden.

Wurde der Bericht "Grenzen des Wachstums" also zunächst von der Fachwelt überwiegend kritisiert, so hat er jedoch entscheidende Anstöße dafür gegeben, dass sich das Bewusstsein für die globalen Zusammenhänge von Ökonomie und Ökologie entwickelt hat. Inzwischen ist das Wissen um die Begrenztheit der Ressourcen auf diesem Planeten allgemein bekannt. Wir wissen, dass wir zu einer nachhaltigen Nutzung der natürlichen Ressourcen gezwungen sind, wollen wir nicht die Überlebensgrundlagen für die zukünftigen Generationen zerstören.

Hatte der Bericht "Grenzen des Wachstums" mit seinen Projektionen auch die Jahrzehnte bis zur Jahrtausendwende im Visier, so haben die Autoren, Denis und Donella Meadows, im Jahre 1992 mit ihrem Buch "Die neuen Grenzen des Wachstums" anhand der vorliegenden Daten des Jahres 1990 eine Bilanz ihrer damaligen Vorstellungen und Rechnungen ziehen können. Hatte der erste Bericht aus dem Jahre 1972 in seinen Szenarien bei wachsender Weltbevölkerung und steigender Produktion von Gütern und Dienstleistungen sich demnächst andeutende Engpässe in der Rohstoff- und Energieversorgung vorhergesagt, so zeigte die "Bilanz" von 1992 an dieser "Front" eher Entwarnung an. Bei den Rohstoffen haben sich die Reserven als größer erwiesen als zunächst angenommen. Der technische Fortschritt hat eine effizientere Rohstoffnutzung ermöglicht, auch die in vielen Bereichen vordringende Wiederaufarbeitung hat zu einer Entlastung geführt. Dennoch decken wir den Energiebedarf bis zu 90 Prozent aus fossiler Energie ab. Bei Erdöl und Erdgas nähern wir uns bereits dem Zenit der Ausbeutung der bisher erschlossenen, leicht zugänglichen und preiswerten Quellen. Das veranlasst uns aber immer noch nicht, entscheidend über eine sinnvollere Energienutzung nachzudenken. Im Zweifel glaubt man, rechtzeitig mit neuen Energietechnologien drohenden Mangelsituationen begegnen zu können.

Die Zerstörung des Naturkapitals

Was aber die Zahlen von 1990 in erschreckender Weise offenbaren, ist die Tatsache, dass die Belastung und Zerstörung der natürlichen Umwelt in den davor liegenden 20 Jahren doppelt so schnell zugenommen haben, wie in den Projektionen aus dem Jahre 1972 befürchtet worden war. Der "Naturverbrauch" ergibt sich einmal aus der "Verschwendungsökonomie der Reichen". Die 1,5 Milliarden Menschen im "Norden" verfügen über mehr als 80 Prozent der Weltwirtschaftsleistung mit einer entsprechenden Beanspruchung der Naturressourcen, während dem "armen Süden" mit 4,5 Milliarden Menschen nur weniger als ein Fünftel der weltweiten Wirtschaftsleistung zur Verfügung stehen. Die ressourcenbelastenden "Überlebensökonomie der Armen" führt

– zur Zerstörung fruchtbaren Bodens, die das Naturpotential zur Herstellung der für das Überleben der Menschheit notwendigen Biomasse gefährdet,
– zur Zerstörung lebenswichtiger Trinkwasserreserven, was in vielen Regionen der Dritten Welt gefährliche Konfliktpotentiale entstehen lässt,
– zur Verschmutzung von Flüssen und Ozeanen und ihrer Überfischung,

– zur Zerstörung genetischen Potentials durch ein sich weiter beschleunigendes Artensterben und
– zum erhöhten Risiko von Klimaveränderungen.

Diese Bedrohungen sind im "Norden" nicht so einfach zu vermitteln. Sie gefährden doch im Wesentlichen die Existenz der Menschenmassen in der südlichen Hemisphäre und bedeuten dort weit verbreitet Hunger, Unterernährung, Krankheit und soziales Elend. Sie führen zu Wanderungsbewegungen und Verteilungskämpfen, zu Gewalt, Terror und militärischen Konflikten, die zusätzlich kostbares Human-, Sozial- und Naturkapital zerstören. Alles das wird im materiell wohlhabenden und politisch stabilen "Norden", so auch bei uns in Europa, immer noch vornehmlich als "ferne Probleme" wahrgenommen. Obgleich die nach der "Wohlstandsinsel Europa" strebenden zunehmenden Asylantenströme wie auch die wachsenden Gefahren, die sich aus den Terrorbedrohungen ergeben, zunehmend doch die Erkenntnis dämmern lassen, dass die "eine Welt" oder das "globale Dorf", in der oder in dem wir alle leben, nicht "politische Lyrik", sondern zunehmend "harte Realität" darstellt.

Armut – Gerechtigkeit und Nachhaltigkeit

Die Armut, die in den vergangenen Jahren in vielen Regionen der Dritten Welt noch zugenommen hat, stellt eindeutig die wesentlichste Bedrohung für Frieden und Stabilität in der Welt dar. Selbst in den hoch entwickelten Gesellschaften des "Nordens" bildet die Ungleichheit in der Verteilung von Einkommen und Vermögen einen zunehmend gefährlichen sozialen Sprengstoff. Für die Armut im "Süden", die im Wesentlichen aus der wirtschaftlichen Unterentwicklung resultiert, gibt es eine Vielfalt von Ursachen: Vielfach sind die herrschenden Machtgruppen nicht an einer wirtschaftlichen Entwicklung interessiert, da diese zwangsläufig mit dem Heraufkommen einer mittelständischen Zivilgesellschaft verbunden ist, die die autoritären Machtstrukturen in Frage stellt. Die Machtphilosophie dieser "Eliten" gründet sich primär auf die Eroberung von Machtpositionen und nicht auf die gesellschaftlich-wirtschaftliche Entwicklung. Entsprechend werden die Energien daher eher auf Machtauseinandersetzungen statt auf die gesellschaftlich-wirtschaftliche Entwicklung konzentriert.
    Aber auch der "Norden" erschwert die wirtschaftliche Entwicklung im "Süden". Ein wesentliches Hindernis stellt der eigensüchtige Protektionismus dar, der den sich entwickelnden Wirtschaften in der Dritten Welt die zustehenden Chancen vorenthält, sich in die wachsenden Weltmärkte zu integrieren. Auch die bisherige Entwicklungshilfe ist zum großen Teil kontraproduktiv eingesetzt wor-

den. Sie ist häufig in wenig sinnvolle Großprojekte mit eher Prestige-Charakter zugunsten bestimmter Machtgruppen geflossen.

Wir wissen inzwischen auch, was an der "Armutsfront" zu tun ist. – Der "Norden" muss vor allem den aufstrebenden Wirtschaften im "Süden" den Weg in die internationale Arbeitsteilung und in die Weltmärkte durch Abbau von Hindernissen und besondere Förderung erleichtern. "Handel statt Hilfe" sollte daher in der Entwicklungspolitik immer noch Priorität genießen, während die Entwicklungshilfe im Wesentlichen dazu dienen sollte, wirtschaftliche Aktivitäten im Bereich von Klein- und Mittelunternehmen sowie im Genossenschaftswesen zu fördern, vor allem auch im ländlichen Raum. Es sollte auch darauf gedrungen werden, dass besonders in den Ballungsgebieten, in denen sich erhebliche wirtschaftliche Aktivitäten im informellen Sektor abspielen, die unerlässlichen rechtlichen Rahmenbedingungen geschaffen werden, die diesem Entwicklungspotential den notwendigen Wachstumsspielraum eröffnen. Neben der Ausbildung sollten auch die Initiativen gefördert werden, die den Aufbau einer Zivilgesellschaft anstreben und vor allem die Lage der Frauen verbessern wollen. Letzteres trägt nicht nur dazu bei, dass die Geburtenrate sinkt, sondern die Stärkung der sozioökonomischen Position der Frauen, die in vielen Regionen der Dritten Welt unter schwierigsten Arbeitsbedingungen bis zu zwei Drittel zur Wirtschaftsleistung beitragen, könnte auch entscheidende Impulse für die wirtschaftliche Entwicklung geben.

Keine Nachhaltigkeit ohne Frieden

Die weltpolitische Szenerie ist in den vergangenen Jahren gekennzeichnet durch eine zunehmende Anzahl von Machtkonflikten und kriegerischen Auseinandersetzungen. Diese haben vielfältige Ursachen: Stammes- und Clan-Gegensätze, nationalistische wie religiös-kulturelle Animositäten und wachsende sozioökonomische Disparitäten. Sie gehen einher mit dem Zerfall legaler staatlicher Macht und Autorität. Es entstehen zunehmend kriminelle und terroristische Machtstrukturen mit privatisierter Kriegsführung, erleichtert durch eine weit verbreitete Waffenlieferung.

Was ist zu tun? – Zunächst bedarf es eines verbesserten Krisenmanagements, das im Zweifelsfall auch entschlossen mit militärischen Mitteln Frieden stiften und bewahren kann. Die entscheidende Ordnungsmacht, fähig und willens mit militärischen Mitteln in Konflikte einzugreifen, sind die USA. Aber es zeigt sich, dass auch sie – schwankend zwischen Unilateralismus und Multilateralismus – auf Partner sowie auf den immer noch sehr unvollkommenen UN-Rahmen angewiesen sind. Auch Europa wird verstärkt globale sicherheitspolitische Verantwortung übernehmen müssen. Das wird sinnvollerweise nur durch eine gemeinsame EU-Sicherheits- und Außenpolitik geschehen können, der ein integriertes Militärpotential zur Verfügung steht.

Was getan werden muss, ist offensichtlich: Wir benötigen ein effektives Krisenmanagement im Rahmen der United Nations sowie wirksame regionale Sicherheitssysteme. Ebenso gilt es, die Waffenlieferungen zu stoppen. Die Durchsetzung völkerrechtlicher Normen sowie der Menschenrechte muss verstärkt werden. Dazu kann eine Erziehung zu Frieden und Toleranz beitragen, wie auch die Nicht-Regierungsorganisationen eine stärkere Rolle in der Herausbildung einer globalen Zivilgesellschaft spielen können.

Unbefriedigende "Nachhaltigkeitsbilanz"

Die "Nachhaltigkeitsbilanz" ist unbefriedigend! Nachhaltige Entwicklung (sustainable development) ist als wichtiges Ziel, um das Überleben künftiger Generationen zu sichern, weitgehend anerkannt. Politische Parteien, gesellschaftliche Gruppen, die Wirtschaft, Regierungen und internationale Organisationen haben es sich auf die Fahnen geschrieben.

Auf vielen internationalen Konferenzen, besonders 1992 auf dem Weltgipfel in Rio, wurden Wegmarken für eine globale nachhaltige Entwicklung gesetzt und Verpflichtungen eingegangen – insgesamt jedoch mit einem enttäuschenden Ergebnis. Der Weltgipfel vom September 2002 in Johannesburg, der eine Bilanz der Nachhaltigkeitsbemühungen seit Rio gezogen hat, zeigt das in ernüchternder Weise. Auch auf dem Weg nach vorne wurden in Johannesburg Ziele mit wenig Verbindlichkeit nur vage umschrieben.

Ob es jedoch gelingt für die Menschheit im "globalen Dorf" eine nachhaltige Entwicklung zu sichern, entscheidet sich in den Wachstumsmärkten der Dritten Welt. Hier herrscht bei den heute noch armen und zukünftig noch wachsenden Menschenmassen der verständliche Wunsch nach höherem Lebensstandard, wie die Wohlstandsgesellschaften des "Nordens" ihn vorleben. Nur wissen wir, dass die Natur, die Rohstoff- und Energiereserven den sich daraus ergebenden Belastungen nicht standhalten. Der gegenwärtige Naturverbrauch, zu mehr als 80 Prozent vom "Norden" verursacht, zerstört bereits das Naturkapital und damit die natürlichen Lebensbedingungen zukünftiger Generationen. Unser Lebensstil ist damit nicht auf den "Süden" übertragbar. Die "Tiger-Staaten" Südostasiens, die unserem Industrialisierungspfad mit hohen Wachstumsraten so erfolgreich gefolgt sind, von vielen geneidet, können nicht als Vorbild dienen, war dieser Weg doch mit erheblichen Ressourcenbeanspruchungen und Umweltzerstörungen verbunden. Das zeigt sich gegenwärtig besonders eindringlich am Beispiel Chinas, das in einigen Regionen "erfolgreich" den wirtschaftlichen Wachstumspfad mit ganz erheblichen Umweltbelastungen bestreitet – vor allem verursacht durch den mittels schmutziger Kohletechnologie gedeckten Energiebedarf. Die für die Menschen dort inzwischen existentielle Problematik (gesundheitsgefährdende Luftverschmutzung) wird zunehmend auch der chinesischen Regierung bewusst.

Effizienzrevolution in der Ressourcennutzung

Entscheidet sich die für die Menschheit existentielle Ressourcenfrage also in den "Wachstumsmärkten" der Dritten Welt, so kommt den transnationalen Unternehmen eine strategische Bedeutung zu. Diese verfügen doch als "global player" über das weltweite Netzwerk und die Kapazität für die notwendigen Technologietransfer dorthin. Dabei müssen diese Unternehmen gleichzeitig die Effizienzrevolution in der Ressourcennutzung vorantreiben, indem sie ein völlig verändertes ressourcenschonendes Angebot von Gütern und Dienstleitungen marktfähig und exportierbar verwirklichen müssen. Wer morgen und übermorgen auf den Weltmärkten verkaufen will, weiß, dass dieses nur mit Produkten und Verfahren geschehen kann, die den strikter werdenden Ressourcen- und Umweltanforderungen gerecht werden. Gelingt es durch eine ökologische Steuerreform den Ressourcenverbrauch zu verteuern, so kommen diese Technologien schneller zum Einsatz. Die bisherige kapital- und technologieintensive Güterproduktion bei niedrigen Rohstoff-, Energie- und Naturkosten mit einem verschwenderischen Ressourcenverbrauch werden hinfällig. Technologien mit geschlossenem Stoffkreislauf und längeren Lebenszyklen erfordern arbeitsintensivere Prozesse. Lebensstandard kann nicht mehr durch den Raubbau an Naturressourcen produziert werden, sondern er muss "erarbeitet" werden. Mehr Umwelt bedeutet mehr Arbeit.

Die Energie spielt bei dieser Dematerialisierung eine zentrale Rolle. Sie hat doch selbst mengenmäßig wesentlich Anteil an den Stoffströmen beziehungsweise je billiger und reichhaltiger sie zur Verfügung steht, umso mehr erleichtert sie Mengenbewegungen. Wo die Dematerialisierung vornehmlich anzusetzen hat, wird deutlich, wenn man die Tatsache ins Auge fasst, dass bei dem gegenwärtigen Zivilisationskomfort allein rund zwei Drittel aller Energie- und Materialströme auf den Wohnkomfort sowie auf die Mobilität entfallen.

Noch sind wir weit davon entfernt, die mit der unerlässlichen ökologischen Wende verbundenen Konsequenzen zu akzeptieren. Die Erkenntnis dieser Notwendigkeit ist zwar inzwischen selbstverständlicher Bestandteil in den Grundsatzprogrammen aller Parteien, aber im politischen Alltag kommt sie kaum zum Tragen, da "Nachhaltigkeit" als politische Münze sich bisher beim Wähler kaum auszahlt. Wäre es denkbar, dass die breiten aufgeklärten Bildungsschichten, mit denen man jederzeit offen und verständnisvoll den "Diskurs" über die Notwenigkeit einer nachhaltigen Entwicklung pflegen kann und die auch stets artikulieren, dass sie sich ihrer Verantwortung zukünftigen Generationen gegenüber bewusst sind, sich in ihrem Konsumverhalten "grünen Produkten und Dienstleistungen" am Markt öffnen würden. Sie, die mit ihrem höheren Lebensstandard über erhebliche Kaufkraft verfügen, könnten damit die Umstrukturierung der Wirtschaft in Richtung Nachhaltigkeit mit Steigerung der Ressourcen- und Energieeffizienz erheblich beschleunigen, denn auf vielen Märkten stehen Unternehmen mit einem "grünen" Angebot bereit in Erwartung nachhaltiger Nachfrage.

Was gegenwärtig den Unternehmensleitungen eine vorausschauende langfristige Investitionsplanung in Richtung nachhaltiger Produktion erschwert, ist zweifelsohne das von den Kapitalmärkten ausgehende, kurzfristig orientierte Rendite-Interesse (shareholder value). Auch hier gilt es, ähnlich, wie es an den Konsummärkten notwendig ist, den Verbraucher vom Vorteil nachhaltiger Nachfrage zu überzeugen, dem Kapitalanteilseigner zu verdeutlichen, dass sein langfristiges Rendite-Interesse zunehmend nur in nachhaltigen Investitionen gesichert werden kann.

Änderung der Lebensstile

Die Dematerialisierung unserer Wirtschaft und unseres Lebensstandards beinhaltet zwei unterschiedliche Aspekte. Zum einen kann der technische Fortschritt durch eine Steigerung der Ressourceneffizienz erheblich dazu beitragen, zum anderen bedarf es einer Veränderung des Lebensstils, der in gewisser materieller Genügsamkeit (Suffizienz) immaterielleren Werten größere Bedeutung beimisst. Warum muss zum Beispiel in einer Gesellschaft über den eigentlichen rationalen Mobilitätsnutzens des Autos hinaus, diesem ein so hoher emotionaler Wert mit erheblichen Auswirkungen auf Ressourcenverbrauch und Umwelt beigemessen werden, während es für Kultur und Bildung an den notwendigen Mitteln mangelt? Könnten individuelle und gesellschaftliche Leitbilder sich nicht stärker am "Sein" als bisher weitgehend am "Haben" orientieren? Werden uns die Grenzen des materiellen Wachstums nicht ohnehin dazu zwingen? Und wäre das letztlich nicht eine "bessere und lebenswertere Welt"?

Und wir dürfen nicht vergessen, dass wir im "Norden" in unserer verantwortlichen Vorbildfunktion für die aufstrebenden Gesellschaften des "Südens" diesen neuen Lebensentwurf in einer überzeugenden Mischung von Effizienz und Suffizienz entwickeln und vorleben müssen.

Nachhaltige Entwicklung: Widerspruch in sich oder ökonomische Notwendigkeit?

Ernst Ulrich von Weizsäcker

Nachhaltige Entwicklung, verstanden als der möglichst schonende Umgang mit den natürlichen Grundlagen unseres Wohlstands, um Entwicklung auf lange Sicht zu gewährleisten, ist *per definitionem* eine ökonomische Notwendigkeit; meint man mit Entwicklung jedoch die gegenwärtige Verlaufsform des Wirtschaftswachstums, handelt es sich bei diesem Begriff um einen Widerspruch in sich.

Mit der Veröffentlichung des Aufsehen erregenden Berichts *Grenzen des Wachstums*[1] hat der Club of Rome den Finger auf eine Wunde gelegt, indem er, ohne den Ausdruck 'nachhaltige Entwicklung' zu gebrauchen, den Nachweis führte, dass ökonomisches Wachstum sich nicht ins Unendliche steigern lässt. Tatsächlich vollzog sich als Reaktion auf diese Erkenntnis nach 1972 im Bereich der Technologie ein tief greifender Paradigmenwechsel, der am deutlichsten in Form der Schadstoffkontrolle in Erscheinung trat: Die Umweltverschmutzung, die damals als unvermeidliche Begleiterscheinung industrieller Entwicklung galt, war in den *Grenzen* als einer von fünf wachstumshemmenden Parametern genannt worden.

Werfen wir daher einen näheren Blick auf die Erfolgsgeschichte der Schadstoffbekämpfung, des ersten gelungenen Schritts zur 'Entkopplung' von zuvor als gleichsam mechanisch miteinander verbunden erachteten Parameter.

Die industriell bedingte Umweltverschmutzung war eine der augenfälligsten negativen Begleiterscheinungen des Wirtschaftswachstums in den sechziger und siebziger Jahren. Ein vorwiegend lokal begrenztes Phänomen, suchte man es zunächst durch 'Dekonzentration' mit Hilfe höherer Schornsteine und anderer Verteilungstechnologien in den Griff zu bekommen. Doch wie die *Grenzen des Wachstums* eindeutig nachweisen konnten, wurde so das zugrunde liegende Problem nicht beseitigt. In der Folge wurde in den Industrieländern der Einsatz von Technologien zur Schadstoffkontrolle zur Pflicht, es kam zur gesetzlichen Festlegung von Standards und zur Einführung von Lizenzverfahren für Industrieanlagen, und schließlich einigte man sich auch auf zwischenstaatlicher Ebene, insbesondere innerhalb der Europäischen Gemeinschaft, auf Harmonisierungsmaßnahmen auf dem Gebiet der Schadstoffkontrolle. In der gesamten Europäischen Gemeinschaft und in anderen OECD-Ländern kam zudem das Instrument der Preisbildung auf Grundlage des Verursacherprinzips zur Anwendung.

---

1 Dennis Meadows et al. Grenzen des Wachstums, 1972, Deutsche Verlags-Anstalt.

So wurde die Schadstoffbekämpfung zur wahren Erfolgsstory – die Wasser- und Luftwerte in den industriellen Ballungsräumen, in den reichen Ländern also, waren wieder einwandfrei. Grafisch ließ sich dieser Erfolg als umgekehrte U-Kurve bzw. die ökologische Kuznets-Kurve darstellen, die den Verlauf der Umweltverschmutzung vor dem Hintergrund der zeitlichen und ökonomischen Entwicklung beschreibt. Ein Land beginnt gewöhnlich in der unteren linken Ecke, arm und sauber, und wird mit zunehmender Industrialisierung immer reicher und schmutziger. Bis es dann so reich ist, dass es sich Umweltschutzmaßnahmen leisten kann, sodass es schließlich reich und sauber ist.

Diese Erfahrung lässt den Schluss zu, dass es gut ist, reich zu sein, um sich den teuren Umweltschutz leisten zu können. Oder man beschreibt den Sachverhalt mit den berühmten, von Indira Gandhi auf der ersten UN-Konferenz über die menschliche Umwelt in Stockholm 1972 geäußerten, Worten: "Armut ist der größte Umweltverschmutzer". Den Entwicklungsländern kam dieses Diktum nur zu gelegen, sahen sie darin doch eine Rechtfertigung für die Beibehaltung traditioneller Wachstumsstrategien und ihr Beharren darauf, dass dies der Umwelt nütze. Aus demselben Grund wird die ökologische Kuznets-Kurve übrigens auch in den OECD-Ländern geschätzt.

Auch in Wirtschaftskreisen ist Umweltschutz ein beliebtes Thema, etwa in der Geschäftskommunikation oder wenn es um die soziale Verantwortung eines Betriebes geht. Doch es sind nicht nur Unternehmer und Entwickler, die sich an die Vorstellung klammern, Umweltpolitik ließe sich am besten in Form der Schadstoffkontrolle betreiben. Auch Umweltexperten sowohl im staatlichen als auch im privaten Sektor neigen zu dieser Ansicht, nicht nur, weil die meisten von ihnen, sei es als Techniker, Administratoren oder Juristen, auf diesem Gebiet ohnehin geschult sind.

So viel also zur klassischen Umweltpolitik.

Wendet man sich wieder den Herausforderungen einer nachhaltigen Entwicklung zu, ist ausdrücklich festzuhalten, dass die umgekehrte U-Kurve nicht automatisch für alle Umweltprobleme gilt. Gäbe es nicht strenge gesetzliche Vorschriften, hätte sie nicht einmal im Bereich der Umweltverschmutzung Bestand. Daher ist die entscheidende Frage, ob es möglich ist, die Schaffung von Wohlstand auch von anderen umweltschädigenden Faktoren, etwa Treibhausgasen, der Zerstörung natürlicher Lebensräume und nicht-nachhaltigen Lebensweisen, zu entkoppeln. Denn bezüglich dieser Faktoren gilt beinahe das genaue Gegenteil der Aussage Indira Gandhis: Nicht Armut, sondern Wohlstand ist der größte Umweltverschmutzer.

Unangenehm, wie dieses Phänomen ist, wollen es weder Ökonomen noch Politiker zur Kenntnis nehmen. Lieber schon verweisen sie auf das nachhaltige Entwicklungsdreieck, das besagt, dass ökonomischer und sozialer Wohlstand ebenso unverzichtbar ist – und wer wagte dem schon zu widersprechen? So haben es Politiker und Manager, namentlich in den USA, leicht, immer wieder auf das bequeme und vertraute Paradigma der Schadstoffkontrolle zurückzukommen.

Typisch für diese Form der Realitätsverweigerung ist die seit einiger Zeit grassierende Hysterie rund um die Entwicklung von Brennstoffzellen, deren großer Vorteil in der örtlich begrenzten Reinerhaltung der Luft besteht. Wenn allerdings – wie derzeit zu erwarten – die *primäre* Energiequelle unverändert bleibt, löst sich deren Überlegenheit gegenüber bestehenden Technologien im Hinblick auf den Klimawandel in Nichts auf.

Wie könnte die politische Bewältigung der durch Klimawandel, Verlust der Artenvielfalt und nicht-nachhaltige Lebensweisen entstandenen Probleme gelingen? Am ehesten wohl dadurch, meine ich, dass es zu einer echten Entkopplung zwischen der Schaffung von Wohlstand und der Schädigung der Umwelt kommt.

Was bezüglich des Treibhauseffekts erforderlich und erreichbar ist, ist eine drastische Erhöhung der Energieproduktivität, also eine Verdopplung, Vervierfachung oder gar Verzehnfachung des derzeit aus einem Fass Öl oder einer Kilowattstunde gewonnenen Wohlstands. Auch erneuerbare Energiequellen sind hier von Belang. Was den Schutz der Artenvielfalt betrifft, so müssen wir lernen, weniger Raum zugunsten von Wildpflanzen und -tieren in Anspruch zu nehmen. Eine nachhaltige Lebensweise bedeutet Wohlstand unter wenig Einsatz nicht erneuerbarer Ressourcen.

Welche politischen Instrumente für diese Entkoppelung in Frage kommen, kann man der klassischen Umweltpolitik entnehmen. Werfen wir einen näheren Blick auf die Preispolitik.

Instrumente der Preispolitik haben viel zur Eindämmung der Schadstoffemissionen, mithin zu einer sauberen Umwelt beigetragen. Ein typischer Fall ist die zur Finanzierung der Wasserreinigung verwendete Abwassergebühr. Weil dieses Gebührensystem darauf abzielte, den Verursacher zur Kasse zu bitten, hingegen diejenigen, die Vorbeugungsmaßnahmen trafen, weitgehend unberührt ließ, war es auch nie von größeren Kontroversen begleitet.

Dies gilt in weiterem Sinn auch für Benutzungsgebühren, Rückgabesysteme, Bußgelder im Fall der Übertretung und handelbare Emissionslizenzen für klassische Umweltverschmutzer, wie SO_2 oder NOx, die ebenfalls kaum auf Widerstand seitens der Öffentlichkeit stießen.

Im Fall von langfristigen und globalen Umweltproblemen, insbesondere dem Treibhauseffekt und Änderungen der Lebensweise, müssen Preisinstrumente eher bei den Input- denn bei denn Output-Faktoren ansetzen. Hierbei wird man kaum völlig auf die Einhebung von Gebühren bzw. Steuern verzichten können, doch wenn erhöhte Preise für Energie und andere knappe Ressourcen mit Effizienzsteigerungen einhergehen, müssen sie nicht unbedingt unpopulär sein.

Ich bin in der Tat zuversichtlich, dass sich, sobald knappe Naturressourcen mit Preisen versehen werden, die ihre langfristige Knappheit reflektieren, für uns ein neues Universum ökoeffizienter Technologien eröffnen wird. Den Weg dahin haben wir am Wuppertal Institut für Klima, Umwelt und Energie skizziert. Gemeinsam mit Amory und Hunter Lovins habe ich ein – auch als Bericht an den Club of Rome erschienenes – Buch veröffentlicht, das den Titel trägt 'Faktor Vier. – Doppelter Wohlstand, halbierter Naturverbrauch'[2].

Darin werden 50 Beispiele angeführt – vom Automobil bis zu Haushaltsgeräten, von Gebäudetechnologie bis zur Logistik, von Produktionsprozessen bis zu landwirtschaftlichen Methoden –, die allesamt beweisen, dass ein Faktor vier sowohl hinsichtlich der Energie- als auch der Materialeffizienz im Bereich des Möglichen liegt – eine Erkenntnis, die von jedem, der sich mit dem Klimawandel, dem unkontrollierten Städtewachstum und dem Verlust der Artenvielfalt auseinandersetzt, nachvollzogen werden kann.

Es gibt aber noch einen Unterschied zu klassischen Umwelttechnologien. Deren Lebenszyklus betrug an die zehn, maximal 20 Jahre. Ein Faktor vier in der Erhöhung der Ressourcenproduktivität hingegen wird kaum binnen 50 Jahren zu erreichen sein. Und die Eindämmung des Wildwuchses der Städte auf sozial verträgliche Weise und auf Dauer könnte gar an die 100 oder 200 Jahre in Anspruch nehmen.

Ein derart langer Zeitrahmen gilt auch im Hinblick auf die Preiselastizität. Die unmittelbare Preiselastizität ist sehr gering; der Treibstoffverbrauch unserer Wagenflotte wird sich kaum auf ein schwaches Preissignal hin ändern. Sobald es aber ein gesellschaftliches Bewusstsein davon gibt, dass die Preise für Energie und andere Ressourcen langsam, aber stetig nach oben gehen und eine rückläufige Bewegung ausgeschlossen ist, werden Autohersteller schon aus strategischen Überlegungen in die Entwicklung treibstoffarmer Modelle investieren, und für die Käufer wird dieses Kriterium zunehmend von Belang sein. Ingenieure und Wissenschafter werden sich mit Grundsatzfragen der Ressourcenproduktivität befassen, und Schwerpunkte der Städteplanung werden bequeme Massenverkehrsmittel und eine hohe Siedlungsdichte vertretbaren Ausmaßes sein. So werden auch andere Umweltherausforderungen angenommen und mit der Zeit bewältigt werden. Hohe Energieeffizienz in der Gebäudetechnologie, weniger Transporterfordernisse für Güter und Lebensmittel, ein wachsender Anteil erneuerbarer Energie und systematische Wiederverwendung von Materialien im Produktionszyklus und nach Gebrauch werden technologischer Mainstream. Faktor vier wird

---

2 Earthscan, London, 1997; das Buch wurde in mehrere Weltsprachen, unter anderem ins Chinesische und Japanische übersetzt.

in allen Sektoren zu einer realistischen Perspektive. Das heißt also, dass langfristig mit einer höheren Preiselastizität zu rechnen ist.

Das bedeutet, dass Preissignale moderat und vorhersagbar sein müssen. Die 'beste aller Welten' wäre eine Übereinkunft aller politischen Parteien über 30 oder 50 Jahre hinaus, um die Preise für knappe Ressourcen in sehr kleinen und absehbaren Schritten zu erhöhen – idealerweise wären die Schritte so klein, dass der technologische Fortschritt nicht auf der Strecke bleibt.

Wohlgemerkt, ich spreche von einem *Preis*korridor, nicht von einem *Steuer*korridor. Steuern und andere Instrumente würden so gestaltet, dass sie sich innerhalb des Preiskorridors bewegten. Im Idealfall blieben die Monatsrechnungen für Treibstoff, Strom, Wasser, Raum oder Rohstoffe stabil, sodass es im Großen und Ganzen zu keiner Verschlechterung des Lebensstandards der Bevölkerung käme.

Würden die Staatseinnahmen aus diesen Maßnahmen zur Senkung der indirekten Arbeitskosten verwendet, hätte dies auch positive Auswirkungen auf die Beschäftigungssituation. Anders als bei den *Business as usual*-Szenarien käme es zu einer schrittweisen Herabsetzung der Arbeitskosten und somit zu einer Entlastung der Konsumenten.

Letztendlich hätten die Technologien zur Erreichung des Faktors vier ähnlich revolutionäre Auswirkungen wie jene, die die industrielle Revolution ab dem 19. Jahrhundert zeitigte. Doch während sich bei dieser alles um die Erhöhung der Arbeitsproduktivität drehte, ist das neue Paradigma die Erhöhung der Ressourcenproduktivität. Seit Erfindung der Dampfmaschine durch James Watt hat sich die Arbeitsproduktivität um das annähernd Zwanzigfache gesteigert, und es gibt keinen physikalischen oder technologischen Grund, warum es eine derartige Erhöhung nicht auch in der Ressourcenproduktivität geben sollte, doch auch dafür könnten 200 Jahre benötigt werden.

Die Weltgeschichte aus dem Blickwinkel der Nachhaltigen Entwicklung

Karin Feiler und Gabriele Zöbl

Man muss einen Blick in die Tiefen der Vergangenheit werfen, um ein Gefühl für die Perspektive zu gewinnen, meinte Aurelio Peccei in seinem 1981 veröffentlichten Buch "Die Zukunft in unserer Hand". Denn nur in einer weitläufigen Perspektive würden wir unsere Generationen an dem Platz sehen, der ihnen gebührt: Am bisherigen Gipfel unserer Evolution. Wir müssen, so Aurelio Peccei, sehr weit zurückgehen, um eine Gesamtschau unserer Entwicklung zu erreichen. Auch wenn im Laufe der Weltgeschichte immer sehr verschiedene Voraussetzungen gegeben waren und sich die Lösungsansätze oftmals in eine nicht nachhaltige Entwicklung bewegten, die erst durch eine Gegensteuerung wieder ins – für den Menschen und seinem Umfeld nützliche – Gleichgewicht gebracht wurde.

Zwei Millionen Jahre vor Christi: Der Beginn der Menschheit – Egalität und Besitzlosigkeit – Nachhaltigkeit nach dem Prinzip der Natur

Sozialer und umweltrelevanter Aspekt:

Vom Beginn der Menschheit an vor mindestens fünf bis sieben Millionen Jahren war die Entwicklung des Menschen immer mit dem Klima verbunden. Bis zur Mindel- und der Riß-Eiszeit, also vor etwa 350.000 bis 200.000 Jahren, entwickelten sich der Mensch in Afrika und auch in Europa der Steinheim-Mensch (benannt nach dem Fundort Steinheim bei Stuttgart) bis zu dieser Zeit in einem milden Klima. So musste sein Nachfolger, der Neandertaler, bis etwa 80.000 Jahre v. Chr. zunehmend mit Eis und Kälte kämpfen. Dieser breitete sich vielleicht aus Gründen des daraus resultierenden Platzmangels bis Sibirien, Afrika sowie in den Nahen und Fernen Osten aus. Trotz seiner kräftigen Natur erreichte er selten mehr als das 50. Lebensjahr. 40 Prozent starben vor dem 20., weitere 40 Prozent zwischen dem 20. und 30. Lebensjahr.

In der ausgehenden Eiszeit wanderten dann die Cro-Magnon-Menschen (benannt nach dem ersten Fundort im ehemaligen Steinbruch Cro-Magnon in Südfrankreich), ein ausgezeichnetes Jägervolk, aus dem Osten in Europa ein. Sie wiesen sämtliche Merkmale des heutigen Homo sapiens sapiens auf und beherrschten die zusammenhängende Sprache. Erstmals wurden in Europa für die aus 15 bis 30 Mitgliedern bestehenden Menschengruppen Siedlungen errichtet.

Die Behausungen waren unter Felsüberhängen und Höhleneingängen oder Zelten aus Häuten und Fellen errichtet.

Wirtschaftlicher Aspekt: Die Kunst des Werkzeugmachers wurde von Generation zu Generation weitergegeben. Die Wirtschaftsform war aufgrund ihrer Naturabhängigkeit und -verbundenheit rein aneignend und nicht produzierend auf Tausch gerichtet. Aufgrund der niedrigen Bevölkerungsanzahl und bei einem für Mensch und Tier geeignetem Klima schien der Warenkorb der Natur ausreichend.

Zusammenfassend kann man den Beginn der menschlichen Entwicklung aus heutiger Sicht zwar nachhaltig nennen, da der Mensch der Natur nur soviel Ressourcen entnahm, um einfach seine Lebenserhaltung zu sichern. Die tägliche Nahrungsaufnahme war mit großen Anstrengungen verbunden und die Lebenserwartung aufgrund der Angriffe wilder Tiere zusätzlich erheblich gekürzt. Aus Sicht der Natur war diese Epoche sicher positiv zu beurteilen. Der Mensch war der Natur untertan. Er hatte weder aus technischer Sicht noch aufgrund seiner kleinen sozialen Verbände die Kraft bzw. die Macht, in den Lauf der Natur einzugreifen.

Die neusteinzeitliche Revolution

Beginn der Agrarwirtschaft und Entwicklung der ersten hierarchischen Sozialstrukturen – Entstehung von größeren Siedlungen

Sozialer und umweltrelevanter Aspekt:

Von bereits 10.000 v. Chr. bis etwa 3000 v. Chr. dauerte das Zeitalter der Neusteinzeit, des Neolithikums. Es ergab sich eine Aufteilung der Kulturen. Einerseits in jene, die hauptsächlich von der Jagd und andererseits in jene, die vom Ackerbau bestimmt waren. Mischformen gab es hingegen selten.

Zu Beginn der Neusteinzeit entwickelten sich aus den alten Jagd- und Lagerverbänden der Altsteinzeit auf der ganzen Welt Bauerndörfer als neue Siedlungseinheiten. Anfangs waren diese mit einigen hunderten Menschen bevölkert und zum Ende bereits teilweise mit einigen tausenden Menschen, wie beispielsweise 2800 v. Chr. in Alt-Ur bei den Sumerern, wo auf einer Fläche von 89 ha Fläche 34.000 Menschen lebten. In diesen Siedlungen entwickelte sich natürlich auch ein differenziertes Sozialsystem.

Der britische Wissenschafter Gordon Childe führte die Entstehung des Akkerbaus auf die dramatische Klimaveränderung nach der letzten Eiszeit zurück, die zu Bevölkerungsballungen in den noch bewohnbaren, das heißt nicht ausgetrockneten und nicht verödeten Gegenden geführt hat, wodurch es zu einer Nahrungsknappheit kam. Dementsprechend lag das Kerngebiet der neolithischen Revolution an den Randbereichen des Eises im Vorderen Orient, in Mesopotamien, Ägypten und am östlichen Mittelmeer.

Die sozialen Strukturen änderten sich aufgrund des Zusammenlebens in blutsverwandten Großfamilien. Da die einzelnen Familienverbände zur Verteidigung ihrer Felder Waffen benötigten, entstand ein für die menschliche Zukunft sehr schicksalsträchtiges, neues Handwerk, die Waffenproduktion.

Wirtschaftlicher Aspekt:

Der erste Ackeranbau entwickelte sich unabhängig voneinander im Nahen Osten, in Ostasien, Mexiko und in Peru um 8000 v. Chr.. Die domestizierten Formen der Pflanzen unterschieden sich deutlich von den Wildformen. Im Unterschied zur heutigen Kultivierung und zur Genmanipulation erfolgte die Domestizierung nicht durch gezielte Eingriffe, sondern aufgrund eines Prozesses der Anpassung und unbewussten Auslese, wie sie von den Sammlern des Neolithikums betrieben wurde. Die erste Pflanze, die in Europa um 4000 v. Chr. domestiziert wurde, war die Hirse. Reis, die heute wichtigste Kulturpflanze Chinas, wurde um 3000 v. Chr. domestiziert.

Der Eingriff des Menschen in die Pflanzenwelt erforderte die Produktion von Werkzeugen und so die Entwicklung neuer Techniken. Die Überschüsse der Landwirtschaft erlaubten eine Spezialisierung und Arbeitsteilung verschiedener Tätigkeiten, wie zum Beispiel die Errichtung von Bewässerungsanlagen oder den Bau von Verteidigungsanlagen und die Organisation eigenständiger Gruppen von Priestern und Kriegern. Die Volkswirtschaft erschöpfte sich in den Anfängen im Angebot von landwirtschaftlichen Gütern.

Resümierend zeigt sich, dass die Zeit der Neusteinzeit eine ganz entscheidende Phase für die nachhaltige Entwicklung der Menschheit war. Sich in dorfähnlichen Gemeinschaften sesshaft zu machen und das Betreiben des Ackerbaus steigerte wesentlich die körperliche Sicherheit. Gleichzeitig bildete sich die soziale Rangordnung der einzelnen Sippen. Der Eingriff in die Natur erfolgte durch langsame Anpassung und unbewusste Auslese und nicht durch direkte Eingriffe, wie sie bei der herkömmlichen Veredelung oder bei der Gentechnik vorkommen.

Die Hochkulturen: Wirtschafts- und Staatsgefüge in einer Hand

Sozialer Aspekt:

Ab Ende der Neusteinzeit um 3000 v. Chr. bis kurz vor Christi Geburt erlebte die Welt die ersten Hochkulturen. In Ägypten, einer der ersten Hochkulturen (3000 bis 332 v. Chr.), wurde der König in der Folge als göttlich angesehen. In China entstand um 2000 v. Chr. die erste Dynastie. In Mesopotamien, wo sich sämtliches Land des Volkes der Sumerer und die gesamte Verwaltung in der Hand der Stadtgottheit befanden, wurde Wirtschaft und Kultur von der Priesterschaft getragen. Ein König wurde zum irdischen Vertreter der Gottheit ernannt.

Während dieser Hochblüte entwickelte sich in Mesopotamien, in dessen Gebiet auch der heutige Irak liegt, die als älteste bekannte Bilderschrift, die Keilschrift. Es bildeten sich verschiedene spezialisierte Berufe, wie die des Schreibers oder der Handwerker. Nicht nur die Künste, sondern auch die mathematischen und technischen Kenntnisse erreichten den bisher höchsten Stand. Der Bogen spannte sich anfangs von der Erfindung der ersten Wagenräder um 3200 v. Chr. bis zu der Erfindung der Schraube oder der Erfindung des Papiers aus dem Mark der Papyrusstaude in Ägypten und des Flaschenzuges durch Archimedes in Alexandria im Jahre 213 v. Chr. Der sumerische König Urnammu schuf 2064 v. Chr. dort auch das älteste, niedergeschriebene Gesetzeswerk der Geschichte. Erst rund vierhundert Jahre später setzte König Hammurabi im Jahre 1686 v. Chr. in Ägypten den nach ihm benannten Kodex in Kraft.

In dieser Zeit kam es zur einschneidenden Änderung des sozialen Gefüges. Könige standen an der Spitze von Landgebieten. In Ägypten verfügten die Tempelvertreter über rund 30 Prozent des Ackerlandes. Der langsame Niedergang der ägyptischen Macht fiel in die Regierungszeit Ramses III. 1153 v. Chr.. Die kriegerischen Auseinandersetzungen mit den seefahrenden Völker, die im großen Wanderstrom zu Beginn des 17. Jahrhunderts v. Chr. nach Ägypten, Syrien, Palästina und Kleinasien kamen, und innenpolitische Spannungen aufgrund der Verarmung der Menschen waren für den Niedergang mitverantwortlich. Um 800 v. Chr. kam es zur Ablösung der Bronzezeit durch die Eisenzeit. Dank ihrer überlegenen Eisenwaffen formte sich eine neue Macht im Vorderen Orient – Assyrien. Erst 322 v. Chr. wurde Alexander der Große als Befreier der inzwischen persischen Fremdherrschaft in Ägypten jubelnd begrüßt. Zur Trennung des weströmischen und oströmischen Reiches kam es 395 nach Christus.

Die Staatsform der Monarchie wurde dann ab dem 8. Jahrhundert v. Chr. in Griechenland und im Römischen Reich ab dem 6. Jahrhundert v. Chr. vom Klassensystem abgelöst. Der Grund besitzende Adel nahm alle führenden Positionen im Staat ein. Neben dem Grundadel entstand mit dem Aufkommen von Geld und dem regen Handel sowohl mit Gütern als auch mit Sklaven der Geldadel. Die weiteren Klassen bildeten gewöhnlich die Bauern sowie die Handwerker, die an Gerichten zugesicherte Rechte durchsetzen konnten. Ein Großteil der Bevölkerung waren die Besitzlosen und die in Rom als Sache angesehenen Sklaven.

In allen Imperien schwächten Kriege die Wirtschaft, was zu innenpolitischen Spannungen und zu Streiks führte. In Ägypten in Diirel – Medine wurde 1156 v. Chr. der erste bekannte Streik durchgeführt, da keine Naturalien zur Entlohnung der Arbeiterschaft ausgezahlt wurden. Die eingeleiteten Reformen konnten jedoch einen Niedergang der ägyptischen Macht unter Ramses III 1153 v. Chr. nicht verhindern. In Athen wurde von Solon im Jahre 594 v. Chr. eine Neuordnung des Staates angeordnet. Er verfügte unter anderem die Aufhebung des Sklaventums und der Grundschulden der Bauern.

In Rom wurden um 450 v. Chr. mit dem Zwölftafelgesetz die Rechte der Plebejer gestärkt. Die unzumutbare Situation der Sklaven führte aber später 132 v. Chr. in der römischen Republik zum vierjährigen sizilianischen Sklavenaufstand, woran 70.000 Sklaven teilnahmen. Als Antwort auf diese Situation erließ Tiberius Gracchus sein neues Ackergesetz, um den Zuzug des besitzlosen Proletariats in die Städte aufzuhalten und ihnen damit neuen Grundbesitz zu gewähren. Die wirtschaftliche und politische Blütezeit erlebte die römische Republik dann unter Antonius Pius. Er bemühte sich um die Errichtung eines gerechteren Steuer- und Rechtssystems. Unter Konstantin dem Großen wurde der Gold-Solidus als neue Währung und Nachfolger des Aureus eingeführt.

Wirtschaftlicher und umweltrelevanter Aspekt:

Mit Bildung der Hochkulturen und dem Aufkommen von Berufen entwickelte sich zwar der Begriff der Arbeit im Sinne einer entgeltlichen Gegenleistung. Doch es dauerte noch einige Jahrtausende bis zur industriellen Revolution, so dass die Arbeiter im Allgemeinen zumeist nur Kost und Logis für Ihre Dienste bekamen.

Die wirtschaftlichen, sozialen und umweltrelevanten Entwicklungen waren in wesentlichen zeitlichen Wellen in vielerlei Hinsicht auch aus der Sicht des damaligen Weltbildes, was die zahlreichen innenpolitischen Spannungen beweisen, nicht als sozial verträglich und somit nicht als nachhaltig anzusehen. Der Ausbau der Wirtschaft war durch die Einführung des Handels und die Vergrößerung des Handelsraumes immer stark beeinflusst. Die schlechten sozialen Verhältnisse der unterbezahlten besitzlosen Arbeiterschaft oder der Sklaven riefen nach Struktur verändernden politischen Reformen, wie sie beispielsweise durch die Ackergesetze des Tiberius Gracchus in der römischen Republik oder aufgrund der Neuordnung der Verfassung durch Solon in Athen herbeigeführt wurden, weitere Schritte in Richtung nachhaltige Entwicklung. Umweltspezifische Gegenmaßnahmen wären hinsichtlich der Rodung von Wäldern für den Bau von Schiffen erforderlich gewesen. Von Luftverunreinigungen berichtet bereits Plinius der Ältere in Rom, die durch die Feuerstellen entstanden.

Das mittelalterliche Europa – die Entdeckungen – Globalisierung in den Kinderschuhen

Sozialer Aspekt:

Die politische Situation änderte sich im Mittelalter ab dem 5. Jahrhundert in Europa nach dem Untergang des weströmischen Reiches wesentlich. Schon im 4. Jahrhundert setzte eine intensive Völkerwanderung ein. Die Stämme der Ost- und Westgoten, Franken, Burgunder und Hunnen verließen ihre Heimat. Die Germanen waren schon lange vorher in Bewegung. Sie setzten dem weströmischen Reich mit der Entthronung des letzten Kaisers Romulus Augustus 476 durch den germanischen Heerführer Odoaker ein Ende. Der Merowinger Chlodwig I. begründete 507/08 das Fränkische Reich. Eine Ablösung durch das Geschlecht der Karolinger erfolgte bereits im 8. Jhdt. mit dem Höhepunkt der Kaiserkrönung von Karl dem Großen im Jahre 800. Das römisch-deutsche Reich bestand in der Folge aus den Königreichen Deutschland, Burgund sowie Italien und besaß später ab dem 11. Jahrhundert keine Zentralgewalt mehr. Das politische Schwergewicht verlagerte sich auf einzelne Adelsgeschlechter. Es herrschte Wahlkönigtum. Im Gegensatz zu den römisch-deutschen Herrschern setzten sich die westfränkischen Könige bis 1200 als erbliche Monarchen durch. Laufende Kriegswirren kennzeichneten die Machtwechsel, wie den des Welfenkönigs durch den Stauferkönig Friedrich II. oder den der Kapetinger in Frankreich im 13. Jahrhundert. Oder wie im Fall des hundertjährigen Krieges (1339 – 1453), als bei Orleans die Engländer von den Franzosen unter der Heerführerin Jeanne d'Arc besiegt wurden und ein französischer Nationalstaat eingeleitet wurde. 1453 eroberten die moslemischen Osmanen die Hauptstadt Konstantinopel und beendeten die über tausendjährige Geschichte des in Nachfolge des Römischen Reiches entstandenen byzantinischen Kaiserreichs.

Das mittelalterliche Leben wurde durch das aufstrebende Christentum bestimmt. Ebenso beeinflussten die lateinische Sprache, Teile des römischen Rechts sowie germanische Anschauungen und Lebensweisen die germanische Welt. Die für das Mittelalter charakteristische Feudalgesellschaft hatte ihren Ursprung in der Entlohnungsart der Kosten für den Militärdienst. Den Adeligen wurden dafür vom König Lehen, lateinisch "feudum", übergeben, auf dem die ihnen "hörigen" Bauern arbeiteten. Als Gegenleistung erhielten die Bauern und Leibeigenen Schutz sowie Recht auf Kost und Logis. Die Gesellschaftsordnung gliederte sich in Adelige, Freie und den Bauern.

Geprägt wurde die Zeit des Mittelalters von der Glaubensherrschaft der römisch-katholischen Kirche. Ihren kämpferischen Höhepunkt erreichte sie im 13. Jahrhundert mit der Inquisition und den politisch schwächsten Zeitpunkt mit der Kirchenspaltung 1378. Kirche und Staat bildeten eine untrennbare Einheit. Jede religiöse, soziale oder politische Reformbestrebung richtete sich zwangsläufig gegen beide und wurde auch von beiden gemeinsam verfolgt. 590 gelang es Papst Gregor I., sich zum weltlichen Herrscher Roms zu machen und legte damit die Grundlage für die Bildung des Kirchenstaates. Nach den frühen Klostergründungen im 7. und 8. Jahrhundert richteten immer mehr Klöster Schulen nach orientalischem Vorbild ein. Da die Auswahl der Schüler nicht nur auf Adelige eingeschränkt war, bildete der Schulbesuch für viele die einzige Möglichkeit des sozialen Aufstiegs. Die erste Universität entstand Mitte des 12. Jahrhunderts in Bologna.

Das menschliche Zusammenleben war charakterisiert durch die Entstehung von Städten, teils in Gegenden von römischen Städten, die fast völlig verfallen waren, teils gingen sie aus Bischofssitzen hervor. Im ländlichen Bereich glichen sich die Rechte der freien und unfreien Bauernschaften an. Aus den Zwangsverbänden leibeigener Bauern wurden im 12. und 13. Jahrhundert Genossenschaften mit größerer Eigenständigkeit in beispielsweise Nutzung der Flur im Rhythmus der schon bekannten Dreifelderwirtschaft. Zunehmender Geldverkehr ermöglichte die Ablösung drückender Verpflichtungen. Die Bauern blieben aber meist unfrei und waren zu Diensten und Abgaben an ihre Grundherren verpflichtet.

Um 1224 erlangte das älteste schriftlich fixierte Rechtsbuch des deutschen Mittelalters, der Sachsenspiegel, bald eine weit über das Reich hinausgehende Bedeutung. Bis dahin galt bei allen deutschen Stämmen das mündlich überlieferte Gewohnheitsrecht.

Die Agrarwirtschaft hielt noch mit dem Bevölkerungswachstum mit. Allein in Mittel- und Westeuropa wuchs dieses von etwa 5,5 Millionen um das Jahr 650 auf rund 35,5 Millionen im Jahr 1340. Die Krise begann im späten Mittelalter ab Mitte des 14. Jahrhunderts. Die großen Pestepidemien trafen auf ein inzwischen übervölkertes, von Hungerkrisen geschütteltes Reich. Bis zur Mitte des 15. Jahrhunderts starb über ein Drittel der Bevölkerung. So endete diese Zeitepoche im ausgehenden 15. Jahrhundert mit Elend und großen Religionsbewegungen, die die römisch-katholische Kirche schwächten. Das Kulturleben erreichte jedoch mit der Erfindung des Buchdrucks 1447 eine besondere Bedeutung. Die bildenden Künste des Humanismus und der Renaissance dürfen nicht unerwähnt bleiben. Als zeitlich einschneidendes Ereignis und als das Ende des Mittelalters werden die großen Entdeckungsreisen gewertet. Als besonders markanter Zeitpunkt kann 1492 das Jahr der Entdeckung Amerikas gesehen werden.

In dieser Zeit setzte sich der auch der Gedanke durch, dass die Erde eine Kugel sei und die Sonne im Mittelpunkt des Universums steht, und der Nürnberger Martin Behaim entwarf den ersten Globus.

Wirtschaftlicher und umweltrelevanter Aspekt:

Mit dem Kennenlernen neuer Kulturkreise anfangs aufgrund der Kreuzzüge und später aufgrund des immer stärker werdenden Handels, erweiterte sich das Weltbild. Bereits im 13. Jhdt. wurde der Kaufmannsbund der Hansestädte, wie Hamburg oder Bremen, in einen Städtebund umgewandelt, der eine Vertretung der gemeinsamen Interessen ermöglicht und Handelsprivilegien im Ausland sicherte. Die Grundlage eines globalen Wirtschaftsraumes war spätestens mit der Entdeckung der NW-Küste Australiens geschaffen. Das Risiko der Segelschifffahrt versuchte man mangels Versicherungen teilweise durch Risikogemeinschaften zwischen den Reedern aufzuteilen.

Vom jeweiligen Herrscher wurde Steuerpolitik durch Einhebung der Grundsteuern in Form von Naturalien oder Geld betrieben. Auf der Unternehmensebene kamen wirtschaftspolitische Maßnahmen im Mittelalter insbesondere mit der Gründung von Zünften, deren Ursprung im römischen Reich lagen oder auch auf Gilden und Zusammenschlüsse religiöser Art zurückzuführen waren, in den aufblühenden Städten auf. Die Händler- und Handwerkerorganisationen regelten unter anderem den Preis und die Qualität der Produkte, die Anzahl der Lehrlinge oder die Begrenzung der Anzahl der Handwerker. Sozialpolitik wurde dem Einzelnen oder auch der Kommune überlassen.

Als Einheit gesehen stand den Menschen im Mittelalter in Europa ein hohes Ressourcenpotential zur Verfügung. Regelmäßiger Jahreszeitenwechsel, viel Wald und wichtige Rohstoffe, wie Erz, bildeten eine gute Grundlage für ein stetiges wirtschaftliches Wachstum bis ins 13. Jahrhundert. Der Einzelne war aber zumeist in seinem Fortkommen von seinem Stand der Geburt abhängig und sein Leben war stark von den zahlreichen Kriegswirren beeinflusst. So waren die Lebensbedingungen unweigerlich sehr verschieden. Starker Bevölkerungszuwachs, die Schwächung der Kirche als geistliche und politische Vormacht, Kriege und die hereinbrechenden Pestepidemien ließen das spätmittelalterliche Europa ab dem 14. Jahrhundert dunkel erscheinen. Eine Wende ergab sich insbesondere aufgrund geistiger Revolution, der Blütezeit der Künste und der Öffnung Europas mit den großen Entdeckungsreisen am Ende des 15. Jahrhunderts. Der Drang nach Neuem lässt den Schluss zu, dass seit Beginn der Mensch immer nach Neuem, Unentdecktem forschen musste, um mit stetiger geistiger Entwicklung von neuen Perspektiven seine physische Existenz absichern zu können. Die Änderungen führten dann auch immer anschließend zu entscheidenden Änderungen der politischen Rahmenbedingungen. Einschneidende Eingriffe in die Natur waren nicht mehr zu verhindern, hatten aber zu dieser Zeit nur lokale Auswirkungen.

Die Neuzeit

Zeit der Entdeckungen

Sozialer Aspekt:

Die im ausgehenden 15. Jahrhundert einsetzenden Entdeckungsfahrten wurden mit groß finanzierten Expeditionen im 16. Jahrhundert fortgesetzt. Es wurde Japan entdeckt, Mangalhaes gelang die erste Weltumsegelung und Francis Drake (1577-80) die zweite. Spanien, Portugal beanspruchten als die führenden Nationen der Zeit die Beherrschung der von ihnen entdeckten Gebiete. Anfang des 17. Jahrhunderts gründeten die Engländer (1600) und Holländer (1602) Handelskompanien und legten in Indien und im Malaiischen Archipel die Grundlage für ihre Kolonialreiche.

Durch zielstrebige Politik und Kriegsführung, aber auch durch Heirats- und Erbschaftspolitik bauten die Habsburger ab dem 15. Jahrhundert ihre Hausmacht stetig aus. Unter Maximilian I. (1439-1519) wurden die Voraussetzungen für das Habsburgische Reich geschaffen, das erst mit dem Ende der Österreichisch-ungarischen Monarchie 1918 endete.

Einen besonderen Höhepunkt erlangte die Glaubensgeschichte 1517, als Martin Luther mit dem Anschlag der 95 Thesen an die Schlosskirche zu Wittenberg die Reformation einleitete. Karl V. erließ 1532 das erste reichsgesetzliche Strafbuch, aber erst Mitte des 18. Jahrhunderts kam es allmählich zur Abschaffung von Hexenverbrennungen.

Wirtschaftlicher und umweltrelevanter Aspekt:

1798 veröffentlichte der britische Pfarrer, Nationalökonom und Sozialphilosoph Thomas Robert Malthus anonym sein Werk über die Ursachen des Bevölkerungszuwachses. Angesichts begrenzter Vorräte an Nahrungsmitteln propagiert Malthus Geburtenkontrolle. Für Europa kam die ideale langfristige Problemlösung aus Amerika. Obwohl die Kartoffel bereits 1786 unter Friedrich II., dem Großen, angebaut wurde, dauerte es dennoch über 150 Jahre, bis die Kartoffel als neues Grundnahrungsmittel dienen sollte. Der Ertrag der Kartoffel war fast dreimal so hoch pro Hektar als der des Getreides. Viele starben jedoch, weil sie die giftigen Früchte und nicht die Knollen verzehrten. Andere kochten nur die Blätter.

Im 16. Jahrhundert wurden erste Rauchfänge und Flugstaubkammern zur Abscheidung von Grobstaub im Hüttenwesen von Böhmen und Sachsen errichtet.

Der Start der Menschheit in die Neuzeit war vielschichtig. Auf der einen Seite neue Entdeckungen, auf der anderen Seite Glaubenskämpfe im großen Ausmaß. In diesen Jahrhunderten schienen die Schwerpunkte in den Expansionsbemühungen und im Kampf gegen die immer wieder auftretende Nahrungsknappheit in Europa zu liegen. Die Stufen des wissenschaftlichen und technischen Fortschritts wurden eher langsam genommen. Besonders zu erwähnen ist im 17. Jahrhundert die Begründung der Himmelsmechanik durch Johannes Kepler.

Das industrielle Zeitalter

Sozialer Aspekt:

Als 1764 der Handweber James Hargreaves aus Stanhill bei Blackburn die erste Spinnmaschine der Welt, die "spinning-jenny" erfand, war dies der Beginn der maschinellen Produktion. Mit diesem Zeitpunkt erschloss sich dem Menschen ein vollkommen neue Möglichkeit, sein Leben zu gestalten. 1781 wurde in Österreich und zwischen 1783 und 1820 im heutigen Raum Deutschland die Leibeigenschaft der Bauern aufgehoben. Russland zog mehr als hundert Jahre später nach.

Auf dem europäischen Kontinent herrschten im 18. Jahrhundert und Anfang des 19. Jahrhunderts zahlreiche Kriege innerhalb der europäischen Länder. Zur Wiederherstellung der Ordnung in Europa nach den napoleonischen Kriegen wurde unter der Vorsitzführung Österreichs der Wiener Kongress abgehalten. Langsam wurden in den verschiedenen Ländern Verfassungen eingeführt. Das Bildungswesen erlebte mit den Gründungen vieler neuer Universitäten und Hochschulen eine neue Blütezeit.

Die sozialen Verhältnisse verschlechterten sich im Zuge der Industrialisierung zusehends. Die Bauern verloren zuerst in Großbritannien durch die Entstehung von Fabrikanlagen ihre einzige bezahlte Einkommensquelle, nämlich die des Wollspinnens. Die Landarbeiter waren gezwungen, ihre Höfe zu verlassen und in die Nähe der Städte – der Fabriken – zu ziehen. Durch die ständig steigende Zahl der Zuziehenden in den Städten begann die Verelendung der Bevölkerung. Die damit verbundene Verschärfung der sozialen Spannungen führte bereits Ende des 18. Jahrhunderts in Großbritannien zu Protestaktionen. Sowohl in Deutschland als auch in Großbritannien entstanden gegen Ende der 1840er Jahre gewerkschaftliche Berufsverbände, wie die der Buchdrucker oder Zigarrenarbeiter. Sie konzentrierten sich zunächst auf handwerkliche Gewerbe, in denen zumeist Zunfttraditionen fortwirkten. In den USA und in Frankreich entstanden Gewerkschaften Ende des 18. Jahrhunderts. In Österreich konnten sich wegen der politischen Repressionen der Metternich-Ära keine gewerkschaftlichen Bestrebungen bis zur März-Revolution im Jahr 1848 entfalten. Auch danach herrschte bis gegen Ende des 19. Jahrhunderts ein Gründungsverbot. In Deutschland entwickelten sich die freien, das heißt, sozialistischen Gewerkschaften bis 1914 zu einer Massenbewegung. 1933 wurden die Gewerkschaftshäuser aufgelöst und in der Deutschen Arbeitsfront zwangsweise zusammengeführt.

Mit der industriellen Revolution bahnte sich auch eine Wende im sozialen Hilfssystem an. Noch in der ersten Hälfte des 19. Jahrhunderts begann in ganz Europa, wiederum ausgehend von England, eine Arbeitnehmerschutzgesetzgebung, die die Reduzierung der Kinder- und Frauenarbeit, die Verbesserung der hygienischen Bedingungen am Arbeitsplatz und des Unfallschutzes in Angriff nahm.

Der obligatorische Pflichtversicherungsschutz für die Fabrikarbeiter wurde jedoch erst mit der vom deutschen Reichstag unter Bismarck verabschiedeten Kranken-, Unfall- und Invalidenversicherung für die Arbeiter in den Jahren 1883 bis 1889 erreicht. Der Anstoß, den Deutschland gegeben hatte, blieb in keinem europäischen Land ohne Folgen. Österreich folgte 1887 mit dem Arbeitsunfall- und 1888 mit dem Arbeiterkrankenversicherungsgesetz. England entschied sich erst 1911 und die Niederlande 1913 dazu, Arbeitern und schlecht verdienenden Angestellten Krankenbehandlung zu gewähren. Frankreich, Italien und Schweden konnten sich mit dem Gedanken der sozialen Krankenversicherung bis in die Zwischenkriegszeit nicht anfreunden. Vorreiterrollen bei der Einführung eines Alters- und Invalidenschutzes übernahmen England, Dänemark, Schweden, Italien und Belgien. Das Risiko der Arbeitslosigkeit wurde am Beginn des 20. Jahrhunderts in England als einzigen Staat in Europa 1911 mit gesetzlichem Versicherungsschutz versehen. Auf dem amerikanischen Kontinent setzte sich die Arbeitslosenversicherung erst nach dem Ersten Weltkrieg durch.

1776 legte Adam Smith die Grundlagen einer Wirtschaftslehre als eigenständige Disziplin. Einschneidende Forschungserfolge wurden im Bereich der Chemie, wie die Entdeckung des Penizillin erzielt, welche wiederum der Medizin bahnbrechende Erfolge im Kampf gegen Wundbrand oder Kindbettfieber ermöglichten. Anfang des 19. Jahrhunderts begann die Einführung des Eisenbahnwesens. und Joseph Ressel erfand die Schiffsschraube.

Die Wende zur Moderne geschah Anfang des 20. Jahrhunderts. Denn seit damals werden technologische Anwendungen mit wissenschaftlicher Forschung regelmäßig verbunden. Nach dem Ersten Weltkrieg öffnete sich für die Menschen die Tür zur zukünftigen digitalen wissensbasierten Informationsgesellschaft. Die technischen Grundlagen dafür, die Elektrizität, der elektromagnetische Telegraf und das Telefon beispielsweise, wurden im 19. Jahrhundert erfunden. 1920 konnte in Pennsylvania der erste Rundfunksender seinen Betrieb aufnehmen. In Deutschland eröffnete der Rundfunk seinen Betrieb in Berlin. Österreich und die Schweiz folgten ein Jahr später.

Während des Ersten Weltkrieges wurden bereits 200.000 Flugzeuge hergestellt, obwohl erst 1900 die Gebrüder O. und W. Wright die passende Technik der Flugsteuerung in den Griff bekamen. In den dreißiger Jahren des letzten Jahrhunderts wurde in steigendem Masse Geld für Forschung und Entwicklung verfügbar, gleichzeitig haben sich die Aufgaben zu einem eigenen Berufszweig entwickelt.

Anthropogene Luftverunreinigungen durch Verbrennungsprozesse stiegen mit der Erfindung der Dampfmaschine weiter an.

Gesamt gesehen kann der Wandel des Weltgeschehens der industriellen Revolution, in dem es zur Unterscheidung der Welt in industrialisierte und nicht industrialisierte Länder kam, als Beginn unseres heutigen Weltbildes gesehen werden. Sektorale Politiken wie die Wirtschafts- und Sozialpolitik bildeten sich. Der technologische Fortschritt erhielt ab Anfang des 19. Jahrhunderts eine im Vergleich zu den Jahrhunderten davor atemberaubende Geschwindigkeit, einhergehend mit sozialpolitischen Maßnahmen. Die ersten Anzeichen, dass der Mensch im Begriff war, das Wirtschaftswachstum allein in der ständigen Steigerung der Produktionsmenge zu sehen, kristallisierten sich seit Anbeginn der ersten Fabriksgründungen heraus.

Das "goldene Vierteljahrhundert"

Sozialer Aspekt:

Nach Beendigung des 2. Weltkriegs 1945 verdankte Europa dem ungebrochenen Fleiß und Einsatz seiner Bürger den raschen Wiederaufbau im vollen Umfang. Einerseits mussten zwar an die Siegermächte beachtliche Reparationszahlungen erstattet werden. Andererseits unterstützte der Marshall-Plan als europäisches Wirtschaftsaufbauprogramm ab dem Jahre 1948 diesen Prozess. Ein Großteil der Arbeit ging auf das Konto der Frauen, die bereits während des Krieges als Ersatzarbeitskräfte für die Männer in den Fabriken eingesetzt wurden. Noch waren die Männer großteils in Kriegsgefangenschaft und Frauen dominierten das gesellschaftliche Bild. So mussten sie aus den Trümmern ihrer Wohnhäuser Baumaterial zum Wiederaufbau sammeln.

Die Sozialversicherungssysteme wurden drastisch ausgebaut und auf den sozialen Schutz der Selbstständigen schrittweise bis in die 60er Jahre des 20. Jahrhunderts ausgeweitet. Neu ging von Deutschland ab 1954 die Einführung einer Familienbeihilfe aus. Schweden hatte einen Nachholbedarf und beschloss erst 1955 die obligatorische Krankenversicherung.

In Deutschland wurden nach 1945 zahlreiche Einzelgewerkschaften neu gegründet.

Umweltaspekt:

Die Quellen der Umweltverschmutzung waren entweder den Kriegsfolgen zuzurechnen oder den während des Krieges teilweise genutzten Fabrikanlagen der Schwerindustrie. Das während des Krieges bereits stark ausgebaute Verkehrsnetz mit den neu erbauten Autobahnen in Zentraleuropa war noch nicht voll ausgelastet. Aber der stark steigende Verkauf des Kraftfahrzeuges ließ das Zeitalter der neuen Mobilität der zukünftigen Gesellschaft bereits erahnen.

Wirtschaftlicher Aspekt:

Nach dem Zweiten Weltkrieg erlebten die heutigen Industriestaaten in Europa das "goldene Vierteljahrhundert". Diese 25 Jahre bedeuteten ununterbrochene hohe Wachstumsraten. Hinsichtlich des quantitativen Wirtschaftswachstums ist diese Zeitperiode in der gesamten menschlichen Geschichte einzigartig.

Was gab es Neues? Funk, Autobahnen, klassische Schwerindustrie, die als "old economy" in die Wirtschaftsentwicklungsgeschichte eingehen wird.

Als der Club of Rome 1972, kurz vor der Ölkrise, den Bericht "Über die Grenzen des Wachstums" veröffentlichte, schlug für die westlichen Industrieländer die Idee eines begrenzten Wirtschaftswachstum wie ein Blitz aus heiterem Himmel ein.

Aufgrund des technischen Fortschritts auf den Gebieten von Energie, Ressourceneffizienz, Wasserstofftechnik in den letzten Jahrzehnten bietet die Wirtschaft dem einzelnen Menschen im 21. Jahrhundert endgültig die Möglichkeit, sich aus technischer Sicht für eine nachhaltige oder nicht nachhaltige Lebensweise zu entscheiden. Ob er es sich leisten kann, hängt von den politischen Rahmenbedingungen ab. Die Verantwortung dafür liegt bei der Politik. Daraus ergibt sich ein Signal, dass sich niemand aus der Verantwortung stehlen kann.

In der Gesamtschau der Ereignisse gelangt man zur Erkenntnis, dass epochale Strukturveränderungen in Wirtschaft, Umwelt und sozialem Leben einen für die jeweilige Zeit relativ lang anmutenden Zeitraum benötigten. Aber mit dem Fortschritt verkürzten sich die Zeiträume. Als Folge kommt es nun zu einer enorm beschleunigten Veränderung der Welt. Benötigte die Entwicklung der Landwirtschaft noch ungefähr drei Jahrtausende, so benötigte die Verbreitung des Internet nur an die zehn Jahre.

Es kristallisieren sich nur wenige Faktoren heraus, die den Lauf der Welt wirklich beeinflussen. Das Wohl der Menschen, der Tiere und auch der Pflanzen hängt unwillkürlich vom Zustand des Klimas, der demographischen Entwicklung sowie der technischen Entwicklung ab. Heute hat der Mensch die einzigartige Chance, aufgrund technischer Beeinflussung die Entwicklung dieser Faktoren, den Weg der Zukunft, zu beeinflussen.

In den nachfolgenden Kapiteln wird auf die heutige Situation unserer Welt eingegangen und Lösungsvorschläge in den verschiedenen Bereichen des Lebens werden aufgezeigt, wie im Rahmen des Modells der Nachhaltigkeit in Zukunft nachhaltiger globaler Wohlstand erreicht werden kann.

III. Verantwortliche Faktoren für die globale Entwicklung der Umwelt

Die demographische Entwicklung

Josef Schmid

⇒ Bis 2025 werden die Älteren an die 30 Prozent der Weltbevölkerung ausmachen.

⇒ Die Kinderzahl in den Industrienationen unterschreitet bereits deutlich die Bestandserhaltung.

⇒ Grundbedingung für Bevölkerungsgleichgewicht ist, dass jede Familie nur zwei überlebende Kinder in die Welt setzt

Weltbevölkerung hat ein Doppelgesicht. Einmal erscheint sie als Gesamtmasse der Menschheit, die mit derzeit 6,2 Milliarden den Erdball besiedelt. Ein andermal ist Weltbevölkerung das zusammengefasste Innenleben der 200 Staaten und staatlichen Gebilde, die sich in unterschiedlichsten Größen über den Erdball verteilen. Die Sicht auf eine Weltbevölkerung, also in bewusster Absehung von staatlichen Grenzen, verdankt sich einem überstaatlichen Interesse, meistens einer Sorge um den bewohnten Planeten und seiner Zukunft. Das große Unbehagen, das seit dem vergangenen Jahrhundert der Blick auf die Weltbevölkerung bereitet, rührt einmal vom weltgeschichtlich noch nie da gewesenen Wachstum her, dem sie unterliegt, zum andern am Fehlen einer Zuständigkeit für die Weltbevölkerung an sich, denn eine konkret politische Zuständigkeit besitzen nur die Einzelstaaten für "ihre" Bevölkerung. Wollte man der Weltbevölkerung, ihrem Wachstum eine neue Richtung geben, etwa eine Wachstumsbremse anlegen, so wäre das alleinige Angelegenheit der Staaten mit den jeweils größten und raschest wachsenden Bevölkerungen, die je nach Bewusstseinsstand beeinflusst werden müssten.

Der Zwiespalt, in den die Weltbevölkerung fällt, einerseits ein Weltproblem zu sein und andererseits in die parzellierte Zuständigkeit souveräner Staaten zu fallen, haben die zu Ende des Zweiten Weltkriegs gegründeten Vereinten Nationen (United Nations Organisation- UN) zu verringern versucht. Sie schufen 1946 eine eigene Forschungs- und Beobachtungsabteilung, die *Population Division*, die jährlich ein *"Demographic Yearbook"* und regelmäßige Zukunftsprojektionen über Entwicklung und Wachstum der Weltbevölkerung der Öffentlichkeit übergeben.[1] Die alle zehn Jahre abgehaltenen "Weltbevölkerungskonferenzen", ausgerichtet vom Wirtschafts- und Sozialrat der Vereinten Nationen, und die dort verabschiedeten und fortlaufend überprüften "Weltbevölkerungsaktionspläne" haben endlich eine Weltöffentlichkeit geschaffen, die das Weltbevölkerungswachstum insgesamt und die Verantwortung der Einzelstaaten im Hinblick auf "ihr" Bevölkerungsproblem, das durchwegs grenzüberschreitende Wirkungen zeigt, bewusst macht.

Nach Ende des Zweiten Weltkriegs und der beginnenden Ost-West-Spannung wurde das Bevölkerungswachstum der "Kolonialvölker", die alle ihre Unabhängigkeit verfolgten und auch bald bekamen, Gegenstand wachsender Sorge. Im Vordergrund stand die ideologische und geopolitische Frage, welchem politischen System sie sich anschließen würden. Großbevölkerungen wie China ins Lager des Kommunismus abwandern zu sehen, die Schaukelpolitik etwa Indiens und Ägyptens zwischen den Blöcken war höchst beunruhigend. Tatsächlich wurde das Weltbevölkerungsproblem immer schon außerhalb der modernen Welt lokalisiert und von den Hegemonialmächte USA und Sowjetunion unter strategischen Gesichtspunkten gesehen.

Mit dem Bericht "Grenzen des Wachstums" an den Club of Rome 1972 wurde – trotz der Mängel und Kurzsichtigkeiten dieses Pionierwerks – ein Paradigmenwechsel erzwungen. Das Wachstum von Großbevölkerungen, wie sie die europäische Geschichte nicht kennt, wird aus dem reinen Machtdenken von ideologischen Weltrivalen herausgelöst und zu den Existenzgrundlagen der Menschheit insgesamt in Beziehung gesetzt: Der Bericht stellte "Wachstum" der Wirtschaft und Weltbevölkerung auf den Prüfstand einer Welt, die nur endliche und begrenzte Ressourcen zur Verfügung stellen kann. Seitdem steht die Forderung nach einem Gleichgewicht von Menschenzahl und ihren materiellen Ansprüchen im Raum und lieferte den Grundtenor einschlägiger wissenschaftlicher Arbeit ("Null-Wachstum") und internationaler Konferenzen zu Umwelt und Bevölkerung. Mit dem Ende des Ost-West-Konflikts, der auch ein ideologisches Jahrhundert beendete, konnte sich der Blick wieder unverstellt auf die "Eine Welt", den "Blauen Planeten", die Biosphäre als den einzigen Ort menschlichen Daseins richten.

Diesem Umstand ist zu danken, dass das Gleichgewichtsdenken im Bereich Mensch und Umwelt mit dem Begriff der Nachhaltigkeit eine internationale Verbindlichkeit erlangt hat, was in einer Welt von materiellen Rivalitäten so nicht zu erhoffen war. Vor über zwei Jahrzehnten machte das "World Watch Institute"

---

1 United Nations, World Population Prospects – The 1996, 1998, 2000 Revision, New York; United Nations, Demographic Yearbook, New York (erscheint jährlich), United Nations, International Migration Report 2002, New York.

von Lester Brown "Sustainability" zum Angelpunkt der globalen Befriedigung; mit dem Weltumweltbericht ("Brundtland-Report"), in dem Nachhaltigkeit als Entfaltungschance definiert wurde, die der nächsten Generation nicht verbaut oder geschmälert werden dürfte, kam der Durchbruch.[2]

Bevölkerung in einer Konzeption von Nachhaltigkeit ist nur als Systemkonzeption denkbar, in der die Änderung eines Elements ausgleichende oder korrigierende Reaktionen aller übrigen Systemelemente nach sich zieht. Änderungen der Bevölkerung, die in einem System von Nachhaltigkeit Reaktionen bewirken, sind Wachsen oder Schrumpfen und die damit verbundene Verschiebung in der Altersstruktur. Aktive Jahrgänge zwischen 15 und 65 brauchen Beschäftigung, abhängige Jahrgänge der Jugend, Bildung und Ausbildung und Altenjahrgänge brauchen Alterssicherung. Demographische Veränderungen multiplizieren sich mit den Ansprüchen Einzelner an das Dasein. Es ist an kulturelle Tradition und Entwicklungsstand geknüpft. Steigender Verbrauch an finanziellen oder materiellen Ressourcen muss mit steigender Qualität angewandter Technologie und neuen Organisationsformen, die sparende Synergieeffekte erbringen, kompensiert werden.

Die hier beschriebene demographische Lage der Welt, ihre Veränderungen in den kommenden Jahrzehnten und die Bestrebungen, Bevölkerungstrends mit entwicklungspolitischen Folgen und Maßnahmen zu verbinden, sind in den Rahmen ökologischer Fließgleichgewichte zu stellen.

1. Zur demographischen Lage der Welt

Mit Daten für das Jahr 2002 soll ein erster Überblick geboten werden.[3]Würde man die demographische Lage nur auf ein bestimmtes Jahr beziehen, bekäme man eine Momentaufnahme, in der das Wesentliche nicht zum Ausdruck kommt. Die Bevölkerungszahl eines Jahres ist mit Vergangenheit und Zukunft verkettet, ist Teil einer Dynamik. Es ist daher immer die Frage, welche Wachstums – (oder auch Schrumpfungs) -faktoren sich hinter einer Bevölkerungszahl verbergen; – wie stark sie sind, dass sie die Bevölkerung im Lauf einer Generation oder etwa bis zur Mitte des eben angelaufenen Jahrhunderts in eine bestimmte Richtung verändern. (vergleiche Tab. 1)

---

2 World Commission on Environment and Development. Our Common Future. Oxford University Press, Oxford, U.K., 1987.

3 Zahlen des Population Reference Bureau Inc., Washington D.C., deutsche Fassung: Stiftung Weltbevölkerung, Berlin, DSW-Datenreport 2002.

Tab. 1: Die Weltbevölkerung 2002

	Bevölke-rung in Mio.	Gebore-nenziffer in ‰	Sterbe-ziffer in ‰	jährli-cher Zuwachs in %	Projek-tion 2025 in Mio.	Projek-tion 2050 in Mio.
Welt	6215	21	9	1,3	7859	9104
Industrienationen	1197	11	10	0,1	1249	1231
Europa	728	10	11	-0,1	718	651
Nordamerika	319	14	9	0,6	382	450
Entwicklungsländer	5018	24	8	1,6	6610	7873
Lateinamerika	531	23	6	1,7	697	815
Afrika	840	38	14	2,4	1281	1845
Asien (ohne China)	2485	24	8	1,6	298	404
Japan	127,4	9	8	0,2	121,1	100,6
VR China	1280,7	13	6	0,7	1454,7	1393,6
Indien	1049,5	26	6	1,7	1363,0	1628,0
Ozeanien (mit Australien und Neuseeland)	32	18	7	1,0	23,2	25,0

Quelle: 2002 World Population Data Sheet (Ed. Population Reference Bureau, Inc.), Washington D.C.

Die Menschheit umfasste im Jahre 2002 6,2 Milliarden, wovon 1,2 Milliarden in ("ausgereiften") Industrienationen, 5 Milliarden dagegen in Entwicklungsländern leben. Zuordnungskriterium ist immer noch das als Indikator recht ungenaue Bruttosozialprodukt pro Kopf, das für die ersteren bei 22.000 US-Dollar, für Entwicklungsländer bei 3.500 liegt. Hier sind aber die demographischen Diskrepanzen von Interesse, die in ihrer Gesamtheit einen sozialen Zustand, eine Entwicklungsstufe erkennen lassen. Es ist ungewiss, vielleicht sogar unerwünscht, dass sich die "Dritte Welt" ins industrielle Fahrwasser der Europäer begibt, ihre "Modernisierung" zu imitieren trachtet, anstatt auf Raum gebundenen kulturökologischen Grundlagen eine *Eigenentwicklung* voranzutreiben.[4]

Betrachtet man die Differenzen im Weltmaßstab genauer, dann zeigen die Entwicklungsregionen ein Geburtenaufkommen von mehr als dem Doppelten der Industrienationen. Ein jährlicher prozentueller Zuwachs von 1,9 Prozent (ohne China) ist hoch. Man muss wissen, dass an die 4 Prozent das Höchste ist, was Einzelbevölkerungen in ihrer "Explosionsphase" erreichen können. Aus dieser Zuwachsrate geht jährlich eine jährliche Vermehrung der Weltbevölkerung um

---

4 Peter Atteslander (Hg.), Kulturelle Eigenentwicklung – Perspektiven einer neuen Entwicklungspolitik. Frankfurt/New York (Campus), 1993.

weitere 80 Millionen hervor. Bei dieser Zahl handelt es sich um Geborenenüberschüsse, deren Rückgang eine allmählich sinkende Zuwachsrate anzeigt. Vor zwei Jahrzehnten haben Geburtenrückgänge eingesetzt, und Projektionen müssen das einberechnen. Sie kommen für das Jahr 2025 auf 7,9 Milliarden, für 2050 auf 9,1 Milliarden Menschen. Unter den Entwicklungsländern verblüfft das starke Wachstum Afrikas, das mit seinen 840 Millionen im Jahre 2002 bis zum Jahre 2050 um eine Milliarde anwachsen soll. Bürgerkriege und AIDS-Epidemie scheinen ein Wachstum von 2,7 Prozent jährlich für Westafrika noch nicht demographisch durchzuschlagen, was allerdings für die Zukunft vermutet wird. Sodann erstaunt das nur wenig gebremste Wachstum der indischen Bevölkerung, die in zwanzig Jahren die chinesische überrunden wird; und sodann die Bevölkerung Chinas, das mit strenger Ein-Kind-Politik sein Wachstum drosselt und seine 1,4 Milliarden nicht zu überschreiten trachtet. Europa steht jetzt schon im Zeichen der Bevölkerungsabnahme. Seine 726 Millionen heute könnten sich bis 2050 bis zu 100 Millionen verringert haben.

Es ist also wichtig, hinter den Bestandszahlen von Bevölkerungen die Bewegung zu sehen, der sie unterliegen; Tempo und Intensität, mit der sie sich verändern.

Zur absoluten Bevölkerungszahl muss die jährliche prozentuelle *Zuwachsrate* hinzutreten. Sie entsteht nach den Zunahmequanten Geburten und Einwanderung, abzüglich der Abgänge durch Todesfälle und Abwanderungen. Für viele Weltregionen außerhalb Europas, wo der Geborenenüberschuss die weitaus bedeutendste Wachstumsquelle ist, werden die eher politisch beeinflussten Wanderungen beiseite gelassen, auch hier für Europa, um den rein demographischen Vergleich, also die Differenz von Geburten- und Sterbewerten möglich und anschaulich zu machen.

Die *Geborenenziffer* (Zahl der Geborenen eines Jahres auf tausend der Bevölkerung) ist ein wichtiger Indikator für den Entwicklungsstand einer Gesellschaft, ebenso die analog berechnete Sterbeziffer.[5] Eine Faustregel der Weltentwicklung ist, dass niedrige Geburtenmaße auf einen hohen Modernisierungsstand der Gesellschaft schließen lassen, darüber hinausgehende noch nicht ausgeschöpftes Modernisierungspotential erkennen lassen. Darauf lässt sich die grobe Einteilung der Industrie- und Entwicklungsländer im Licht demographischer Indikatoren darstellen. Deutlich höhere Geborenenziffern von 20 aufwärts (die höchsten von ca. 50 soll der palästinensische Gaza-Streifen haben) lassen auf höhere

---

5 In journalistischer Ausdrucksweise: "Geburtenrate" und "Sterberate": es handelt sich aber nicht um Prozente, sondern "Promille", die anstatt "Rate" mit "Ziffer" bezeichnet werden. Nur der in Prozenten ausgedrückte Zuwachs ist korrekt als "Rate" bezeichnet.

Anteile der Landwirtschaft und Erwerbszweige schließen, die Kinder als Familienressource und Arbeitsplätze benötigen, wie dies in Westeuropa schon seit hundert Jahren nicht mehr der Fall ist.

Abb. 1: Weltbevölkerung (The 2000 Revision)

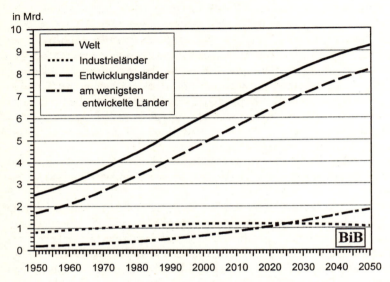

Quelle: United Nations Population Division (Hrsg.), World Population Prospects: The 2000 Revision; vgl. Wöhlcke/Höhn/Schmid (2003) und Bundesinstitut für Bevölkerungsforschung (BIB)[6]

Auch die *Sterbeziffern* verweisen auf einen Entwicklungsstand, besonders die Säuglingssterblichkeit (Gestorbene innerhalb eines Jahres nach Geburt), die in Westeuropa nur fünf Fälle auf tausend Geburten betrifft, aber in Schwarzafrika derzeit zwischen 100 und 150 Fälle betrifft. Dass die Sterbeziffern der Industrieländer und Entwicklungsregionen nicht so weit auseinander liegen wie die Geborenenziffern hat seinen Grund in der unterschiedlichen Altersverteilung. Die Alterspyramide ist dort jung, das heißt breit und besteht zur Hälfte aus Jugendlichen unter 20. Wenn Lateinamerika und Asien eine Sterbeziffer von 6 und 8 haben (gegenüber 11 in Europa), so heißt das nur, dass die Jahrgänge, in denen am we-

---

6 Manfred Wöhlcke/Charlotte Höhn/Susanne Schmid: Demographische Entwicklung in und um Europa – politisch relevante Konsequenzen. (Nomos Verlag) 2003 (im Druck).

nigsten gestorben wird, überstark vertreten sind: ein starker Jugendanteil steht einer anteilsmäßig geringen Altenbevölkerung über 60 um die 5 Prozent gegenüber. Das führt in den Entwicklungsländern zu hohen Geborenenüberschüssen, die in Einzelregionen zu einem Nettozuwachs bis zu 4 Prozent reichen können (zum Beispiel Algerien und Mexiko in den 60er Jahren des vorigen Jahrhunderts). Heute finden wir die höchsten Zuwachsraten in Zentralafrika mit 2,9 Prozent.

Die nach Geburten- und Todesfällen gezählte Gewinn- und Verlustrechung Europas zeigt in den meisten Fällen einen Überhang der Sterbefälle über die Geburten, der zu einer Minus-Zuwachsrate von derzeit –0,1 Prozent führt. Die Industrieländer insgesamt, mit den überseeischen Ablegern Europas wie Nordamerika, bringen es noch auf ein minimales Wachstum von 0,1 Prozent.

2. Vergleich der Altersstrukturen

Abb. 2: Wandel der Alterspyramiden – Altersaufbau von Industrie- und Entwicklungsländern, 2000

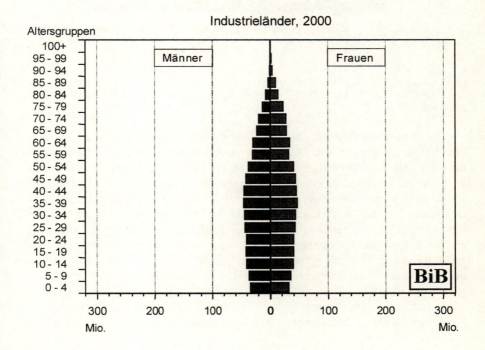

55

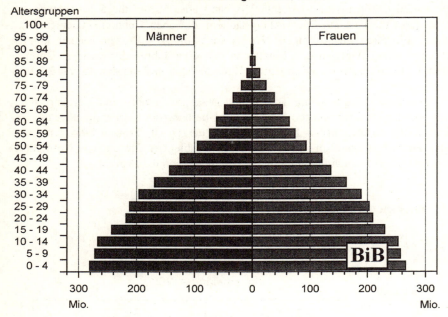

Entwicklungsländer, 2000

Altersgruppen: 100+, 95 - 99, 90 - 94, 85 - 89, 80 - 84, 75 - 79, 70 - 74, 65 - 69, 60 - 64, 55 - 59, 50 - 54, 45 - 49, 40 - 44, 35 - 39, 30 - 34, 25 - 29, 20 - 24, 15 - 19, 10 - 14, 5 - 9, 0 - 4

Männer — Frauen

300   200   100   0   100   200   300
Mio.   Mio.

Quelle:United Nations Population Division (Hrsg.), World Population Prospects: The 2000 Revision; vgl. Wöhlcke/Höhn/Schmid (2003) und Bundesinstitut für Bevölkerungsforschung (BIB).

Die Wachstumsdynamik, der die Weltbevölkerung unterliegt, lässt sich aus dem Vergleich "jünger" und "älter", d.h. moderner Bevölkerungspyramiden ersehen. Die Altersstrukturen der "jungen" Bevölkerungen auf den Entwicklungskontinenten ruhen auf einem breiten Jugendsockel. Das bedeutet, dass nur 20 Jahre später jeder dieser starken Nachwuchsjahrgänge in das Heiratsalter einrückt und seinerseits den Jugendsockel verstärkt. Selbst wenn die Geburtenzahl, wie schon seit 20 Jahren berichtet, regionalspezifisch langsam zurückgeht, entstehen aus der Eigenlogik der Alterspyramide noch so viele Elternpaare, dass die steigende Zahl von Ehen die gesunkene Kinderzahl insgesamt wettmachen und an der jährlichen Zuwachsrate wenig ändern. Die Bemühungen der Weltgemeinschaft um Senkung der Sterblichkeit wirken anfänglich ebenfalls vermehrend, schon aufgrund mehr Überlebender, die Familien gründen und Rückgang der Kindersterblichkeit. Die durchschnittliche Zuwachsrate der Entwicklungskontinente von 2002 (Afrika mit 2,5 Prozent, Asien mit 1,5 Prozent, Lateinamerika mit 1,8 Prozent) jeweils auf Null zu bringen, um den Globus von seiner demographischen Zusatzlast zu befreien, wo ihm Belastungen aus sozialer, ökonomischer und politischer Verpflichtung schon genug ins Haus stehen, ist ein weltpolitisches Ziel geworden.

Die jährliche Zuwachsrate zeigt nur wie intensiv sich eine Gesamtbevölkerung nach oben oder nach unten bewegt. Der Blick kann sich auf einen Kontinent oder ein spezielles Land richten. Um eine Politik der Eindämmung des Bevölkerungswachstums konzipieren zu können, muss das Innenleben der Bevölkerungen, die Wachstumsdynamik betrachtet werden. Hierbei kommt der Geburtenentwicklung in den Familien eine Schlüsselstellung zu.

Die durchschnittliche Kinderzahl liegt heute in Afrika bei 5,2, in Lateinamerika bei 2,7; auf den Kontinenten ist nochmals zwischen Kultur- und Klimaregionen zu unterscheiden, um nicht unechte Durchschnitte zur Grundlage einer Politik zu nehmen. Das arabische Westasien, der Nahe Osten, muss den arabischen Norden Afrikas noch in Augenschein nehmen, das südliche Zentralasien mit Indien ist ein gesonderter Raum, Ostasien scheint wieder kulturell heterogen: neben den neo-konfuzianischen Kulturen (VR China, Korea), umfasst es das islamische Indonesien, die immer noch spanisch-katholisch geprägten Philippinen und die hinterindischen ASEAN-Staaten Thailand und Vietnam mit den rührigsten Entwicklungsanstrengungen.

3. Projektionen

Mehrere namhafte Organisationen erstellen Vorausberechnungen zur Weltbevölkerung insgesamt, zu den Kontinenten und Ländern.[7] So sehr Bevölkerungsvorgänge wie Geburtenhäufigkeit und Sterbewahrscheinlichkeiten von einzelnen Jahrgängen von sozialen und wirtschaftlichen Gegebenheiten der jeweiligen

---

7 Im UN-System sind es die "Demographic Devision" und die Weltbankgruppe: United Nations, World Populatin Prospects. The 200. Revision, New York, 200...; International Institute for Applied System Analysis/IIASA, A-Laxenburg: Wolfgang Lutz, Population – Development – Environment. Understanding their Interactions in Mauritius. Berlin 1994. ders.: The Future Population of the World. What can we assume today? London 1994., Wolfgang Lutz , Warren Sanderson, Sergei Scherbov, The end of world population growth. In: Nature 412: 543-545; The World Conservation Union (IUCN): Gayl D. Ness/, Meghan V. Golay, Population ans Strategies for National Sustainable Development. London 1997.,Die Privatorganisation Population Reference Bureau (PRB), Washington, D. C. Sein jährlich erstelltes "Data Sheet" ist zwar nicht von größter Exaktheit, aber weltweit verfügbar. In Tab. 1 wurden Daten des PRB verwendet.

Weltregion geprägt sind, wirken beide zusammen und ergeben eine bestimmte jährliche Zuwachsrate; sie ist der in Prozenten dargestellte Geborenenüberschuss eines Jahres. Für die Weltbevölkerung des Jahres 2002 von 6,2 Milliarden, bedeutet eine Zuwachsrate von 1,3 Prozent einen jährlichen Menschenzuwachs von 80 Millionen. Der Weltgemeinschaft ist bekannt, dass angesichts der Endlichkeit des Globus, der Geschlossenheit der Biosphäre und trotz der Möglichkeit, erneuerbare Ressourcen zu mobilisieren, dieses Anwachsen der Menschheit nicht dauerhaft vor sich gehen kann. Es ist ebenfalls bekannt, dass dieses Anwachsen zu 90 Prozent nur auf die Geborenenüberschüsse der Entwicklungskontinente Afrika, Asien und Lateinamerika zurückzuführen ist. Von fünf Kindern werden allein vier dort geboren. Die meisten Neugeborenen zurzeit sind indische Kinder.

Schlüsselvariable: "Generationenersatz"

Die Grundbedingung für Stillstand des Bevölkerungswachstums ist, dass die Familien einer Region nur zwei überlebende Kinder in die Welt setzen (durchschnittlich 2,2, um allfällige Sterblichkeit auszugleichen). Wenn sich Eltern mit zwei Kindern nur noch selbst ersetzen, ist die Voraussetzung gegeben, dass sich die breite Bevölkerungspyramide allmählich verschlankt und sich der westlichen Form annähert. Doch das wird im günstigsten Fall eine Generation lang andauern: Die sozioökonomischen Verhältnisse müssten sich so gestalten, dass eine geringe Kinderzahl als wünschenswert und ausreichend angesehen wird, wo Landwirtschaft und Kleinpächtertum, die immer viel Kinder brauchte, vorherrscht, muss zugunsten städtischen Erwerbsformen und Dienstleistungen zurückgedrängt werden, wo Berufsausbildung für Kinder nötig wird. Ihre Verteuerung, bessere Überlebenschance und die Aussicht, die Eltern in einem besseren wirtschaftlichen Umfeld unterstützen zu können, ist das Hauptmotiv zur Verkleinerung der Kinderzahl.

Nun ist die Lage in den Entwicklungsräumen nicht durchwegs so günstig, dass das Motiv der Nachwuchsbeschränkung überall mit ähnlicher Intensität und zur gleichen Zeit greift. Die Zeit bis dahin, ist zu einem wichtigen Projektionsinstrument geworden. Eingedenk der Tatsache, dass starke Jugendjahrgänge zu ebenso starken Heiratsjahrgängen werden, richtet sich die Frage darauf, wie lange es wohl dauern wird, bis Eltern sich entschlossen haben, bis der Jugendsockel langsam schrumpft, sich auf das 2-Kinder-System einzulassen und die Jugendjahrgänge dann nicht mehr viel breiter ausfallen als die der Elternjahrgänge: Bis die ägyptisch anmutende Alterspyramide allmählich Glockenform annimmt, in der die Altersjahrgänge etwa gleich stark übereinander liegen. Es muss also abgewartet werden (a) der Zeitpunkt des Einschwenkens auf die familiale Kinderzahl von 2,2 und (b) bis sich das in der Alterspyramide noch steckende Wachstumspotential "ausgewachsen" hat. Bis zum Zeitpunkt der Wachstumsstagnation können Bevölkerungen noch eine Generation lang wachsen, und um ein gutes Drittel an Bevölkerungsvolumen noch zulegen. Das in der Alterspyramide stekkende Wachstum, das sich im Stagnationswege noch entfaltet, nennt man international *"demographisches Momentum"*. Es wird die endgültige Größe der Weltbevölkerung am Ende des 21. Jahrhunderts bestimmen.

Die Berichte und Informationen über ein jährliches Absinken der Nettozuwächse, der durchschnittlichen Kinderzahl in den Familien weltweit, sind also noch kein Anlass zur Beruhigung, kein Anlass, sich bequem zurückzulehnen in der Annahme: "Die Bevölkerungsbombe ist entschärft". Wenn demographische Indikatoren ein Nachlassen des Bevölkerungsdrucks anzeigen, muss immer noch mit dem Wachstumsmoment gerechnet werden.

Tab. 2: Geschätzte und projizierte durchschnittliche Kinderzahl pro Frau in einzelnen Weltregionen (1995-200 und 2045-2050)

Region	Gesamtfruchtbarkeit (durchschnittl. Kinderzahl pro Frau)			
	1995-2000	2045 – 2050		
		Niedrig	Mittel	Hoch
Welt	2,82	1,68	2,15	2,62
Industrieländer	1,57	1,52	1,92	2,33
Entwicklungsländer	3,10	1,70	2,17	2,65
"Ärmste Länder"	5,47	2,02	2,51	3,02
Afrika	5,27	1,91	2,39	2,88
Asien	2,70	1,60	2,08	2,56
Lateinamerika and Karibik	2,69	1,60	2,10	2,59
Europa	1,41	1,41	1,81	2,20
Nordamerika	2,00	1,68	2,08	2,48
Ozeanien	2,41	1,61	2,06	2,50

Quelle: United Nations Population Division, World Population Prospects: The 2000 Revision

Die Kinderzahl pro Frau liegt im Weltdurchschnitt bei nahezu 3 Kindern (2,82) und das würde bedeuten, dass sich die Elterngeneration um das Eineinhalbfache vermehren würde. Auffallend ist die Diskrepanz zwischen Industrienationen, die mit 1,57 das Geburtensoll der Bestandserhaltung schon deutlich unterschreiten, und den Entwicklungskontinenten mit 3,1. Afrika zeigt die höchsten Geburtenzahlen (5,27) und stellt auch den Großteil der "ärmsten Länder" (5,47); die Bevölkerungsmasse Chinas dominiert die asiatischen Durchschnitte. Seine strenge Ein-Kind-Politik verzerrt auch den Geburtendurchschnitt Asiens nach

59

unten. China wird daher häufig von den Kontinentalstatistiken ausgenommen und gesondert aufgeführt (mit 1,8 Kindern 2002).

Abb. 3: UN-Weltbevölkerungsprojektionen – 2002 Revision (drei Varianten)

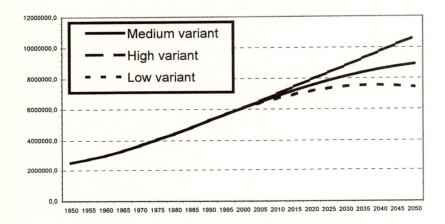

Quelle: United Nations Population Division (Hrsg.), World Population Prospects: The 2000 Revision.

Würde das Wachstum, wie es sich bis 2000 gezeigt hat, fortgeschrieben werden, dann würde die Weltbevölkerung am Ende des Projektionsraums bei 13 Milliarden stehen, sich also in 50 Jahren mehr als verdoppelt haben!

Nachdem jedoch sinkende Zuwachsraten auf der Basis sinkender Geburtenzahlen zu berücksichtigen sind, das heißt ihre Intensität abgeschätzt werden muss, wird auch eine Projektion deutlich tiefer liegen müssen. Die Projektionen für die Weltbevölkerung bis zum Jahre 2050 zeigen drei Linien. Eine niedrigere Variante rechnet mit dem baldigen Eintritt der bevölkerungsreichsten Nationen auf das "Reproduktionsniveau" von durchschnittlich 2,2 Kindern schon um 2020, so dass eine wenig wahrscheinlich niedrige Bevölkerungszahl von unter 8 Milliarden erzielt würde. Eine hohe Variante rechnet erst gegen 2050 damit, was bis dahin eine längere Entfaltungszeit für das demographische Wachstumsmoment bedeuten würde. So behilft man sich in der Bevölkerungsabteilung der UN mit einer mittleren Variante, die für 2050 dann 9,3 Milliarden Menschen projiziert. Die endgültig stabilisierte Größe der Weltbevölkerung, die wegen des problematischen Nachzüglers Afrika bis zum Ende dieses Jahrhunderts noch nicht erreicht sein dürfte, wird mit hoher Wahrscheinlichkeit etwas über 10 Milliarden liegen.

4. Demographische Übergänge im Entwicklungsprozess

Rasch wachsende Bevölkerungen müssen also einem gründlichen sozialen Wandel unterliegen, um hohe Geborenenüberschüsse reduzieren zu können. Die Bevölkerungsprozesse sind also verwoben mit allen Bereichen, die am Entwicklungs- und Modernisierungsprozess beteiligt sind: Mit dem Sinken der Zuwachraten verändern sich die Altersstrukturen, sie werden "älter", verwandeln ihre "traditionelle" Form, die einer bäuerlichen Kultur angemessen war, in eine "moderne", die den Erfordernissen industrieller Arbeits- und Lebensweise entspricht: Wenige Kinder in einer mobilen Kleinfamilie, Sterbefälle sind Ausnahme, ein wohl ausgebautes Gesundheitswesen sorgt für steigende Lebenserwartung.

Im Entwicklungsprozess durchschreiten Bevölkerungen Wachstumsstadien. Sie wachsen um den Überschuss an Neugeborenen über die (in den einzelnen Altersstufen) Gestorbenen. Dieser Überschuss steigt in dem Moment an, wie man mit Investitionen, Techniken und Medizin den Tod, vor allem im Kindesalter, zurückdrängt. Europa hat diese Wachstumsphase mit nachziehenden Geburtensenkungen beendet, ja unterboten. Es lebt seit Jahren mit Sterbeüberschüssen. Drittweltländer befinden sich noch an früheren Stationen ihres demographischen Lösungsweges, ihres "Übergangs"; es ist leichter Sterbefälle zu senken, als Abermillionen von jungen Paaren zu überzeugen, dass sie nicht mehr die gewohnte Geburtenzahl benötigen, um zu einer gewünschten Anzahl überlebender Kinder zu kommen.

An der Endphase des demographischen Übergangs finden sich Europa und Nordamerika mit nur 1,4 Kindern pro Frau. Das heißt, dass die Generationsstärke der Eltern mit 2,1 Kinder pro Frau in der modernen Welt schon um ein Drittel unterschritten wird. Dann folgt Ostasien, von dem man weiß, dass es mit wirtschaftlichen Fortschritten sein Bevölkerungsproblem löst wie die Europäer. Das westliche und mittlere Asien, vom Nahen Osten über den indischen Subkontinent bis Indonesien dagegen befindet sich in der Wachstumsphase mit niedrigen Sterbeziffern und nur sehr zäh fallenden hohen Geburtenwerten, ebenso das tropische Lateinamerika. In einer verschärften Wachstumsphase, mit der weitesten Spreizung zwischen Geburtenniveau und Sterblichkeit, befindet sich Afrika. Es dürfte vor Ende des kommenden Jahrhunderts nicht die Stagnationsphase erreichen, jene Abschlussphase des demographischen Übergangs, wo sich Geburten und Sterbefälle auf niedrigem Häufigkeitsniveau angleichen und nur noch Bevölkerungsersatz, aber kein Bevölkerungswachstum mehr produzieren.

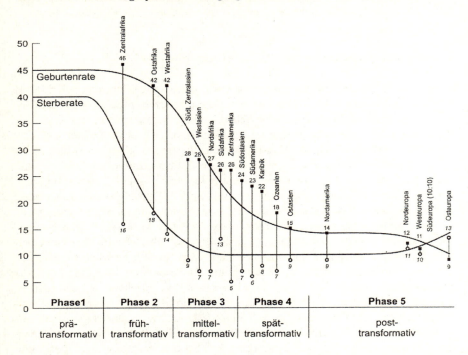

Man erkennt daraus, dass alle Bevölkerungen in ihrer Geschichte eine Stress-Phase absolvieren müssen. Sie wird erst ganz verständlich, wenn man berücksichtigt, dass dazu neue Wege der Nahrungsbeschaffung, Technologie, Ressourcen und industrielle Organisationsformen entwickelt werden und entstehen müssen, um sie zu bewältigen.

5. Bevölkerungsbezogene Weltprobleme

5.1 Altersaufbau

Allein schon aus der Altersstruktur lassen sich die Probleme erahnen, die auf die meisten Entwicklungsländer zukommen. Die starken Jugendjahrgänge schieben sich unaufhaltsam in das schwach entwickelte Gesundheits- und Ernährungswesen, in die Schulen und Ausbildungsstätten, in den Wohnungs- und Arbeitsmarkt. Da sie außerdem 15 bis 20 Jahre später die verstärkten Heiratsjahrgänge bilden, führt dies zu einem strukturbedingten "Kindes-Kinder-Effekt", der selbst einen gewissen Geburtenrückgang wettmacht und überbietet. Dazu kommt die allgemein sinkende Sterblichkeit durch den Import moderner Medizin, wodurch die "Wachstumsschere" weiter offen bleibt.

Vor allem die Einschulung der anschwellenden Jugendjahrgänge stellt große Probleme. Während den Industrienationen die Versorgungslast wachsender Altenjahrgänge Sorgen macht, ist es dort die *Jugendlast*, das Verhältnis von Erwerbsbevölkerung zu Jugendjahrgängen. Fast die Hälfte der Bevölkerung ist dort unter 15 Jahren; (in Deutschland sind dies nur 15 Prozent). Die Volksrepublik China hat dieses Problem organisatorisch bewältigt, auf dem lateinamerikanischen, und noch mehr dem afrikanischen Kontinent läuft dagegen die Bevölkerungszunahme den Alphabetisierungs- und Bildungsanstrengungen davon. Das Missverhältnis zwischen vorhandenen Bildungseinrichtungen und der Größe der schulpflichtigen Jahrgänge kann sich nur bessern, wenn sich Bildungsinvestitionen und Familienplanung günstig kombinieren. Für Schwarzafrika dürfte das nicht vor Mitte des kommenden Jahrhunderts der Fall sein.

Die erwerbsfähige Bevölkerung in den Entwicklungsländern wird von etwa 1,76 Milliarden heute auf mehr als 3,1 Milliarden Menschen im Jahr 2025 anwachsen. Jedes Jahr werden 38 Millionen neue Arbeitsplätze nötig sein, diejenigen nicht eingerechnet, die notwendig wären, um die schon vorhandene Arbeitslosigkeit zu beseitigen. Sie liegt in vielen Entwicklungsländern bei 40 Prozent.[8] Die ländliche Überschussbevölkerung kommt in den schwachen Beschäftigungskapazitäten der Industrie und des Handwerks kaum unter. Der Dienstleistungssektor in den Städten ist künstlich aufgebläht und dient als Deckmantel für versteckte Arbeitslosigkeit. Geringe Eigenkapitalbildung, das weltweite Sinken der Rohstoffpreise bei steigenden Preisen für Industriegüter (terms of trade-Effekt) und Wirtschaftsprobleme auch in den Industrienationen (Protektionismus) führen dazu, dass die Arbeitsmärkte der Dritten Welt sich nicht rasch genug ausweiten. Eine Abhilfe sieht man vorerst nur in einer "sanften" Industrialisierung der Landregionen, die allein die beängstigende Verstädterung stoppen könnte.

Die Verschuldungskrise der Dritten Welt beruht nicht zuletzt auf dem verzweifelten Bemühen vieler Regierungen, sich auf dem internationalen Kapitalmarkt jene Finanzressourcen zu beschaffen, um Produktion und Dienstleistungen für ihre rasch wachsenden Bevölkerungen bereitzustellen. Die vielfach unproduktiven Arbeitsplätze und der grotesk angewachsene Behördenapparat sind die örtliche Ausprägung der vom Westen implantierten Wahldemokratie. Verschärft

---

8 D. E. Bloom/A. Brender, Labor and the Emerging World Economy, Population Bulletin (Pop. Reference Bureau, Washington D.C., Vol. 48, 2. Oktober 1993).

wird dieses Problem durch den Transfer neuer *Technologien*, die – weil im Westen entwickelt – auf die Einsparung von Arbeitskräften zielen.

Die in jedem Altersaufbau (Alterspyramide) steckende Versorgungslast verwickeln die Bevölkerungs- und Entwicklungsprobleme. Der Altersaufbau ist das Ergebnis vorangegangener Fruchtbarkeit, Sterblichkeit und Wanderungen in allen Altersgruppen. Die wichtigste Bestimmungsgröße sind die Geburten, die die Bevölkerungspyramiden der Entwicklungsländer auf einen breiten Jugendsockel stellen. Sie enthält schon die Anzahl der künftigen Produzenten im Erwerbsalter und den Hinweis, dass der Bedarf an Ausbildungskosten und Kapital überproportional steigt. Selbst dort, wo sich ökonomische Fortschritte bemerkbar machten und bessere Marktchancen für Produkte in größeren Arbeitskräfteeinsatz umgesetzt werden konnten, zeigt sich die Jugendlast und mindert wieder die eingeleitete positive Tendenz. Man spricht von demographischen Kosten, die allein der starke Nachwuchs verursacht. Über den Lebensunterhalt hinaus muss die Jugend für steigende Ansprüche an die Qualität der Arbeitskraft erzogen werden, d.h. die Erziehungskosten für sie steigen stärker an als der Konsum der übrigen Bevölkerungsgruppen. Der Erziehungsaufwand für Kinder kann also nur relativ über einen Wirtschaftsboom vermindert werden, oder absolut über eine Geburtenbeschränkung. In Ländern, wo Scharen von Kindern Müll sortieren, auf der Straße vegetieren und von niederen Dienstleistungen auf Trinkgeldbasis leben, greift offenbar weder das eine noch das andere. Man kann sagen, dass die Jugendlast dem Wirtschaftsfortschritt Grenzen setzt, weil Versorgungs- und Ausbildungskosten, so sie überhaupt aufgebracht werden können, Mittel verschlingen, die für den Aufbau bestimmt wären. Die Politik einer Geburtensenkung ist nicht unter dem Zeichen "weniger Menschen" zu sehen, sondern als eine Entlastung auf dem Entwicklungsweg.

5.2 Alterung – nicht nur in der "Alten Welt"

Dem Bevölkerungswachstum auf den Entwicklungskontinenten steht kontrastreich die demographische Lage Europas gegenüber. In Europa hat sich der alte Menschheitstraum vom langen Leben erfüllt. Doch Solidargemeinschaften können deswegen nicht die Hände in den Schoß legen: Die Alterung ist spürbar geworden. Der Geburtenrückgang hat sich längst zum "defizitären Geburtenertrag" fortentwickelt, weil mit 1,3 Kindern pro Frau in Mittel- und Südeuropa der Generationenersatz um ein Drittel unterschritten ist und die Altenjahrgänge anteilsmäßig an Gewicht gewinnen. Außerdem sorgen generöse Gesundheitsdienste für steigende Lebenserwartung, gerade in den hochbetagten Rängen der 80- bis

100-jährigen.[9] Sie liegt 1999 in Westeuropa bei 74 Jahren für Männer und 80 Jahren für Frauen: Zwischen 2040 und 2050 werden in den heutigen Industrieländern die Männer durchschnittlich 77,7 und Frauen 83,8 Jahre alt.[10]

Tab. 3: Durchschnittliche Lebenserwartung in Jahren (von 1950 – 2050)

	Welt	Industrie-länder	Entwick-lungsländer	"Ärmste Länder"
1950-1955:				
Männer	45,1	63,9	40,1	34,9
Frauen	47,8	69,0	41,8	36,2
1990-1995:				
Männer	62,2	70,4	60,6	48,7
Frauen	62,5	78,0	63,7	50,8
2020-2025:				
Männer	69,7	75,1	68,8	62,0
Frauen	74,5	81,6	72,9	64,7
2025-2050:				
Männer	73,8	77,7	73,2	69,3
Frauen	78,8	83,8	77,8	72,9

Quelle: United Nations, World Population Prospects. The 1996 Revision. New York 1996

Die aus den Veränderungen der Altersstruktur herrührenden Probleme fallen in den einzelnen Weltteilen unterschiedlich und mit jeweils anderer Intensität an. In Europa bringen sie die sozialen Sicherungssysteme unter Finanzierungsdruck und fordern das bislang ruhiggestellte Verhältnis der Generationen zueinander heraus. Auf den Entwicklungskontinenten ruht die demographische Last noch ganz auf Seiten der heranwachsenden Jugend. Sie muss auf einem Entwicklungsweg mitgeschleppt werden, bis sie sich in Humankapital verwandelt und die Entwicklung mitträgt.

---

9 Josef Schmid, Population Ageing: Dynamics, and Social and Economic Implications at Family, Community and Societal Levels. Referat auf dem Meeting der UN/ECE (Genf), Budapest, 7.-9. Dezember 1998. (CES/PAU/1998/6; GE 98-32457)
  Gérard Calot/Jean-Paul Sardon, Les Facteurs du vieillissement démographique. In: POPULATION, 54 (3), 1999, S. 509-552.
  Wolfgang Lutz, Brian C. O'Neill, Sergei Scherbov, Europe's Population at a Turning Point. In: Science, Vol 299, 28.03.2003, S. 1991-1992.
10 Data-Sheet 1997;United Nations, World Population Prospects. The 1996 Revision, New York, United Nation 1996; Andreas Heigl/Ralf Mai, Demographische Alterung in den Regionen der EU. In: Zeitschrift für Bevölkerungswissenschaft 3/1998, S. 293-317; Wolfgang Lutz, Brian C. O´Neill, Sergei Scherbov, Europe´s Populatin at a turning point. In: Science 299: 1991 – 1992,28 March 2003.

Ab dem Jahre 2015 beginnen die einstigen Kinder des Baby-Booms der 60er Jahre sich zur Ruhe zu setzen. Ihr Zustrom ins Pensionsalter wird sich aber bis 2030 fortsetzen und wird geburtenschwachen aktiven Jahrgängen des darauffolgenden Geburteneinbruchs, "Pillenknicks", gegenüberstehen, der seit den 70er Jahren bis heute andauert. Schon zu Anfang des Jahrhunderts wird sich das Verhältnis der unter 20-jährigen zu den über 60-jährigen umkehren. Bis 2025 werden die Älteren an die 30 Prozent der Gesamtbevölkerung ausmachen.

Diesem Trend sind längst die weiße Bevölkerung der USA, die Bevölkerung Japans und Singapurs, Koreas und vor allem die Bevölkerungsmasse der VR China unterworfen, wenn sie die strikte Ein-Kind-Politik beibehält und den großen Altenkopf, den die Europäer über ihrem Lebensstil entstehen lassen, bevölkerungspolitisch einleiten.

5.3 Verstädterung

Weltprobleme haben sich insofern vermehrt, als auch Wissenschaften sich ihrer angenommen haben und jeweils als eigenen Bereich mit bestimmten Zuständigkeiten definieren. "Ernährungssicherheit" fällt in die Sparte Agrarpolitik, agrarische Forschung und Bevölkerungswachstum.[11] Die Weltgesundheitsorganisation (Genf) überwacht Krankheitsbilder und Sterbeursachen, vor allem Seuchenherde und die Ansteckungsraten mit AIDS. Das Internationale Arbeitsamt (ILO, Genf) errechnet Beschäftigungschancen angesichts starker Jahrgänge im erwerbsfähigen Alter in Entwicklungsländern, mit Arbeitslosigkeit in Hochtechnologiegesellschaften ebenso. Für Wanderungsbewegungen, vor allem Arbeitsmigration gibt es mehrere Zuständigkeiten, bis hin zu illegalen Grenzübertritten, Menschenschmuggel und organisierte Kriminalität.

Im Phänomen Verstädterung scheinen sich alle demographischen und sozialen Probleme der Weltbevölkerung zu konzentrieren: Der innere Bevölkerungsdruck durch Geborenenüberschüsse in Landregionen potenziert den Druck auf die Städte. Das ist in der Dritten Welt keine "Verstädterung" nach europäischem Vorbild, wo eine landflüchtende Bevölkerung schon in einer Generation zum städtischen Bürger, seiner neuen Lebensform mit ständigem Geisteswandel mutierte. Hier entstehen überhastet Behelfsheime in unübersehbarer Menge, die sich von der vagen Hoffnung nähren, für sich und die Kinder den richtigen Schritt

---

11 Klaus M. Leisinger, Karin M. Schmidt, Rajul Pandya-Lorch, Six Billion and Counting-Population and Food Security in the 21st Century (The John Hopkins University Press) 2002.

getan zu haben. Zu Beginn des 21. Jahrhunderts gibt es erstmals in der Menschheitsgeschichte mehr Bewohner von Städten als von Landregionen.

Abb. 5: Weltbevölkerung nach Land- und Stadtbewohnern 1950-2030

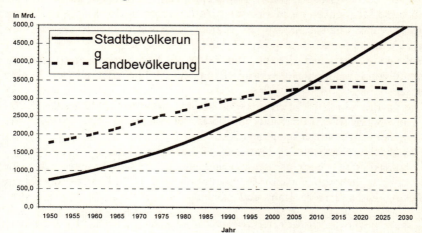

Quelle: United Nations, Population Division, World Urbanization Prospects: The 2001 Revision

Von 1995 bis 2030 wird sich die Stadtbevölkerung verdoppeln. Von 2,6 Milliarden auf 4,9, wovon 4 Milliarden allein auf Entwicklungsregionen entfallen. Über die Hälfte der Bevölkerung Afrikas und Asiens werden um 2020 in Städten leben, drei Viertel der Lateinamerikaner tun es bereits.[12] Die größten nationalen Bevölkerungen, China und Indien, führen den Schub in die Städte an. Während zwei von drei Chinesen zur Zeit noch auf dem Lande leben, wird um 2030 über die Hälfte der chinesischen Bevölkerung verstädtert sein. Dasselbe gilt für Indien, Japan, Russland und die Vereinigten Staaten. Es ist ein verstärkter Trend zu Agglomeration, der nicht zu stoppen ist und die Landbevölkerung ab 2015 anteilsmäßig zurückgehen lässt. Verarmte Landbevölkerung findet sich bald ein in "Slums", "Shanty Towns" oder "Favelas" und verharrt hier in niedersten Dienstleistungen, Ausbeutungsverhältnissen, Bettelei, Kleinkriminalität oder Prostitution. Das Gefühl, dass eine soziale Besserstellung oder ein Aufstieg der Kinder in normale Berufe nur von der Stadtregion ausgehen könne, ist übermächtig. Dabei

---

12 J. L. Garrett, Overview. In: J. L. Garrett, M. T. Ruel (eds.), Achieving Urban Food an Nutrition Security in the Developing World. 2020 Focus 3 (Washington, D.C.:IFPRI, 2000).

werden Übel in Kauf genommen, von denen sie in ihrer Landregion noch verschont geblieben waren. So stieg der Anteil der unterernährten Kinder in den Städten stark an. Die sanitären Zustände zusammengedrängter Menschenmassen führen zu Seuchen, Drogen und HIV-Ansteckungen. Verelendete Stadtbewohner haben keine Möglichkeit mehr, sich selbst zu versorgen. Selbst Mangelernährung erfordert "Geld" und hat ihren "Preis": *"Thus food security in urban areas is inextricably linked to income security."* [13]

Solange Regierungen sich nur um Städte zu kümmern scheinen und der Hauptteil von Investitionen nur dorthin fließt, werden Menschen ihre Landregion verlassen.

Die für das Jahr 2015 zu erwartenden Megametropolen von 12 bis 27 Millionen Einwohnern listet Tab. 4 auf. Nur noch drei von ihnen (Tokio, New York, Los Angeles) liegen in der modernen Welt.

Das absolute Wachstum ab 1950 zeigt die unfassbare Intensität des Agglomeratsvorgangs, der nur noch per Satellitenaufnahmen überschaut werden kann. An diese Liste schließen sich dann Megastädte mit über 11 Millionen Einwohnern an: Peking, Rio de Janeiro, Kairo und Istanbul.

Tab. 4: Die größten städtischen Agglomerationen nach Einschätzung ihres Wachstums bis 2015 (Bevölkerung in 1000)

Land	Stadt	1950	1975	2000	2015
Japan	Tokio	6 920	19 771	26 444	27 190
Bangladesh	Dhaka	417	2 173	12 519	22 766
Indien	Mumbai (Bombay)	2 981	7 347	16 086	22 577
Brasilien	Sao Paulo	2 528	10 333	17 962	21 229
Indien	Delhi	1 391	4 426	12 441	20 884
Mexiko	Mexiko City	2 883	10 691	18 066	20 434
Vereinigte Staaten	New York	12 339	15 880	16 732	17 944
Indonesien	Jakarta	1 452	4 814	11 018	17 268
Indien	Kalkutta	4 446	7 888	13 058	16 747
Pakistan	Karachi	1 028	3 990	10 032	16 197
Nigeria	Lagos	288	1 890	8 665	15 966
Vereinigte Staaten	Los Angeles	4 046	8 926	13 213	14 494
China	Shanghai	5 333	11 443	12 887	13 598
Argentinien	Buenos Aires	5 042	9 144	12 024	13 185
Philippinen	Metro Manila	1 544	5 000	9 950	12 597

Quelle: United Nations Population Division, World Urbanization Prospects: The 2001 Revision.

---

13 Klaus M. Leisinger, ibid. S. 12.

Die wirtschafts- und sozialpolitischen Probleme, derartige Agglomerationen zu administrieren, übersteigt das Vorstellungsvermögen des ordnungsverwöhnten Europäers. Die Umweltprobleme sind jedoch dramatisch. Alle Drittwelt-Städte kennen vergiftete Räume und Gewässer, in deren Nähe man sich nicht aufhalten soll. Die Energieversorgung, etwa Strom, ist abenteuerlich. Öffentliche Leitungen werden tausendfach angezapft. Die Hauptsorge der Ökologen ist, dass praktisch alle Agglomerationen an Meeresküsten liegen. Das bedeutet eine gewaltige Verschmutzung der Meere und Beeinträchtigung dessen, was die Menschheit bislang noch für einen Regenerationsraum hält.

5.4 Umweltprobleme

System- und Prognoseforschung entwickelten Wirkungs- und Flussdiagramme, ohne deren Anschaulichkeit es viel schwieriger wäre, Umweltkrisen bewusst zu machen. Ein Beispiel der Darstellung des Verhältnisses Bevölkerung – Umwelt, das im Rahmen eines demographischen Erziehungsprogramms (Population Education) entwickelt wurde, sei hier präsentiert.[14]

Zwischen Bevölkerung *(Population)* und Umwelt *(Environment)* schieben sich die Agenten der Kultur im engeren Sinne: Organisation und Sozialstruktur (hier mit *Society, Culture, Consumption, Trade* umschrieben). Technik ist in evolutionären Systemen immer *technology development.* Bevölkerung ist in seine Komponenten zerlegt; zum einen in die Bevölkerungsvorgänge *(Fertility* = Geburtenniveau, *Mortality* = Sterblichkeit und *Migration),* zum anderen in die Strukturkategorien Größe *(Size),* Verteilung im Raum *(Distribution)* und Altersaufbau *(Structure).* Umwelt teilt sich in erneuerbare Ressourcen *(Air, Water, Energy, Land),* in rein physische Umwelt *(Non-built, Uninhabited)* und die der "Natur" abgetrotzte "Kulturlandschaft" als *built environment.* Der staatliche Eingriff und die internationalen Verflechtungen vervollständigen den Komplex.

Das Verhältnis von Bevölkerung zu Ressourcen, die früher "Nahrungsspielraum" hießen, mündete in die Frage nach der "Tragfähigkeit" *(Carrying Capacity)* des Bodens. Mit Tragkörperforschung war eine Generation von Kulturgeographen und Agrarökonomen befasst.[15] Inzwischen hat sich die Forschung der Biosphäre als Bezugsgröße der Menschheitsentwicklung zugewandt.

---

14 John I. Clark, Education, Population, Environment and Sustainable Development. In: International Review of Education (Special Issue: Population Education), UNESCO Institute for Education, Hamburg; Vol. 39, Nos. 1-2, March 1993, S. 56; siehe auch: Josef Schmid, Bevölkerung – Umwelt – Entwicklung. Eine Humanökologische Perspektive. Opladen 1994.

15 Wolfgang Kuls, Probleme der Bevölkerungsgeographie. Darmstadt 1978.

Abb. 6: Faktorenmodell der Bevölkerung-Umwelt-Beziehung

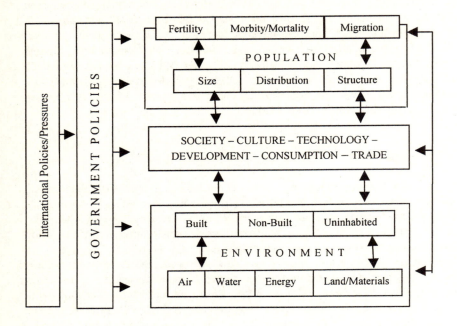

Quelle: Clark (1993), S. 56

Umwelt ist das, was der Anpassungskampf zwischen Bevölkerung und Ressourcen übrig lässt. Das Nutzungsverhältnis Bevölkerung-Umwelt beruht auf folgenden drei Komponenten:

• Lebensstile, Einkommen und Sozialorganisation, die zusammen das Konsumniveau bestimmen.
• Die gebräuchlichen Technologien, die bestimmen, in welchem Ausmaß die sozialen Aktivitäten der Umwelt schaden oder sie erhalten; sie stehen eindeutig mit dem Konsumniveau in Verbindung. Die Komponenten 1. und 2. können statistisch auf die Einzelperson bezogen werden.
• Bevölkerung: Sie ist jener Multiplikator der durchschnittlichen Einflussnahme pro Person, die die Gesamtwirkung ergibt.

Jürgen Bähr, Chr. Jentsch, W. Kuls (Hg.), Bevölkerungsgeographie. (Lehrbuch der Allgemeinen Geographie, Band 9), Berlin-New York 1992, S. 117 ff.

Extreme *Ungleichheiten* in der Bodenverteilung, die die Armen zwingt, kleine und marginale Parzellen maximal auszubeuten, werden dann zum Zusatzfaktor, wenn sie die Einführung umweltschonender Technologien verhindern und die Umweltverschlechterung dadurch verstärkt wird.

Die höchst industrialisierten Nationen haben den höchsten Anteil am Ressourcenverbrauch. Mit 25 Prozent der Weltbevölkerung konsumieren sie 75 Prozent der Weltgesamtenergie, 79 Prozent aller Brennstoffe, 65 Prozent aller Holzprodukte und 72 Prozent der gesamten Stahlproduktion. Gleichzeitig sind sie die Verursacher von dreiviertel der gesamten Kohlendioxidemissionen, die zur Hälfte für den Treibhauseffekt in der Atmosphäre verantwortlich ist. Dem steht nun entgegen, dass sie die Hauptproduzenten der Weltwirtschaft, ihrer Überschüsse und finanziellen Ressourcen sind, auf die die Entwicklungsländer längst angewiesen sind.

Die "Ärmsten der Armen", die in den Entwicklungsländern leben, bedürfen am meisten der Segnungen der Entwicklung, sind aber gezwungen, ihre eigene Ressourcenbasis aus ökonomischer Not heraus und aus Mangel an Alternativen zu zerstören. Auf ihr Konto geht ein Teil der Umweltzerstörungen in der südlichen Hemisphäre. Ihre Bevölkerungen haben Wachstumsraten, die eine Verdopplung in circa 25 Jahren anzeigen. Vorhaben ihr Elend zu mindern oder gar zu halbieren, scheinen dieses Faktum nicht realitätsgerecht zu berücksichtigen. Dazwischen liegen die bessergestellten Entwicklungsländer und Schwellenländer, deren Umweltzerstörung nicht geringer ist, doch sind die Chancen sich über technologischen Fortschritt der Politik geschlossener Kreisläufe anzuschließen, wesentlich günstiger.

Die Verluste an erneuerbaren und nicht erneuerbaren Ressourcen schreiten rasch voran, wenn nicht Technologie und Investitionen diesen Vorgang stoppen. Mit Treibhauseffekt und Ozonloch haben sich die Probleme bereits in die Atmosphäre und Biosphäre verlagert. Seit neuestem wissen wir, dass nicht die erschöpfbaren Rohstoffe das Bedrohliche sind, sondern die Beeinträchtigung der Erneuerbarkeit der nachwachsenden, Ressourcen, die für den Lebensvollzug unmittelbar Bedeutung haben, nämlich Boden, Luft, Wasser und Artenvielfalt.

Die Bodenfrage wird diskutiert im Rahmen des Problems der Bodenerosion, des Vordringens der Wüsten und des dramatischen Rückgangs der Wälder, vor allem der Tropenwälder.

6. Ein anderer demographischer Übergang für Entwicklungsländer als Beitrag zu globaler Nachhaltigkeit

Die Theorie des demographischen Übergangs (siehe Kap. 4) ist in gewisser Weise ein Rettungsanker für Wissenschaft und Politik, den die Bevölkerungswissenschaft auf Grund lässt, wenn sie sich zu vergangenen und künftigen Trends äußern soll.[16]

Der demographische Übergang ist ein Erfahrungsschatz europäischer Sozialgeschichte und Modernisierung, der häufig auch als geeigneter Weg für die außereuropäische gehalten wurde: Gewisse Entwicklungsschritte senken Sterblichkeit, und verstärken sich so, dass mit steigendem Wohlstand die modernen, urbanen Alternativen zum alten bäuerlichen Familiendasein entstehen. Die überlebenden Kinder werden als Last empfunden, sowie zu hoch empfundene Kinderkosten einen bequemeren Lebensstil (Freizeit, Wochenende) gefährden könnten. Diese Erklärung entstammt der angelsächsischen Krämerseelentheorie des Utilitarismus. In Deutschland wurde dieser Vorgang bald in eine Wohlstandstheorie des Geburtenrückgangs gegossen. Sie hat endgültig ein Malthus'sches Denkmodell entthront, denn es hatte sich herausgestellt, dass – entgegen der Malthus'schen Lehre – die Zunahme des Familieneinkommens nicht zur Zunahme der Kinder führe, sondern zum Gegenteil. Die subjektive Wertlehre, wonach das Individuum – auch in Partnerschaft – nach einem Erfolgsoptimum strebe. Mit fortschreitenden Segnungen des Industriezeitalters werden einstige Hungerqualen abgelöst von der Qual der Wahl, der Konkurrenz der Genüsse. Mit den Standards steigen gleichzeitig Unruhe und Krisenbewusstsein und schaffen den modernen unsteten Sozialcharakter. Familiendasein und Kinderschar setzen sich immer in Widerspruch zum Zeitgeist. Offenbar konnte der Nutzen, den man früher vom zahlreichen Nachwuchs erwarten konnte, nun von einem bis drei Kindern realisieren. So stieg ein allgemeines Interesse für Familienplanung und die Schere, die sich im Übergangsstadium zwischen Geburten- und Sterblichkeitsniveau aufgetan hatte, konnte sich schließen.

Der demographische Übergang nach europäischem Muster benötigt drei Generationen. Diese Theorie der Bevölkerungsentwicklung, ein Pendant zur Theorie der Modernisierung, ist bis heute eines der wenigen anerkannten Entwicklungsgesetze. Die Disziplin ist nun von einer gewissen Nervosität ergriffen, wenn sie eine vertraute Konzeption verabschieden oder bis zur Unkenntlichkeit erweitern

---

16 Josef Schmid, Bevölkerung und soziale Entwicklung – Der demographische Übergang als soziologische und politische Konzeption. Schriftenreihe des Bundesinstituts für Bevölkerungsforschung, Boldt-Verlag, Boppard/ Rhein, 1984
John Caldwell, Toward a Restatement of Demographic Transition Theory. In: Population and Development Review, Vol. 2, Nr. 2/3, 1978, S. 326-366.

muss, um der künftigen Weltlage Rechnung zu tragen. Zwei Tatsachen werden einen Paradigmenwechsel erzwingen:

Erstens wird die Fruchtbarkeit der Dritten Welt absinken, ohne jedoch in realer Entwicklung und forcierter Industrialisierung eine Abstützung finden zu können. China könnte den Fall exemplarisch vorführen.

Zweitens werden die Entwicklungsländer den demographischen Übergang auf eine andere Weise als die heutigen Industrienationen schaffen müssen. Nathan Keyfitz, ehemaliger Direktor des IIASA, Laxenburg, sagt Folgendes:

"Wenn zwischen Energieverbrauch und Volkseinkommen eine enge Beziehung besteht und wenn diese hohe Korrelation auch in der Gegenwart gilt, dann haben die Entwicklungsländer keine Möglichkeit, jemals das Einkommensniveau der Industrienationen zu erreichen." [17]

Daraus ergibt sich, dass der demographische Übergang in der Dritten Welt sich weder nach dem gemächlichen Muster Nord- und Westeuropas vollziehen wird, noch die gleiche Marschrichtung einhalten können wird. Wenn in der zweiten Hälfte des 21. Jahrhunderts eine Entwicklung absehbar sein soll, drängen sich der Dritten Welt folgende Änderungen auf:

1. Der demographische Übergang hat in der Dritten Welt nicht mehr hundert Jahre Zeit. Denn hier stehen zehnfach größere Bevölkerungen zur Entwicklung an und mit Wachstumsraten, wie sie Europa nie gekannt hatte.

2. Die von außen eingeleitete Senkung der Sterblichkeit muss eine raschere Geburtensenkung nach sich ziehen, weil die Wachstumsschere bei einem Netto-Zuwachs von 2 Prozent jährlich derartig hohe Geborenenüberschüsse bedeutet, die nicht über längere Zeit verkraftet werden können.

3. Das heißt, dass in den Entwicklungsländern zur Geburtensenkung genauso von außen geholfen werden muss, wie zur Senkung der Sterblichkeit. Die Geburtensenkung kann hier nicht mehr den allgemeinen Entwicklungsprozess abwarten. Es wird wie eine *Umkehrung des europäischen Weges* aussehen: Die demographische Modernisierung muss eingeleitet sein und für einen Entwicklungsprozess entlastend wirken, der ihr noch hinterherhinkt.

4. Die Dritte Welt wird ihre Entwicklung nicht mit der Naturausbeutung und Energieverschwendung betreiben können wie die nördliche Hemisphäre. Hier wird ebenfalls eine Umkehrung stattfinden müssen. Die ökologischen und klimatischen Zustände dort erfordern die vorzeitige (!) Einführung von intelligenten,

---

17 Nathan Keyfitz, Completing the Worldwide Demographic Transition: The Relevance of Past Experience. Ambio 21 (1), 1992, S. 26-30. (vom Verfasser übersetzt)

teilweise auch traditionellen Niedrig-Energie-Systemen. Ansonsten ist im Süden eine leidliche Existenz für mindestens 8 Milliarden Menschen nicht vorstellbar.

Zusammenfassend gilt, dass globale Nachhaltigkeit ihrem Ziel näher kommt, wenn sich die Dritte Welt nach einem anderen Prioritätenschema entwickelt: Sie muss Geburten rascher der niedrigen Sterblichkeit folgen lassen, die Geborenen-überschüsse rascher verringern und kleinere Jahrgangsstärken in Niedrig-Energie-Systeme mit umwelterneuernder Technologie einpassen. Dies erfordert Investitionen und Erziehungskosten, wie sie für Bevölkerungen, die zur Hälfte aus Kindern und Jugendlichen bestehen, alleine nicht aufzubringen sind.

Abb. 7: Jugend- (0-20) und Altenjahrgänge (60+) in Europa

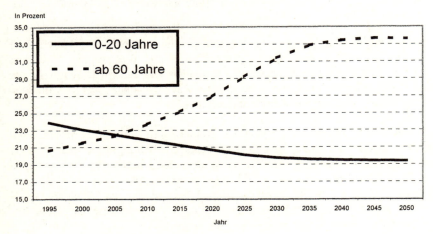

Quelle: Eurostat

Die globale Energiewende:
Beseitigung der Energiearmut und Klimaschutz

Hartmut Graßl

⇒ Die Menschheit muss global koordiniert handeln, das bedeutet die Notwendigkeit einer global koordinierten Energiepolitik!

⇒ Abschied von fossilen Brennstoffen als Hauptsäule der Energieversorgung noch in der ersten Hälfte des 21. Jahrhunderts durch rasche und massive Förderung der erneuerbaren Energie notwendig!

1. Klima als zentrale Größe für jede Gesellschaft

Die Menschheit konnte sich nur entwickeln, weil unser Planet Erde ausreichend aber nicht zu viel Sonnenenergie bekommt, an vielen Stellen über dem festen Land genügend Wasser vom Himmel fällt, und mit beidem die Pflanzen unsere Nahrung schaffen können. Da die Strahlungsflussdichte der Sonne, der Niederschlag und die Vegetation die zentralen Klimaparameter sind, ist Klima mit unserem Wohlergehen eng verknüpft. Wir wohnen nur dort in größerer Anzahl, wo es nicht zu kalt ist und der Niederschlag ausreichend Vegetation für die Ernährung gewährleistet.

Weil wir – wie schon fast jeder Gebildete weiß – begonnen haben das Klima weltweit zu ändern und bei unverändertem Wirtschaften die Rate der Klimaänderung zunehmen wird, ist das Leben der Menschen in vielen Regionen durch Meeresspiegelanstieg und Verschiebung der Niederschlagsgebiete gefährdet (IPCC, 2001a). Ob wir es wollen oder nicht, die Menschheit muss global koordiniert handeln, damit die besonders verwundbaren Länder und Gruppen der Gesellschaft, welche die veränderte Zusammensetzung der Atmosphäre meist nicht verursacht haben, nicht in ihrer Entwicklung noch weiter gebremst werden. Und schließlich in großer Not aus ihrer Heimat fliehen müssen oder wenige (aber immer mehr) gegen die reichen Länder einen vermeintlichen Ausweg im Terror suchen.

Die langfristig veränderte Zusammensetzung der Atmosphäre ist überwiegend Folge der Emission aus der Energieversorgung, für die zu fast 90 Prozent Kohle, Erdöl und Erdgas genutzt werden. Der Gehalt aller drei langlebigen Treibhausgase hat seit Hunderttausenden von Jahren nie mehr heutige Werte erreicht. Kohlendioxid (CO_2) ist seit Beginn der Industrialisierung von 280 Millionstel Volumenanteilen (ppmv) auf über 370 angestiegen und steigt jährlich im Mittel um weitere 1,5 ppmv an. Methan (CH_4) hat sich mit einem Anstieg von 0,7 ppmv auf 1,75 ppmv weit mehr als verdoppelt und das Distickstoffoxid (Lachgas, N_2O) steigt pro Jahr um 0,25 Prozent an und hat 0,32 ppmv erreicht. Alle drei Gase gehören zu den fünf wichtigsten Treibhausgasen der Atmosphäre und sie nehmen die Plätze 2, 5 und 4 ein. Nur Wasserdampf ist ein wichtigeres Treibhausgas als CO_2 und Ozon (O_3) rangiert als drittwichtigstes noch vor N_2O und CH_4.

Weil das Klimasystem auf solche Anstöße um Jahrzehnte verzögert reagiert, ist nie direkt in Klimaparametern in Gänze zu beobachten, was wir bereits – für Zeitskalen von Gesellschaften – unumkehrbar verursacht haben. Klimaschutz, das heißt zunächst (im 21. Jahrhundert) die Dämpfung der anthropogenen Änderungsrate, braucht eine langfristige, global koordinierte Politik. Diese Politik ist aber zu einem Zeitpunkt notwendig, wo ein Teil der Entwicklungs- und Schwellenländer begonnen hat, die Energiearmut, ein zentrales Entwicklungshemmnis, zu beseitigen und noch viele Entwicklungsländer, tief in Energiearmut steckend, die ersehnte Entwicklung nicht schaffen.

2. Gefährliche Gradienten in und zwischen Gesellschaften

Die Entwicklung vieler Länder wird immer wieder durch Staatsstreiche, Kriege und Bürgerkriege zurückgeworfen, meist ausgelöst durch große Ungleichheit zwischen gesellschaftlichen Gruppen, die somit oft eine Demokratisierung verhindert oder demokratisches Verhalten beendet. Die Disparität wiederum wird nicht nur durch Politikversagen vergrößert, sondern auch wenn extreme Wetterereignisse auftreten – und das gilt besonders für agrarisch geprägte Gesellschaften –, weil die ärmeren Bevölkerungsgruppen davon besonders betroffen sind. Ein berühmtes Beispiel für eine "Naturkatastrophe" ist die seit den siebziger Jahren des vergangenen Jahrhunderts immer wieder aufgetretene Dürre im afrikanischen Sahel, die nicht nur Hungerkatastrophen auslöste und zur Flucht von Millionen Menschen geführt hat, sondern die auch Anlass war für den Aufbau großer internationaler Hilfsprogramme. Letztere haben inzwischen erreicht, dass die alte Geißel der Menschheit "Hungertod bei Dürre" in Gebieten ohne Krieg inzwischen weitgehend vermieden werden kann.

Der Anlass für die Saheldürre ist nach jüngsten Befunden der Klimaforscher nicht überwiegend im lokalen Missmanagement (z.B. Überweidung) zu suchen, sondern ist (mit) verursacht durch kontinentweite Luftverschmutzung in Nordamerika und Europa (Rotstayn und Lohmann, 2002; Feichter, 2003). Sie führt durch Kühlung von Teilen des Nordatlantiks zur leichten Südverschiebung des Azorenhochs, was den westafrikanischen Sommermonsun weniger nordwärts ausgreifen lässt. Sollte dieser Befund weiter erhärtet werden, so ist sicherlich eine heftige politische Debatte über Kompensation der Schäden unvermeidbar, denn die "Naturkatastrophe" hat zumindest einen anthropogenen Anteil, der bei fehlendem Klimaschutz ansteigt.

Die bei Erwärmung der Landoberflächen beobachtete Zunahme der Niederschlagsmenge pro Ereignis, auch wenn die Gesamtmenge nicht zunimmt, ist eine Entwicklung, die besonders Gebiete mit Subsistenzlandwirtschaft trifft und vorhandene Unterschiede oft verschärft. Weitere Bodendegradation und erhöhte Verwundbarkeit vor allem der armen Gruppen und Länder sind die Folge. Es ist sicherlich schwierig oder fast unmöglich, bei der Vielfalt von Faktoren, die zu Konflikten führen, den Einfluss veränderten Klimas zu isolieren, ein möglicher Beitrag ist jedoch unbestritten.

3. Beobachtete Klimaänderungen und solche bei fehlendem Klimaschutz

Viele Klimaparameter haben sich im 20. Jahrhundert im Vergleich zur Änderungsrate in der jetzigen Zwischeneiszeit (Holozän) stark verändert. Weil Meteorologen seit etwa 1850 beinahe weltweit Temperatur, Druck und Niederschlag gemessen haben, konnte der Zwischenstaatliche Ausschuss über Klimaänderungen 1995 im Dezember schlussfolgern: *The balance of evidence suggests a human influence on global climate* (IPCC, 1996). Mit dieser "Entdeckung" des anthorpogenen Klimasignals wurde den Vertragsstaaten zur Klimakonvention der Vereinten Nationen klar, dass der Anlass zu Klimaschutz, das heißt zunächst nur die Dämpfung der anthropogenen Klimaänderungsrate, nicht nur aus Hochrechnungen in von manchen angezweifelten Klimamodellen stammt. Da die gekoppelten Atmosphäre/Ozean/Land-Modelle die beobachteten Klimaänderungen, zum Beispiel 0,6°C mittlere globale Erwärmung im 20. Jahrhundert, nachvollzogen, werden ihre Extrapolationen ins 21. Jahrhundert, nämlich Erwärmung um 1,4 bis 5,8°C bis 2100 nun weit ernster genommen!

Die angegebene große Spanne ist allerdings überwiegend nicht so sehr auf die weiter kaum verminderte Unsicherheit bei der Abschätzung der Empfindlichkeit des Klimasystems gegenüber einem erhöhten Treibhauseffekt zurückzuführen, sondern vielmehr auf die breit gefächerten Szenarien des Verhaltens der Menschheit.

Beinahe täglich erfahren wir auch aus den Zeitungen, welche anderen Umweltparameter sich mit der globalen Erwärmung ebenfalls kräftig verändert haben. Gletscherschwund fast weltweit, zunehmende Häufigkeit extremer Niederschlagsmengen, Hitzerekorde, auftauender Permafrost, Desintegration von Schelfeisgebieten sind fast immer wieder dabei.

Wenn wir die oben angegebenen Erwärmungsraten bis 2100 mit der Klimageschichte vergleichen, wird klar, dass in ein Jahrhundert gepackt wird, was sonst dem Hub zwischen Eiszeit und Warmzeit (Zwischeneiszeit) entspricht. Vor ca. 20.000 Jahren, als das Inlandeis über Skandinavien 3 km mächtig war und bis nach Norddeutschland reichte, war die Erdoberfläche im globalen Mittel "nur" 4 bis 5°C kälter. Da weiterhin die volle Auswirkung der angestoßenen mittleren globalen Erwärmung immer erst Jahrzehnte nach dem Anlass annähernd voll ausgeprägt ist und der Meeresspiegelanstieg noch Jahrhunderte bis Jahrtausende weitergeht, ist globale Umweltpolitik zu einer großen Herausforderung geworden. Das Denken an viele folgende Generationen sollte Richtschnur sein und weniger die Legislaturperiode oder die eigene Karriere. Leicht überspitzt formuliert: Enkel und Urenkel werden die Folgen unseres heutigen Handelns wesentlich spüren und auch nur sie können unsere Politik werten.

4. Die zentrale Rolle der Energieversorgung für eine nachhaltige Entwicklung

Fast alle regionalen Umweltprobleme und auch die globale Klimaänderung durch den Menschen werden ganz wesentlich durch die gegenwärtige Energieversorgung verursacht. Überdüngung der Landschaft in Industrieregionen, Versauerung der Böden und Binnengewässer, der photochemische Smog und die Atemwegserkrankungen in Ballungsgebieten sind alle Ausdruck der Nutzung der Atmosphäre als Mülldeponie für die Verbrennungsgase und –partikel, die bei der Nutzung fossiler Brennstoffe (Kohle, Erdöl, Erdgas) für unsere Energieversorgung und Mobilität entstehen und nur kostspielig reduziert werden können.

Die völlig veränderte Energieversorgung ist daher Eckpfeiler einer Politik der Annäherung an eine nachhaltige Entwicklung. So ist zum Beispiel die beinahe totale Abhängigkeit von Erdöl für den Straßenverkehr sicherlich eine ganz große und Jahrzehnte für den Umbau benötigende Herausforderung. Es genügt dabei nicht, ein Auto mit Wasserstoff anzutreiben, wenn dieser aus Kohle, Öl oder Erdgas abgezweigt wurde.

Die Steigerung der Energieproduktivität wird ebenfalls nicht allein die Lösung sein, obwohl sie Voraussetzung für den Übergang zu erneuerbaren Energiequellen ist. Denn sie lindert die aus der Energieversorgung stammenden Umweltprobleme nur. Der globale Eingriff der Energieversorgung kann leicht mit folgenden Zahlen belegt werden. Die Energieflussdichte unserer gesamten Energieversorgung erreicht global gemittelt nur 0,025 Watt pro Quadratmeter (Wm^{-2}) während die Sonne etwa 170 Wm^{-2} an der Oberfläche anbietet. Wir bräuchten also nur weniger als ein Fünftausendstel von ihr für unsere Energiewünsche. Trotzdem haben wir über die Anhäufung langlebiger Abgase (CO_2, CH_4, N_2O) in der Atmosphäre zu einer Strahlungsbilanzerhöhung von zur Zeit schon 2,5 Wm^{-2} beigetragen, die Wirkung also verhundertfacht. Das Klimasystem muss sich daher schon jetzt an eine Störung anpassen, die etwas über 1 Prozent der insgesamt absorbierten Sonnenenergie entspricht. Weil im Langzeitmittel die Abstrahlung von Wärmeenergie der absorbierten Sonnenenergie gleich sein muss, erzwingt die Erhöhung der Strahlungsbilanz der Erde eine Erwärmung an der Oberfläche.

5. Das Konzept Leitplanke

Die globalen Klimaänderungen durch den Menschen können in den nächsten Jahrzehnten nicht gänzlich vermieden, sondern nur gedämpft werden. Deshalb ist es notwendig, Ziele für maximal tolerierbare Klimaänderungen festzulegen. Der Wissenschaftliche Beirat der deutschen Bundesregierung "Globale Umweltveränderungen" (WBGU, 1997) hat – aufbauend auf ersten ähnlichen Empfehlungen der Enquête-Kommission "Vorsorge zum Schutz der Erdatmosphäre" des 11. Deutschen Bundestages (Enquête, 1990) – ein tolerierbares Klimafenster definiert. Seine maximale mittlere Erwärmung von 2°C über dem Wert vor der Industrialisierung orientiert sich an der Eem-Warmzeit vor ca. 125.000 Jahren, der Zwischeneiszeit vor dem Holozän, der wärmsten Periode die der Homo Sapiens wohl erlebt hat. Sind Leitplanken festgelegt, so können daraus die notwendigen politischen Schritte abgeleitet werden. Der WBGU hat jüngst (WBGU, 2003) dieses Konzept wesentlich erweitert, indem er äquivalent zum Klimafenster auch sozioökonomische Leitplanken eingeführt hat (siehe Kasten Leitplanken nachhaltiger Energiepolitik). Denn neben den globalen Klimaänderungen erzwingt auch die Energiearmut in Entwicklungsländern gleiche Aufmerksamkeit. Der Umbau der Energiesysteme muss daher neben Klimaschutz auch den Zugang zu modernen Energieformen (vor allem elektrischen Strom) für alle Menschen gewährleisten. Deshalb sollte jedem von den circa zwei Milliarden Menschen ohne ausreichende Energieversorgung pro Jahr mindestens 500 Kilowattstunden (kWh) Energie spätestens bis 2020 zur Verfügung stehen. Die zukünftige Energieversorgung muss also bei insgesamt weniger Emissionen in den nächsten Jahrzehnten noch eine kräftig wachsende Energienachfrage befriedigen. Nimmt man als Empfindlichkeit des Klimasystems 2,5°C Erwärmung an der Oberfläche bei einer Verdoppelung der CO_2-Konzentration in der Atmosphäre – es werden auch höhere Werte nicht ausgeschlossen – so wird die Klimaleitplanke überführt in einen noch tolerierbaren CO_2-Gehalt von etwas unter 450 Millionstel Volumenanteilen, bei schon jetzt über 370 ppmv. Das wiederum erzwingt rasche und massive Förderung der erneuerbaren Energie, um in den Industrieländern die Verabschiedung von fossilen Brennstoffen als der Hauptsäule der Energieversorgung schon in der ersten Hälfte des 21. Jahrhunderts zu ermöglichen.

Leitplanken nachhaltiger Energiepolitik	
Ökologische Leitplanken	**Sozioökonomische Leitplanken**
Klimaschutz Eine Temperaturänderungsrate über 0,2°C pro Jahrzehnt und eine mittlere globale Temperaturänderung über 2°C gegenüber dem Wert vor der Industrialisierung sind intolerable Werte einer globalen Klimaänderung.	Zugang zu moderner Energie für alle Menschen Der Zugang zu moderner Energie sollte für alle Menschen gewährleistet sein. Dazu muss die Nutzung gesundheitsschädigender Biomasse durch moderne Brennstoffe ersetzt und der Zugang zur Elektrizität sichergestellt werden.
Nachhaltige Flächennutzung 10-20 Prozent der weltweiten Landfläche sollten dem Naturschutz vorbehalten bleiben. Nicht mehr als 3 Prozent sollten für den Anbau von Bioenergiepflanzen bzw. für terrestrische CO_2-Speicherung genutzt werden. Dabei ist eine Umwandlung natürlicher Ökosysteme zum Anbau von Bioenergieträgern grundsätzlich abzulehnen. Bei Nutzungskonflikten muss die Sicherung der Nahrungsmittelversorgung Vorrang haben.	Deckung des individuellen Mindestbedarfs an moderner Energie Der WBGU erachtet folgende Endenergiemengen als Minimum für den elementaren individuellen Bedarf: Spätestens ab 2020 sollten alle Menschen wenigstens 500 kWh pro Kopf und Jahr an Endenergie und spätestens ab 2050 wenigstens 700 kWh zur Verfügung haben, bis 2100 sollte der Wert auf 1.000 kWh steigen.
Schutz von Flüssen und ihren Einzugsgebieten Wie bei den Landflächen, so sollten auch etwa 10-20 Prozent der Flussökosysteme inklusive ihrer Einzugsgebiete dem Naturschutz vorbehalten sein. Dies ist ein Grund dafür, warum die Wasserkraft – nach Erfüllung notwendiger Rahmenbedingungen (Investitionen in Forschung, Institutionen, Kapazitätsaufbau usw.) – nur in Grenzen ausgebaut werden kann.	Begrenzung des Anteils der Energieausgaben am Einkommen *Arme Haushalte sollten maximal ein Zehntel ihres Einkommens zur Deckung des elementaren individuellen Energiebedarfs ausgeben müssen.*

Schutz der Meeresökosysteme Der Beirat hält die Nutzung des Ozeans zur Kohlenstoffspeicherung nicht für tolerierbar, weil die ökologischen Schäden groß sein könnten und das Wissen über die biologischen Folgen zu lückenhaft sind.	Gesamtwirtschaftlicher Mindestentwicklungsbedarf *Zur Deckung des gesamtwirtschaftlichen Mindestenergiebedarfs pro Kopf (für indirekt genutzte Energiedienstleistungen) sollte allen Ländern mindestens ein Bruttoinlandsprodukt pro Kopf von etwa 3.000 US-$$_{1999}$ zur Verfügung stehen.*
Schutz der Atmosphäre vor Luftverschmutzung Kritische Belastungen durch Luftschadstoffe sind nicht tolerierbar. Als erste Orientierung für eine quantitative Leitplanke kann festgelegt werden, dass die Belastungen nirgendwo höher sein dürfen, als sie heute in der EU sind, auch wenn dort die Situation noch nicht bei allen Schadstoffen zufriedenstellend ist. Eine endgültige Leitplanke muss durch nationale Umweltstandards und multilaterale Umweltabkommen definiert und umgesetzt werden.	Risiken im Normalbereich halten *Ein nachhaltiges Energiesystem sollte auf Technologien beruhen, deren Betrieb im "Normalbereich" der Umweltrisiken liegt. Die Kernenergie kollidiert mit diesen Anforderungen wegen der Risiken im Normalbetrieb und durch ungeklärte Abfallentsorgung sowie wegen der Risiken durch Proliferation und Terrorismus.*
	Erkrankungen durch Energienutzung vermeiden *Die lokale Luftverschmutzung in Innenräumen durch Verbrennung von Biomasse und in Städten durch Nutzung fossiler Energieträger verursacht weltweit schwere Gesundheitsschäden. Die hierdurch verursachte Gesundheitsbelastung sollte in allen WHO-Regionen jeweils 0,5 Prozent der gesamten Gesundheitsbelastung (gemessen in DALYs, disability adjusted life years) der Region nicht überschreiten.*

Erneuerbare Energie-Optionen			
Energieart	Energieflussdichte (globales Jahresmittel)	Verfügbarkeit	Marktnähe[1]
Direkte Sonnen-energie	~170 Wm^{-2}	Meist nur ca. 8 bis 10 Stunden pro Tag, Speicherung noch nicht befriedigend gelöst	Noch um etwa eine Größenordnung von Marktpreisen entfernt; Nischenmärkte existieren jedoch bereits
Windenergie	~2,5 Wm^{-2} [2]	Intermittierend, besonders kräftig an Küstenstandorten und über dem Meer	Kurz vor Markteinführung, kräftiger Zuwachs in einigen europäischen Ländern bei Unterstützung
Biomassenenergie	~1,0 Wm^{-2} auf Kontinenten mit humidem Klima; global im Mittel nur ~0,1 Wm^{-2}	Dauerhaft einsetzbar, weil speicherbar; Konkurrenz zur Nahrungsproduktion bei starker Ausweitung	Regional konkurrenzfähig; moderne Formen (Biogasanlagen) sind nahe zum Markt; Stützung in einigen europäischen Ländern und in Brasilien

---

1 Diese Abschätzung enthält die externen, auf die Allgemeinheit übergewälzten Kosten der Energieversorgung mit fossilen Energien nicht. Wären sie integriert, wären thermische Nutzung von Sonnenenergie für Heizung und Kühlung, Windenergie und Biomasseenergie längst konkurrenzfähig.
2 Dissipation kinetischer Energie in der Atmosphäre.

Erneuerbare Energie-Optionen			
"Wasserkraft" Potentielle Energie hochliegender Wassermassen	$0{,}001\ \mathrm{Wm}^{-2}$ [3] durch Speicherung in Reservoiren konzentrationsfähig	Sehr ungleich regional und zeitlich verteilt; bei Großanlagen oft nicht vorhersehbare ökologische Schäden; in Reservoiren fast dauerhaft einsetzbar	Seit langem konkurrenzfähig, in vielen Industrienationen so stark ausgebaut, dass oft ökologische Schäden auftreten
Erwärmung (Geothermie)	$< 0{,}1\ \mathrm{Wm}^{-2}$ regional jedoch sehr unterschiedlicher geothermischer Wärmefluss	Dauerhaft verfügbar, konzentriert in Gebieten mit Vulkanismus	Stromerzeugung überwiegend in der Prototypphase, manche technische Probleme noch nicht gelöst, Warmwasser und Heizung regional eingeführt

6. Optionen für eine zukünftige Energieversorgung

Oft werden von sehr umweltbewussten Gruppen Lösungen, die für eine bestimmte Region günstig sind, zum Beispiel Holzpellet-Heizungen für Häuser und Betriebe in waldreichen, dünn besiedelten Gebieten, gut gemeint als allgemeine Lösung favorisiert. Um Fehlentscheidungen vorzubeugen, ist zunächst die Frage nach den vorhandenen natürlichen Energieflussdichten zu stellen. Wie im Kasten "Optionen" vorgestellt, wird nur eine Mischung aus allen Formen erneuerbarer Energieträger eine tragfähige langfristige Lösung bieten.

Der zentrale Vorteil der direkten und indirekten Sonnenenergie ist ihre Verfügbarkeit in jedem Land und insbesondere das höchste Angebot bei den heute meist Armen in den Tropen und Subtropen. Kein Land ist dann noch von fast unbezahlbaren Energieimporten abhängig. Das Auf und Ab des Rohölpreises ist vor allem für die Entwicklungsländer eine Entwicklungsbremse, die andere ziehen. Im Kasten "Optionen" fällt weiterhin auf, dass nur die Optionen direkte Sonnen-

---

3 Dieser Wert enthält bereits die ökologische Leitplanke des WBGU, bei Vollausbau ohne Beachtung der Leitplanke wäre ein etwa zehnfacher Wert möglich.

energie und Windenergie um Größenordnungen über dem Primärenergiebedarf der Menschheit von ca. 0,025 Wm^{-2} liegen. Die anderen Optionen würden bei überwiegender Stütze auf sie ebenfalls zu starken Störungen führen.

7. Der exemplarische Pfad

Wie sollte der Übergang in eine Energieversorgung auf der Basis erneuerbarer Energieträger aussehen, der sowohl die ökologischen Probleme, wie zum Beispiel den globalen raschen Klimawandel, dämpft als auch den Energiehunger der Entwicklungsländer stillt? Aus der Welt der vielen globalen Energieszenarien erschienen dem WBGU folgende Elemente eines Szenarios als besonders geeignete Basis:

•   Multilateralismus bei der Behandlung von Problemen, das heißt starke Rolle der Vereinten Nationen, und weitere Globalisierung der Märkte
•   Kräftiges durchschnittliches Wirtschaftswachstum von 3 Prozent pro Jahr im gesamten 21. Jahrhundert, getrieben von überdurchschnittlichem Wachstum in den Entwicklungsländern
•   Frühes Ergreifen neuer technologischer Optionen einschließlich der damit verbundenen Steigerung der Energieproduktivität, das heißt auch starker Anteil der Energieforschung an der Forschungsfinanzierung

Denn dann kann die Energiewende bei diesen Randbedingungen geschaffen werden, so ist sie bei Szenarien mit entsprechendem Wandel im Umweltbewusstsein und damit im Konsumverhalten sicher noch eher möglich.
Aufbauend auf dem obigen Szenario (es entspricht dem Szenario A1T450 des IPCC, 2001c) ist eine exemplarische Entwicklung der Anteile verschiedener Energieträger im 21. Jahrhundert möglich, die alle Leitplanken einhielte und weniger Investitionskosten in das weltweite Energiesystem bedeutete als das "Fossil fuel intensive"-Szenario aus der gleichen Szenarienfamilie. Die Energiewende ist also machbar und finanzierbar. Es zeigt aber auch die anfangs dafür notwendigen hohen Zuwachsraten für erneuerbare Energieformen, nämliche eine Verzehnfachung in einem Jahrzehnt (zum Beispiel in Deutschland für die Windenergie seit 1991 übertroffen und für die Photovoltaik erreicht). Die Verabschiedung von der Kohle zum Ende des 21. Jahrhunderts ist dabei nicht vorgegeben worden wie die von der Kernenergie im Jahre 2050, sondern sie ist Folge der ökonomischen Entwicklung, weil zum Beispiel die Speicherung von Kohlenstoff in Form des CO$_2$ in früheren Gas- und Öllagerstätten zur Einhaltung der Klimaleitplanke wesentliche Zusatzkosten verursacht. Die Speicherung muss nur vorübergehend ein-

gesetzt werden bis erneuerbare Energieträger volle Konkurrenzfähigkeit erreicht haben, und sie klingt dann zum Ende des 21. Jahrhunderts aus. Dazu sind allerdings langfristig Lernkurven beim Umgang mit neuen Energietechniken von bis zu 1,6 Prozent pro Jahr notwendig. Empirisch bestimmte Steigerungen der Energieproduktivität im 20. Jahrhundert ohne jede Klimaschutzpolitik betrugen global gemittelt etwa 1 Prozent pro Jahr.

8. Fahrplan zur Energiewende

Ein von der WBGU entwickeltes Energieszenario demonstriert, dass der nachhaltige Umbau der globalen Energiesysteme technologisch möglich ist. Zusammengesetzt aus Geothermie, Solarwärme, Solarstrom, Wind, Biomasse und Wasserkraft ergeben sich hervorragende Möglichkeiten für einen Technologiemix. Dieses Szenario hält ökologische und sozioökonomische Leitplanken ein. Diese Randbedingungen sind jedoch nicht als unumstößlich zu verstehen, weil mit zunehmender Kenntnis durch Forschung auf der Suche nach dem Korridor zur Nachhaltigkeit eine Teilrevision notwendig werden könnte. So könnte die Klimaleitplanke des WBGU bei einer fortgeschrittenen Definition des Begriffes "gefährliche Klimaänderung", wie er im Zentralziel der Klimakonvention der Vereinten Nationen erscheint, zum Beispiel eingeengt werden müssen, weil die Häufigkeit extremer Niederschläge früher als bisher angenommen Entwicklungsländern Wohlfahrtsverluste bringt und ihre Verwundbarkeit erhöht. Da sowieso eine nachhaltige Entwicklung nur noch durch die Erforschung des globalen Wandels und daraus abgeleiteter Szenarien eine mögliche Zukunft gewährleistet werden kann, ist ein kontinuierlicher Dialog zwischen Politik, Wissenschaft, Wirtschaft und Bürgern eine Grundvoraussetzung für die Politik zur Umsetzung der immer wieder angepassten Szenarien. Auf der Grundlage der "Millenium Development Goals" der Vereinten Nationen, ihrer Umweltkonventionen und existierender multilateraler Absprachen sollte daher ein Fahrplan zur Energiewende abgeleitet werden.

Der Versuch des WBGU, die globale Energiewende in einem Bündel von Maßnahmen zu operationalisieren, machte klar, dass nicht nur eine globale Aktion aller Länder notwendig ist, sondern dass auch vieles von einer raschen Aktion in den kommenden beiden Jahrzehnten abhängt.

Die Menschheit hat sich unter Geringachtung langfristiger ökologischer Folgen des technischen Fortschritts in eine Situation manövriert, aus der der Übergang in nachhaltiges Wirtschaften nur noch durch einen "engen Korridor" möglich ist, der mit jedem weiteren Jahr ohne koordinierte Aktion noch enger wird. So ist die Verweigerung beziehungsweise Verzögerung von Ländern mit besonders hohen pro Kopf Emissionen (wie zum Beispiel die USA) das Kyoto-Protokoll, den ersten Versuch einen kleinen Teil des notwendigen globalen Klimaschutzes zu verwirklichen, zu ratifizieren, eine völlige Missachtung des Verursacherprinzips.

9. Schlussbemerkung

Mit dem Klima verändern wir unsere Lebensgrundlagen und die Verursacher der Veränderungen werden oft nicht die besonders Betroffenen sein. Daher kann nur eine weltweite koordinierte Aktion helfen, die nach dem in Rio de Janeiro von allen Nationen angenommenen Prinzip "Common but differentiated responsibility" vorgeht. Da eine nachhaltige Entwicklung auch die Reduktion der Disparitäten in und zwischen Gesellschaften voraussetzt und diese Disparität wesentlich vom fehlenden Zugang zu Energie abhängt, ist auch die Beseitigung der Energiearmut eine zentrale Aufgabe der global koordinierten Politik. Ich hoffe, dass die Entwicklung robuster Techniken zur Nutzung regenerativer Energieträger früh genug so weit vorankommt, damit wir rasch an eine nachhaltige Entwicklung herankommen.

IV. Politische Verantwortung

"Neoliberalismus contra nachhaltigen Wohlstand? – Der ökosoziale Weg

Franz Josef Radermacher

⇒ Entwicklungserfolge in Globalisierungsprozessen zu teuer
⇒ Spaltung zwischen Nord und Süd nicht friedensfähig
⇒ Wachstum geschieht im Wesentlichen nur noch durch Innovation

Die Welt sieht sich spätestens seit der Weltkonferenz von Rio vor zehn Jahren vor der Herausforderung, eine nachhaltige Entwicklung bewusst zu gestalten. Das bedeutet insbesondere eine große Designaufgabe bzgl. der Wirtschaft, nämlich die Gestaltung eines nachhaltigkeitskonformen Wachstums bei gleichzeitiger Herbeiführung eines (welt-)sozialen Ausgleichs und den Erhalt der ökologischen Systeme. Das ist ein komplexes Thema, und die Dramatik der Konstellation hat nach dem 11.9.2001 und jetzt nach dem weitgehenden Scheitern der Weltkonferenz Rio+10 in Johannesburg sowie nach den Ereignissen im Irak weiter zugenommen. Eine faire Wechselwirkung zwischen den Kulturen dieser Welt wird dabei zu einer Schlüsselfrage, wenn die Überwindung der Armut bei gleichzeitiger Beachtung vom Umweltschutzanliegen und einem vorsichtigen Umgang mit knappen Ressourcen gelingen soll. Technische und gesellschaftliche Innovationen sind dabei unverzichtbarer Teil jeder Lösung, reichen aber allein nicht aus.

Die Herausforderung eines adäquaten weltweiten Ordnungsrahmens

Nachhaltigkeit ist die große weltpolitische Herausforderung beim Übergang in ein neues Jahrtausend. Es ist dabei ein internationaler Konsens, dass Nachhaltigkeit zwei Ziele erreichen muss: einerseits den Schutz der Umwelt, vor allem in einer globalen Perspektive, dann aber auch die Entwicklung der ärmeren Länder, insbesondere mit dem Ziel der Überwindung der Armut und der Herbeiführung weiterer Gerechtigkeitsanliegen.

Die Kernfrage, vor der die Welt seit dem Fall der Mauer steht, ist dabei, ob man dieses Ziel am besten dadurch erreicht, dass man Märkte immer weiter dereguliert und dann ausschließlich auf die Kraft dieser Märkte setzt, oder ob dieses Thema auch einen geeigneten gesellschaftlich-politischen Rahmen der Weltwirtschaft erfordert, so wie er typisch ist zum Beispiel für die europäischen Marktwirtschaften, nämlich einen ökosozialen ökonomischen Rahmen im Sinne eines ordoliberalen Modells, das Modell des sogenannten Rheinischen Kapitalismus. Jedenfalls erscheint es als offensichtlich, dass heute die Entwicklungserfolge, die in Globalisierungsprozessen stattfinden, zu teuer erkauft werden, nämlich zum einen mit einer massiven Zerstörung der Umwelt weltweit und zum anderen mit einer zunehmenden sozialen Spaltung sowohl im Norden, als auch im Süden dieses Globus. Das ist nicht friedensfähig. Das ist keine zukunftsfähige Entwicklung. Hier steht die Welt vor einer schwierigen Situation, und diese materialisiert sich beispielsweise in einem Ereignis wie dem 11.09.2001 und auch in der Frage, wie man damit umgehen soll.

Plünderung statt Zukunftsorientierung

Studiert man die Herausforderung einer nachhaltigen Entwicklung, dann ist man insbesondere mit dem Problem konfrontiert, dass heute in einer globalisierten Ökonomie mit inadäquaten weltweiten Ordnungsbedingungen das "Nachhaltigkeits"-Kapital, also die sozialen, kulturellen und ökologischen Bestände, von denen unsere Zukunft abhängt, massiv angegriffen werden. Wir organisieren heute einen internationalen Transport um den Globus fast zum Nulltarif mit enormen negativen Konsequenzen für das Weltklima, und wir haben in Form der Green Card Plünderungsmechanismen des Sozialkapitals ärmerer Länder durch reichere Länder etabliert. In der Summe führt das zu Instabilitäten, die die zukünftigen Lebenschancen bedrohen.

Große Teile der Menschheit, im Moment etwa drei Milliarden Menschen, sind extrem arm, müssen mit weniger als zwei EURO pro Tag auskommen, und wir merken, dass wir trotz der enormen wissenschaftlich-ökonomisch-organisatorischen Potenz der Menschheit offenbar nicht in der Lage sind, so elementare Anforderungen wie eine adäquate Wasserversorgung aller Menschen sicher zu stellen. Die Freihandelslogik der WTO in Verbindung mit den Wirkungsmechanismen der Weltfinanzsysteme muss einen Ordnungsrahmen, der soziale, kulturelle und ökologische Fragen vorrangig thematisiert, bilden. In der heutigen Globalisierung kämpfen zum Beispiel die Nationalstaaten gegeneinander, um investives Kapital und befinden sich damit in einem gewissen Sinne in einer Gefangenen-Dilemma-Situation, die alle eher zwingt, Standards abzubauen als Standards international abgestimmt durchzusetzen.

Insbesondere ergibt sich dadurch ein vergleichsweise unkoordinierter, teilweise chaotischer Wachstumsprozess mit erheblichen sozialen Verwerfungen, der unter anderem dadurch gekennzeichnet ist, dass er einen enormen Druck auf ökonomisch schwächere Kulturen ausübt. Diese Kulturen werden über das dauernde Angebot neuer Möglichkeiten, vor allem in Form von Werbung über die Medien, und angesichts der aus ihrer ökonomischen Schwäche resultierenden Fähigkeit, diese Angebote für die eigene Bevölkerung in Breite nutzbar zu machen, unter einen erheblichen Druck gesetzt, der in der konkreten Umsetzung dann mit sehr vielen materiellen Durchgriffen des reichen Nordens zu Lasten dieser Kulturen verbunden ist. Dies ist ein Zustand, aus dem eine hohe Frustration und letztlich ein enormer Hass resultieren, ein nachvollziehbarer Hass, der für das Miteinander auf diesem Globus eine enorme Belastung darstellt.

Die Religionen sind dabei in der Regel nicht, wie manchmal unterstellt wird, der eigentliche Treiber von Konflikten im Sinne eines "Kampfes der Kulturen". Eher ist es so, dass tiefliegende Gerechtigkeitsfragen, die nirgendwo geeignet adressiert werden, dann gelegentlich in Religionen ihre kulturelle Separierungslinie finden, über die die eine Seite von der anderen Seite abgegrenzt werden kann. Eine Funktion, die manchmal auch die Hautfarbe und manchmal die Sprache übernehmen. Nordirland zeigt uns, dass solche Konflikte im Kern offenbar nicht religiöser Art sind. Katholiken und Protestanten leben in Deutschland sehr harmonisch zusammen. In Nordirland offenbar nicht. Warum? Weil tieferliegende historische Gerechtigkeitsfragen das eigentliche Thema sind. Gerechtigkeitsfragen betreffen auf diesem Globus vor allem auch den sozialen Bereich und die Umweltsituation, die durch die Wirkungsmechanismen des globalen ökonomischen Systems massiv belastet wird. Die großen Themen der Zukunft sind hier: Wasser, Böden, Meere, Wälder, Klima und der Erhalt der genetischen Vielfalt.

Die Ökosoziale Marktwirtschaft und das Beispiel Europa

Die Frage ist: Muss der Globalisierungsprozess so zerstörerisch ablaufen, wie das heute der Fall ist? Oder gäbe es einen besseren Weg? Ja, es gibt ihn! Es gibt eine Alternative. Diese ist das europäische Marktmodell, die Ökosoziale Marktwirtschaft, der "Balanced Way". Es ist dies die Logik, nach der insbesondere auch die Erweiterungsprozesse der Europäischen Union als eine kleine Form der Globalisierung gestaltet werden. Hier steht jetzt der nächste große Schritt der Erweiterung der EU nach Mittel- und Südosteuropa an. Das entscheidende Prinzip, auf das die EU setzt, ist ein fairer Vertrag zwischen den entwickelten und weniger entwickelten Ländern, in dessen Rahmen die weniger entwickelten Länder die hohen Standards der EU (den sogenannten aquis communitaire) übernehmen und damit auch einen Teil ihrer Wettbewerbsvorteile aufgeben oder anders ausgedrückt: Uns vor dem bewahren, was wir gerne Dumping nennen, was aber aus Sicht dieser Länder ihr komparativer Vorteil ist. Ein solches abgestimmtes Vorgehen ist aber nur deshalb möglich, weil der reichere Teil der EU bereit ist, in Form einer Co-Finanzierung die Entwicklung dieser ökonomisch schwächeren Länder zu fördern. Das entspricht etwa der Idee eines Marshall-Plans, wie ihn die USA nach dem Zweiten Weltkrieg in Europa ebenfalls betrieben hat. Man muss vergleichsweise geringe Mittel einsetzen, größenordnungsmäßig 1 bis 2 Prozent des Bruttosozialprodukts, dann scheint es möglich zu sein, Aufholprozesse ganz wesentlich zu beschleunigen und insbesondere sozial und fair auszugestalten. An dieser Stelle ist insbesondere auf den deutlichen Unterschied zwischen der EU und der nordamerikanischen NAFTA hinzuweisen. Dort muss die Grenze zwischen den Mitgliedsstaaten mit Militär bewacht werden. Innerhalb der EU können die Grenzen irgendwann ganz abgeschafft werden.

Ein Welt-Marshall-Plan als politische Strategie

Es wäre heute nötig, diese Idee der Ökosozialen Marktwirtschaft auf den ganzen Globus zu erweitern. Das würde bedeuten, dass internationale Abkommen die Angleichung von Standards, zum Beispiel bezüglich Ausbildung, Rechte der Frauen, Wasserversorgung, Umweltschutz koppeln mit der Co-Finanzierung der Entwicklung der ärmeren Länder durch die reichen Länder. Entsprechende Vorschläge eines Welt-Marshall-Plans liegen auf dem Tisch, vor allem von europäischer Seite. Zentral ist dabei die Co-Finanzierungsfrage. Hier wäre etwa an eine faire Besteuerung von internationaler Mobilität, eine Welt-Kerosin-Steuer, möglicherweise eine Tobin Tax auf Finanztransaktionen zu denken, um die entsprechenden Mittel aufzubringen.

Aber das Problem ist heute, dass in allen weltweiten Prozessen dieses Typs die USA beziehungsweise die jetzige US-Administration blockieren, und das, obwohl der früherer Vize-Präsident Al Gore einer der "Väter" dieser Idee ist und dazu auch ein bemerkenswertes Buch geschrieben hat. Die USA sind jedenfalls nicht bereit, sich an Co-Finanzierung substantiell zu beteiligen. Das reichste Land der Welt kommt gerade mal auf absolut unzureichende 0,12 Prozent (vom Bruttosozialprodukt) Entwicklungshilfe. Allein die Erhöhung des US-Militäretats nach dem 11.09.2001 hat den 4-fachen Umfang. Der Militäretat umfasst in 2003 das 32-fache Volumen der Entwicklungshilfe der USA, also etwa 3,8 Prozent des US-Bruttosozialprodukts. Aber die zurzeit amtierende US-Administration argumentiert, dass mehr Entwicklungshilfe oder Co-Finanzierung eben auch der falsche Weg wären. Die Verantwortlichen sind überzeugt davon bzw. versuchen – gegebenenfalls militärisch flankiert, bzw. immer mit einer militärischen Drohung im Hintergrund – durchzusetzen, dass deregulierte freie Märkte das beste Entwicklungsprogramm darstellen, obwohl es ganz offensichtlich ist, dass die Armut auf diesem Globus so nicht zügig überwunden und die Umwelt so nicht ausreichend geschützt werden kann. Gerade auch die enormen Probleme der New Economy und der Weltkapitalmärkte in jüngster Zeit und die dort erfolgten betrügerischen Umverteilungsprozesse hin zu Insidern im Zentrum des ökonomischfinanziellen Systemkerns haben gezeigt, dass eine immer weitergehende Deregulierung nicht einmal zur Organisation klassischer ökonomischer Prozesse das geeignete Instrument ist, und zum Erreichen einer nachhaltigen Entwicklung erst gar nicht.

Die Rolle des technischen Fortschritts: Faktor-4- und Faktor-10-Konzepte

Viel geeigneter ist ein ökosozialer Rahmen, der die Möglichkeiten des technischen Fortschritts geeignet koppelt mit der Beachtung von Standards im Umweltbereich und im sozialen Bereich. Von der technischen Seite her ist dabei der entscheidende Ansatzpunkt der sogenannte Faktor-4 bzw. Faktor-10-Ansatz, der auf Wissenschaftler wie von Weizsäcker und Schmidt-Bleek vom Wuppertal Institut zurück geht, dass man versucht, über die nächsten fünfzig bis hundert Jahre das Weltbruttosozialprodukt zu vervielfachen, zum Beispiel zu verzehnfachen, aber nur bei einer simultanen Erhöhung der Ökoeffizienz in einer Weise, dass man diesen vermehrten Umfang an Gütern und Services produzieren kann, ohne die Umwelt mehr zu belasten und ohne kritische Ressourcen in größerem Umfang zu verbrauchen als bisher.

Es geht also darum, mit demselben Volumen an Ressourceneinsatz, mit derselben Umweltbelastung wie heute dank besserer Technik substantiell mehr zu produzieren, mehr Güter und Dienstleistungen verfügbar zu machen. Hier ist das entscheidende Instrument der technische Fortschritt, um für immer mehr Menschen auf diesem Globus menschenwürdige Verhältnisse herbeizuführen.

Die Begrenzung kollektiven Tuns als größte Herausforderung: Bewältigung des Bumerang-Effekts

Es ist allerdings an dieser Stelle wichtig zu beachten, dass eine Erhöhung der Ökoeffizienz und eine Dematerialisierung nicht etwas prinzipiell Neues darstellen, sondern etwas, was der technische Fortschritt schon immer leistet. Ob damit letzten Endes eine nachhaltige Entwicklung erreicht wird, ist eine andere Frage, denn hierzu ist neben Technik noch etwas anderes notwendig: Hier sind vor dem Hintergrund ethischer Positionen gesellschaftliche Innovationen, noch genauer Weltverträge notwendig, die dem kollektiven Tun Grenzen setzen, nämlich dieses innerhalb bestimmter ökologisch-sozialer sowie kulturell akzeptabler Grenzen halten. Dabei ist das Durchsetzen solcher Limitationen und die Implementation solcher Grenzen in dem heutigen weltökonomischen System die eigentliche politische Herausforderung für eine nachhaltige Entwicklung.

Betrachtet man etwa die Klimafrage und die Herausforderung einer weltweiten Begrenzung der CO_2-Emissionen, dann geht es darum, dass man die kollektiven Emissionsumfänge limitiert, also zu insgesamt weniger Emissionen als heute kommt, das aber in einer Situation, in der China, Indien, Brasilien massiv aufholen und dadurch sukzessive immer mehr Emissionen erzeugen, weil man dort unserem Lebensstil – völlig nachvollziehbar – nacheifert.

Wie soll man in dieser Situation mit der Knappheit umgehen, mit der notwendigen Limitation? Der Kyoto-Vertrag der UN, der sich zum Ziel setzt, die Treibhausgasemissionen auf das Niveau von 1990 zu bringen, wurde leider bisher nicht von allen Mitgliedstaaten unterschrieben und ratifiziert.

Das heißt, es geht im Kern darum, Folgewirkungen des technischen Fortschritts zu beherrschen. Oder anders ausgedrückt: Zu verhindern, dass wir trotz technischem Fortschritt und trotz immer höherer Effizienz dennoch gleichzeitig immer mehr "Natur" verbrauchen, immer mehr Ressourcen verbrauchen und immer mehr Umweltbelastungen erzeugen, so wie das historisch bisher immer der Fall war. Man kann rückblickend sagen: "Die Geister, die ich rief, die werde ich nicht mehr los". Die Technik hat immer Chancen für die Entlastung der Natur eröffnet, aber in der Summe haben immer mehr Menschen auf einem immer höheren Konsumniveau die Natur eher immer mehr belastet. Das nennt man den Bumerang-Effekt, den Rebound-Effekt (vgl. hierzu das Buch "Der göttliche Ingenieur" von J. Neirynck).

Die Bewältigung dieses Bumerang-Effekts ist das zentrale weltweite Thema zur Erreichung einer nachhaltigen Entwicklung. Und dieser Bumerang Effekt begegnet uns überall. Die Computer werden immer kleiner, aber die Menge an Elektronikschrott nimmt dauernd zu. Das papierlose Büro ist der Ort des größten Papierverbrauchs in der Geschichte der Menschheit. Trotz Telekommunikation reisen wir immer mehr und nicht weniger. Und während wir reisen, nutzen wir die Möglichkeiten der Telekommunikation und organisieren schon die nächste Reise.

Das heißt, die Technik ist immer nur eine Chance. Aber um die Chance in eine Lösung umzusetzen, erfordert es, dass wir gleichzeitig über Weltverträge die notwendigen Grenzsetzungen in das weltökonomische System inkorporieren. Die WTO (World Trade Organisation) mit ihrer heutigen Freihandelslogik ist dazu nicht in der Lage. Wir müssen den Ordnungsrahmen der WTO inhaltlich fortentwickeln beziehungsweise wir müssen diesen geeignet verknüpfen mit den internationalen Abkommen zum Schutz der Umwelt, mit den internationalen Abkommen zum Schutz der Arbeitnehmer und zum Beispiel den internationalen Vereinbarungen zum Schutz der Kinder im Umfeld Kinderarbeit.

Und noch einmal: Dieses scheitert heute daran, dass gerade die ärmsten Länder Wert darauf legen, solche Standards gegebenenfalls nicht einhalten zu müssen, obwohl sie diese eigentlich zweckdienlich finden, damit sie nämlich auf dem Weltmarkt eine Chance haben. Und nur wenn die reichen Länder ihnen vernünftige Perspektiven und Co-Finanzierung, zum Beispiel im Sinne der Logik der EU-Erweiterungsprozesse bieten, besteht eine Chance, mit ihnen zusammen die notwendigen Verträge auf dem Konsensweg abschließen zu können.

Die soziale Frage als Schlüsselthema: Überwindung der globalen Apartheid

Das heißt, richtig betrachtet ist die Frage der nachhaltigen Entwicklung heute vor allem eine Frage der Einigungserfordernisse zwischen Nord und Süd bzw. zwischen Reich und Arm. Dabei geht es um Umweltstandards und Umweltschutzvorschriften, die man weltweit durchsetzen müsste, verbunden mit der Co-Finanzierung von Entwicklung, die es dann den ärmeren Ländern erlauben würde, in diesem Prozess dennoch wirtschaftlich aufzuholen. Oder wenn man es anders ausdrückt: Es geht um eine Perspektive für einen weltweiten sozialen Ausgleich unter gleichzeitiger Beachtung von Umweltschutzanliegen. Nach Aussagen von Prof. Töpfer ist die weltweite soziale Frage heute eine der zentralen Fragen überhaupt für das Erreichen einer nachhaltigen Entwicklung.

Wenn man sich dieser sozialen Frage nähert, dann ist zunächst einmal zu begründen, wie man den Umfang an sozialem Ausgleich in Ländern messen will. Die EU-Logik nimmt hier den Vergleich der niedrigsten Einkommen im Verhältnis zum Durchschnitt zum Maßstab. Nach EU-Logik sollte niemand weniger Einnahmen haben als etwa die Hälfte des Durchschnitts (Bruttosozialprodukt pro Kopf) in dem jeweiligen Land, das entspricht einer Equity von 50 Prozent.

Dies wäre zu vergleichen mit einem extremen Kommunismus, bei dem die Equity bei 100 Prozent liegt. Wir wissen historisch, dass ein zu hoher sozialer Ausgleich nicht gut funktioniert, er ist zu demotivierend, er fördert keine ökonomische Leistungsfähigkeit. Stattdessen braucht man Differenzierungen, man braucht durchaus die Möglichkeit, dass bestimmte Leistungsträger zwanzig Mal das Durchschnittsgehalt verdienen, wenn auch vielleicht nicht zu viele solcher Personen. Und dazu korrespondiert eben unvermeidbar, dass die meisten Menschen sich einkommensmäßig unterhalb des Durchschnitts befinden. Aber wie viele und wie weit? Schaut man sich die erfolgreichen Staaten auf dieser Welt an, dann haben sie alle eine Euqity, die oberhalb von 45 Prozent liegt. Die Deutschen liegen bei etwa 57 Prozent, die Nordeuropäer und die Japaner oberhalb von 60 Prozent. Das einzige erfolgreiche Land mit einer Equity unterhalb von 50 Prozent sind die USA mit etwa 47 Prozent. Und nicht viel darunter befinden sich Indien und China.

Es ist also empirisch so, dass alle erfolgreichen, das heißt alle pro Kopf reichen Länder dieser Welt in Bezug auf den sozialen Ausgleich einen Equityfaktor zwischen 45 und 65 Prozent haben. Man kann auch inhaltlich begründen, warum unterhalb von 45 Prozent Equity Länder nicht erfolgreich sein können, warum bei zu geringem sozialen Ausgleich ein Land in Bezug auf das Bruttosozialprodukt pro Kopf arm sein muss. Der tiefere Grund ist, dass in solchen Ländern nicht genügend in die Ausbildung und Gesundheit aller Bürger investiert werden kann. Man bekommt dann koloniale oder Apartheid-Strukturen mit sehr viel Dienstpersonal auf niedrigstem Ausbildungs- und sehr niedrigem Einkommensniveau – und das muss ein Land in einer Pro-Kopf-Perspektive arm machen. An dieser Stelle bricht das neoliberale Argument zusammen. Es ist zwar wahr, dass ausgehend von sozialistischen oder kommunistischen Gesellschaften die Erhöhung der Ungleichheit ein Land reicher macht und letztlich für alle Menschen Vorteile bringt, aber etwa ab einer Equity von 65 Prozent ist diese Aussage nicht mehr richtig, und spätestens unterhalb einer Equity von 45 Prozent ist sie falsch. Die Unmöglichkeit, unter so niedrigen Equity-Bedingungen genügend viele qualifizierte Lehrer, Ärzte und vieles mehr aufzubringen, um die gesamte Bevölkerung gut auszubilden oder gesund zu halten, bedeutet, dass zum Schluss zu viele Menschen nicht mehr ausreichend wertschöpfungsfähig sind, zumindest nicht auf internationalem Niveau. Und die anderen, die dies sind, können für ihre Dienstboten in einer Pro-Kopf-Betrachtung das Geld nicht gleich noch mitverdienen. Insofern finden wir die niedrigsten Equity-Faktoren unter den großen Staaten auf diesem Globus heute in Ländern, die ein vergleichsweise niedriges Bruttosozialprodukt pro Kopf haben und in denen heute noch Zustände bestehen, die an frühere Kolonial- und Apartheidregime erinnern, wie zum Beispiel in Lateinamerika (unter anderem Brasilien) oder Afrika (inklusive Südafrika) mit Equity-Faktoren von nur etwa 27 – 30 Prozent. Und natürlich ist diese Ungleichheit auch auf Dauer eine Wachstumsbremse. Ein Wachstum hin zu einem hohen Bruttosozialprodukt pro Kopf ist auf Dauer nur zu erreichen, wenn die Equity parallel zur Erweiterung der wirtschaftlichen Aktivitäten hin zu einem Niveau von mindestens 45 Prozent entwickelt wird. Indien und China haben deshalb bessere Chancen als Lateinamerika und Afrika, einmal ein reiches Land zu werden.

Das größte Problem auf dieser Erde sind aber heute nicht die ungünstigen Verhältnisse in den meisten Ländern. Noch schlimmer ist heute vielmehr der Ungleichszustand des ganzen Globus, wenn man diesen als eine ökonomische Einheit sieht, was in Zeiten der Globalisierung zunehmend die richtige Betrachtungsweise ist. Der gesamte Globus befindet sich heute auf einem Equityniveau von unter 12,5 Prozent. Das ist globale Apartheid, aber in einer deutlichen Verschärfung gegenüber den früheren Verhältnissen in Südafrika. Das ist ein absolut unerträglicher Zustand. Er signalisiert, dass die Ungleichheiten heute auf diesem

Globus primär zwischen Ländern und nicht innerhalb der Länder liegen. Das Weltbruttosozialprodukt pro Kopf liegt heute bei etwa 5.000 Euro. Nach europäischer Armutsdefinition, angewandt auf den Globus, sollte kein Mensch unter einer Finanzausstattung von 2.500 Euro/Jahr liegen, also sicher nicht unterhalb von 6 Euro/Tag. De facto liegen heute 3 Milliarden Menschen unterhalb von 2 und 1 Milliarde unterhalb von 1 Euro/Tag. Das ist ein Zustand, der absolut nicht friedensfähig ist, der auch mit Hass und Gegnerschaft verbunden ist. Die Ereignisse am 11.09.2001 sind sehr gut in diesem Kontext interpretierbar. Das entspricht dem Muster bei allen vorherigen Revolutionen der Weltgeschichte.

Damit soll nicht gesagt werden, dass die Ärmsten selber Revolutionen anzetteln oder effektiven Widerstand leisten. Dafür sind diese viel zu müde, abgearbeitet und zu schwach. Aber Armut und Ungerechtigkeit führen zu Konstellationen, in denen andere Personen im Zentrum des Systems sich berechtigt sehen, als – selbsternannte – Vertreter der Armen bzw. ihrer Interessen entsprechend zu agieren. In diesem Kontext sei daran erinnert, dass am 11.09. 4000 Menschen gestorben sind. Aus Sicht der USA rechtfertigt das heute Angriffskriege der stärksten Macht der Welt gegen vergleichsweise schwache Staaten, die als Gefahr empfunden bzw. dargestellt werden, und sei es nur, weil sie über Waffen verfügen und diese in den Händen von Terroristen ein Problem werden könnten. Aber es sei daran erinnert, dass auf diesem Globus jeden Tag 24.000 Menschen verhungern. Seit dem 11.09.2001 sind jeden Tag 24.000 Personen verhungert. Und wenn auch die meisten Menschen und vor allem Machtpromotoren im Norden nichts davon wissen wollen, dass sie irgendeinen Anteil an diesem Verhungern haben, so wissen doch die meisten Menschen auf diesem Globus, dass das anders ist, und das ist auch die Position des Autors. Aber das sind im Wesentlichen doch schwache Menschen und schwache Staaten, die sich nicht wehren können. Sie müssen hinnehmen, was ökonomisch und militärisch stärkere Länder ihnen aufoktroyieren. Wobei diese dann auch noch versuchen, mit Argumenten wie "gleiche Chancen für alle" (und das bei vollkommen ungleicher Ausgangssituation), das als gerecht zu "verkaufen", was unerträglich und ungerecht ist – eine doppelte Entwürdigung.

Aber diese Akteure im Zentrum des Systems sollten nicht glauben, dass das jemals so akzeptiert werden wird. Da baut sich Hass auf und dieser sucht sich Ventile. Wir müssen uns nicht wundern über das, was dann zum Schluss herauskommt, gerade im Bereich der Terror- und Selbstmordanschläge.

Hier liegt für eine nachhaltige Entwicklung sicher die größte Herausforderung. Die immer weitergehende Deregulierung der Märkte bringt alleine nicht die Antwort. Wer in einer globalisierten Ökonomie Sicherheit will, kann die sozialen Folgen der Globalisierung nicht den armen Nationalstaaten im Süden dieses Globus zuschieben. Was wir stattdessen brauchen, ist der Übergang zu einer Weltinnenpolitik, orientiert an der Art, wie wir in der EU Erweiterungsprozesse organisieren. Dabei würden wir alle miteinander für soziale Entwicklung und Armutsüberwindung verantwortlich sein und gemeinsam daran arbeiten, dass weltweit leistungsfähige Infrastrukturen aufgebaut werden, dass die Rolle der Frauen gestärkt wird, dass Ausbildungssysteme, Rentensysteme usw. etabliert werden, so dass wir dann insgesamt auch in einen Zustand kommen, bei dem die Bevölkerung weltweit nicht mehr wächst. Die Zahl der Menschen irgendwann sogar wieder von absehbar neun bis über zehn Milliarden Menschen im Jahr 2050 abschmilzt, statt immer nur weiter zu wachsen wie bisher.

Frieden zwischen den Kulturen: Eckpfeiler jeder nachhaltigen Entwicklung

Die Frage der Wechselwirkung der Kulturen miteinander und der kulturelle Kontext als solcher ist ein wesentlicher Teil der angesprochenen (welt-)sozialen Thematik, denn das Soziale entfaltet sich im Rahmen der Kultur und die Kultur reflektiert die Tradition. Diese ist zum Beispiel dadurch (mit-)bestimmt, dass und wie Großmütter und Großväter bestimmte Ansichten über die Welt und das Leben an ihre Enkelkinder weitergeben. Kulturelle Prägungen sind deshalb sehr tiefgehend und nicht rasch zu ändern und beinhalten zudem ein erhebliches seelisches Verletzungspotential, weil tiefste Gefühle der Zugehörigkeit und Tradition und Erwartungen aus Kindheit und Jugend unmittelbar berührt werden.

Wesentliche kulturelle Themen betreffen unter anderem den Umgang der Generationen miteinander, ebenso das Verhältnis von Mann und Frau und den öffentlichen Umgang mit dem Thema der Sexualität. Diese Lebensbereiche haben höchste humane Signifikanz und sind teilweise in vielen Kulturen tabuisiert. Das kulturelle Gedächtnis reicht leicht über 50 bis 200 und mehr Jahre. Gesellschaftliche Veränderungen kultureller Muster gelingen in diesen Bereichen auf friedlichem Wege allenfalls über große Zeiträume. Die Globalisierung erlaubt wegen der engen ökonomischen Verknüpfung aller Länder und der weltweiten Verfügbarkeit von Informationen solche Anpassungszeiträume nicht mehr. Das Neue bricht wie eine Flutwelle nach einem Dammbruch über Menschen herein, die darauf nicht vorbereitet sind. Dabei wird erst gar nicht mehr die Frage gestellt, ob etwas an der westlichen Kultur falsch sein könnte. Und das, obwohl auf diesem Globus die Frage, wer recht hat, längst nicht zweifelsfrei und abschließend entschieden ist. Sind auf Dauer diejenigen konservativen (rückständigen?) Kulturen, die vieles verbieten, die nachhaltigsten, oder ist es der Westen mit seiner fast grenzenlosen Freiheit, eine Welt, in der (fast) alles erlaubt ist? Was sind die Resultate dieser Grenzenlosigkeit im Westen für den sozialen Zusammenhalt oder für Nachhaltigkeit?

In jedem Fall sollten, wenn Friedensfähigkeit das Ziel ist, Globalisierungsprozesse so ausgestaltet werden, dass sie den Frieden und den Ausgleich der
Kulturen untereinander fördern, nicht die Konflikte verschärfen. Im Vordergrund
steht insofern die Frage des kulturellen Ausgleichs, des würdevollen Umgangs
miteinander, und zwar unabhängig von der Frage, wer ökonomisch, technisch
oder militärisch im Moment stärker oder schwächer ist. Insbesondere darf Geld
und Macht nicht immer wieder allein entscheiden, wer als Person oder Organisation oder welche Kultur sich im Konfliktfall durchsetzt und sei es nur in dem
Sinne, dass die Kinder der "Verlierer" mit Informationen bzw. Angeboten eines
Typs überschwemmt werden, die in dem jeweiligen anderen kulturellen Kontext
nicht zulässig sind. Dabei geht es auch um subtile Verführungen, auch um ökonomische Zwänge, die in ihren Wirkungen mit den Lebensmustern der jeweils
unterlegenen Kultur nicht verträglich sind.

Um es noch deutlicher auszudrücken: Das, was mit der weitgehenden Aus-
rottung der Indianer und ihrer Kultur in Amerika oder der Versklavung und kulturellen Vergewaltigung substantieller Teile der afrikanischen Bevölkerung während der Zeit der Kolonialisierung aufgrund ökonomisch, technischer und waf-
fenmäßiger Überlegenheit der westlichen Kultur stattgefunden hat, sollte so nie
wieder stattfinden und dies auch nicht in subtil verborgener Weise unter dem
Deckmantel freier, formal auf Chancengleichheit hin ausgerichteter ökonomischer Prozesse bei absolut asymmetrischer Ausgangssituation, die inhärent nie
fair sein können, weil wirkliche Chancengleichheit a priori nicht besteht.

Das heißt andererseits auch, dass ein vernünftiger weltweiter sozialer Ausgleich, also eine (Welt-) Equity à la EU-Armutsdefinition eine ganz wichtige
Voraussetzung dafür wäre, dass wir zwischen den Kulturen zu besser balancier-
ten Verhältnissen kommen würden, als das heute der Fall ist. Alle Investitionen
in einen höheren weltsozialen Ausgleich sind insofern auch Investitionen in einen
höheren kulturellen Ausgleich. Und zwar einfach deshalb, weil sich in der Folge
dieses höheren Ausgleichs andere Kulturen ökonomisch besser als bisher gegen
das heute dominierende westliche Modell behaupten könnten. Diese Beobach-
tung fällt in den Bereich einer weiteren sozialen Ausgleichsforderung (über eine
hohe Equity insgesamt hinaus), dass nämlich klar separierbare Gruppen von
Menschen nach Kategorien wie Hautfarbe, Religion, Geschlecht etc. alle in einer
relativ ausgeglichenen Weise mit materiellen Gütern ausgestattet sein sollten. Es
ist wenig friedensfähig, wenn sich die Armen dieser Welt offensichtlich unter
einzelnen dieser Kategorien häufen, also die Zugehörigkeit zu einer dieser Gruppen zu einem Armutsrisiko wird. Es sei an dieser Stelle zum Vergleich daran erinnert, welch unglaublicher Aufwand zum Beispiel in einem deutschen Bundes-
land wie Baden-Württemberg betrieben wird, um zwischen zwei kulturell sepa-
rierbaren Gruppen – "Baden" und "Württemberg" – Ausgleich zu schaffen, und

das bei materiell und kulturell vergleichsweise kleinen Unterschieden. Und dann überlege man, wie wenig auf diesem Globus zum Beispiel zwischen einer reichen westlichen Kultur und einer sich zurückgesetzt fühlenden islamischen Welt an Ausgleichsanstrengungen unternommen wird und wie viel Öl hier der Westen regelmäßig in aufreizender und selbstzufriedener Manier ins Feuer gießt.

Das bedeutet in der Konsequenz dann auch, dass rein individualistisch ausgerichtete Menschenrechtspositionen, wie sie insbesondere im angelsächsischen Raum vertreten werden, für eine Balance der Kulturen nicht adäquat sind. Menschenrechte sollten vielmehr mit Menschenpflichten verknüpft gesehen werden, wie das auch in einem sehr schönen Buch, das Helmut Schmidt herausgegeben hat, dargestellt wird. So würde man auch eine Brücke von den westlichen Denkansätzen hin nach Asien und den sehr viel stärker auf den Zusammenhalt von Gruppen ausgerichteten dortigen Philosophien schlagen. Die heutige Überbetonung von Individualrechten (zum Beispiel freie Ortswahl) und deren Einforderung in ärmsten Ländern, die sich um Entwicklung bemühen, kann durchaus auch als öko- bzw. ressourcendiktatorische Aggression gewertet werden, nämlich als ein sehr subtiler Mechanismus, mit dessen Hilfe reichere Länder ärmere Länder an einer zügigen Entwicklung hindern, indem sie diesen "Unmögliches" abverlangen, nämlich Verhältnisse, die wir auch bei uns nicht realisieren bzw. nicht bezahlen konnten, als wir uns auf einem ähnlich niedrigen Entwicklungsstand befanden wie diese Länder heute.

Weltethos und fairer Weltvertrag[1]

Letztlich geht es, wie oben dargestellt, um einen fairen Weltvertrag, den wir miteinander schließen müssen, wenn Nachhaltigkeit und Friedensfähigkeit erreicht werden sollen. Ein solcher Vertrag muss fair zu allen Seiten sein. Er muss zustimmungsfähig sein. Ist das das Ziel, dann spielen Gespräche zwischen den Kulturen eine große Rolle. Hier sind die Beiträge des Weltparlaments der Religionen, aber auch die Anstrengungen zur Herausarbeitung eines Weltethos[2] als beispielgebend zu nennen. In solchen Diskussionsprozessen werden die gemeinsamen universellen ethischen Prinzipien herausgearbeitet, auf die sich alle große Kulturen und Religionen dieser Welt verständigen können. Wenn man dieses Ziel ehrlich verfolgt, dann erweisen sich die Intaktheit der Natur und die Unversehrtheit des einzelnen Menschen, seine Würde und die Gleichheit der Menschen un-

---

1 Dies ist das besondere Anliegen der **Stiftung Weltvertrag** (www.weltvertrag.org), deren Kuratoriumsvorsitzender der Autor ist.
2 Siehe Kapitel 11

tereinander als große Themen und dann muss insbesondere verhindert werden, dass de facto Double-Standards etabliert werden.

Ein weltethischer Entwurf ist kein einfaches Thema. Sicher wird man mit extremen Positionen konfrontiert werden, die wohl unter keinen Umständen – auch nicht temporär – duldbar sind, beispielsweise Beschneidungen von Frauen oder Steinigung von Verurteilten im Rahmen der Scharia in einigen islamischen Ländern. Allerdings sollte der Westen auch hier auf sich selber schauen. Das Justizsystem der USA setzt nicht nur nach wie vor die Todesstrafe ein, sondern sogar die Todesstrafe für Kinder. Die USA sind neben Somalia das einzige Land auf der Welt, das die Weltkinderkonvention nicht unterschrieben hat. Wir finden in den USA zudem auch heute noch einen religiösen Fundamentalismus, der nicht nur alle bevölkerungspolitischen Maßnahmen der UN aktiv bekämpft, sondern auch in einigen US-Bundesstaaten den "Kreationismus" als offizielle Alternative zur biologischen Evolution im Schulunterricht durchgesetzt hat.

Eine Diskussion über ethische Standards, die versucht, zustimmungsfähig auf diesem Globus zu sein, muss also neben dem einen Fundamentalismus auch die anderen benennen und auch dort zu Änderungen kommen. Zumindest dann, wenn es das Ziel ist, dass eine solche Ordnung im Herzen aller Menschen, auch im Herzen der Bevölkerung der großen arabischen Staaten, angenommen werden kann.

Jedenfalls zeigt das gute Zusammenleben von Katholiken und Protestanten zum Beispiel in Deutschland, dass ein Konflikt wie derjenige in Nordirland vernünftigerweise nicht als im Wesentlichen religiös begründet und als in seinem Kern nicht überwindbar verstanden werden sollte. Es handelt sich nicht primär um einen Konflikt zwischen Kulturen (im Sinne eines Kampf der Kulturen) oder um einen Konflikt zwischen zwei Formen des Christentums. Es geht eher darum, bestimmte ungerechte Konstellationen zu überwinden, die sich rein lebenspraktisch manchmal über Religionen, manchmal über Sprache, manchmal über Hautfarbe voneinander differenzieren, wie das oben bereits beschrieben wurde. Und auch der Islam ist nicht per se eine Religion, die Modernisierungs- und Säkularisierungsprozesse von vorne herein ausschließen würde. So gibt es mit der "Anhörungsdimension" im Islam eine Brücke hin zur Demokratie, die ausgebaut werden kann. Die Toleranz islamischer Staaten gegenüber anderen Religionen war im Mittelalter vorbildlich. Die Förderung von Frauen im Bereich der Wissenschaft ist in manchen islamischen Ländern sehr viel früher erfolgt als im Westen. Das heißt, dass es offensichtlich eine Chance der Weiterentwicklung des Islam und der islamischen Staaten hin zu einem vernünftigen globalen Kontrakt gibt. Hieran, wie an einem Weltethos, ist zu arbeiten. Das ist mühseliger als rasches militärisches Zuschlagen. Und es erfordert sicher mehr Intelligenz, nämlich Empathie, also die Fähigkeit, von der eigenen Position zu abstrahieren und zu versuchen, den anderen zu verstehen und auch von ihm zu lernen: Nicht überheblich und immer alles besser wissend, sondern eher bescheiden.

Was jetzt Not tut; die 10~>4:34 Formel für einen Balanced Way

Entscheidend für die Bewältigung der beschriebenen Probleme und Herausforderungen ist, was nun auf Weltordnungsebene passiert. Entscheidend ist, was wir tun, um zum Beispiel die WTO geeignet mit anderen Regimen, mit anderen globalen Ordnungssystemen zu verknüpfen. Und das ist dann die Frage eines ökosozialen Konsenses, der anzustreben wäre. Wenn man das Ganze richtig angeht, dann haben wir durchaus für die Welt eine vernünftige Perspektive, eine ökosoziale Perspektive. Es wäre denkbar, einen Faktor 10 an Wachstum über die nächsten 50 bis 100 Jahre in eine Vervierfachung des Reichtums im Norden dieses Globus und eine dazu korrespondierende mögliche Vervierunddreißigfachung des Wohlstands im Süden dieses Globus zu überführen.

Der Norden würde sich dabei von heute 80 Prozent des "Kuchens" in Richtung auf 32 Prozent des verzehnfachten Volumens der Weltökonomie bewegen. Der Süden könnte sich als Folge dieser Entwicklung von heute nur 20 Prozent des "Kuchens" hin zu 68 Prozent des dann zehnmal größeren Weltbruttosozialprodukts bewegen. Das wäre eine Vervierunddreißigfachung des dortigen Bruttosozialproduktes. In Wachstumsraten entspricht das im Norden in etwa einer mittleren Wachstumsrate von 2,8 Prozent, im Süden einer mittleren Wachstumsrate von etwa 8 Prozent über 50 Jahre. Dies ist besser als die heutige Rate in Indien, schlechter als die Rate in China und insgesamt nicht unrealistisch. Länder, die aufholen, müssen primär nur kopieren, können deshalb hohe Wachstumsraten erzielen. Länder an der Spitze, reiche Länder, müssen Innovationen erfinden. Tatsächlich lässt sich auf Grund prinzipieller Überlegungen zeigen, dass in entwickelten reichen Ländern Wachstumsraten über 1 – 2 Prozent kaum möglich sind. Die immer wieder überraschenderweise höheren Werte der USA sind – neben indirekten Effekten von rein spekulativen Finanzmarkt-Blasen – vor allem eine Folge einer anderen Buchführungsmethode, bei der der technische Fortschritt weit über die Marktpreise hinaus als Wachstum gewertet wird (sogenanntes Hedonic Accounting). Das mag aus systematischen Gründen durchaus berechtigt sein, so lange aber andere Länder das nicht tun, sind Vergleiche irreführend. Die hier besprochene Limitation auf 1 – 2 Prozent Wachstum reicher Länder bezieht sich darauf, dass man kein Hedonic Accounting betreibt, also das Wachstum zu Marktpreisen wertet.

Wenn wir allerdings weltweit beides vernünftig miteinander kombinieren, also die hohen Wachstumsraten aufholender und die niedrigeren (aber im absoluten

Zuwachs ähnlich hohen) Wachstumsraten reicher Länder, könnten wir uns im Jahr 2050 in einer Situation befinden, in der die Menschen im Norden pro Kopf durchschnittlich nicht mehr sechzehn mal so reich sind wie die Menschen im Süden, so, wie das heute als Ausdruck einer "Globalen Apartheid" der Fall ist, sondern nur noch etwa doppelt so reich, wobei sie zugleich im Schnitt viermal so reich wären wie heute. Das wäre dann ein Ausgleichsniveau à la Europäische Union und würde durchaus auch eine Perspektive für eine Weltdemokratie eröffnen. Nicht viel anders als jetzt im Prozess der Ausgestaltung der EU die Chance, die der Europäische Konvent für Europa geboten hat.

Das ökosoziale Modell eröffnet insofern eine hoffnungsvolle Zukunftsperspektive. Es ist dieses ein Ansatz, der Menschenwürde und Schutz der Umwelt gleich ernst nimmt, und von einfachen Lösungsphilosophien Abschied nimmt. In dieser Sicht wird eine immer weitergehende Deregulierung und immer mehr soziale Ungleichheit die vor uns liegenden Probleme nicht lösen, hoffentlich aber die Aktivierung der Kräfte der Märkte unter vernünftigen Rahmenbedingungen sozial-kulturell-ökologischer Art. Der Autor gibt diesem hoffnungsvollen nachhaltigen Programm allerdings nur 35 Prozent Wahrscheinlichkeit. Was wären dann die Alternativen? Diese Frage wird weiter unten nach Vorüberlegungen zu Wohlstand, Wachstum und sozialem Ausgleich behandelt.

Wohlstand, Wachstum, sozialer Ausgleich: Einige neuere Ergebnisse

Der Autor hat sich in den letzten Jahren vor allem im Kontext des EU-Projekts TERRA[3] vertieft mit dem Zusammenhang von Wohlstand, Wachstum und sozialem Ausgleich beschäftigt. Einiges hierzu wurde bereits an anderer Stelle in diesem Text erwähnt. Versteht man unter Wohlstand ein hohes Bruttosozialprodukt pro Kopf, so ist zunächst zwischen reichen und armen Ländern zu unterscheiden. Alle reichen Länder auf dieser Welt haben einen hohen sozialen Ausgleich, genauer eine Equity zwischen 45 und 65 Prozent und sind Demokratien. Es gibt dabei systemimmanente Begründungen, warum bei Staaten mit hohem Wohlstand die Equity einerseits nicht oberhalb von 65 Prozent, aber andererseits auch nicht unter 45 Prozent liegen kann. Es geht dabei zum einen um eine ausreichende Honorierung von Spitzenleistungen und Risikoübernahme und damit um eine ausreichende Differenzierung (deshalb keine Equity über 65 Prozent), zum anderen aber um die Möglichkeit, eine exzellente Ausbildung und medizinische Versorgung für die gesamte Bevölkerung sicherzustellen. Letzteres verlangt entspre-

---

3 TERRA (www.terra-2000.org)

chend viele gut bezahlte Spezialisten. Daraus resultiert ein soziales Ausgleichsniveau von mindesten 45 Prozent.

Wachstum in reichen Ländern geschieht im Wesentlichen nur noch durch Innovation. Hier muss Forschung gefördert werden, hier müssen Innovationen erfolgen und in Märkten umgesetzt werden. Demokratien mit einer massiven Förderung von Forschung und Technologie bieten hierfür die besten Voraussetzungen. Die Wachstumsraten selber sind dabei, wenn man kein Hedonic Accounting zulässt, auf gut 1 – 2 Prozent beschränkt. Das ist angesichts des Reichtums dieser Länder dann auch schon eine ganze Menge.

Ganz anders ist die Situation bei Ländern, die aufholen. Diese Länder sind vergleichsweise arm, sie haben teilweise keinen hohen sozialen Ausgleich, und sie können in jedem Fall, weil sie so weit zurückliegen, hohe Wachstumsraten erzielen, einfach schon dadurch, dass sie Lösungen kopieren und zugleich immer mehr Menschen in eine formalisierte Ökonomie einbeziehen. Wachstumsraten bis zu 10 Prozent sind denkbar (Leapfrogging), wenn auch nicht selbstverständlich. Eine Demokratie ist für die Organisation solcher Aufholprozesse nicht unbedingt die vorteilhafteste Struktur. Autoritäre Systeme wie in Singapur oder heute in China können von Vorteil sein, obwohl andererseits Japan gezeigt hat, dass zumindest unter den japan-spezifischen Demokratiebedingungen ebenfalls ein hohes Wachstum möglich war. Auf Dauer reich werden können die Menschen allerdings nur, wenn eine hohe Equity besteht, so, wie das in Japan und Korea und auch in Singapur der Fall war und ist, und sich in China und Indien andeutet, und zumindest am Ende des Aufholprozesses scheinen demokratische Strukturen notwendig zu sein. Länder wie Brasilien und Südafrika haben aus dieser Sicht im Gegensatz zu China und selbst Indien wenig Chance, auf Dauer wirklich reich zu werden, es sei denn, dass irgendwann das Problem des sozialen Ausgleichs gelöst wird. Brasilien ist dabei, endlich eine andere Verteilung des Bodens (Bodenreform) durchzusetzen. Bis heute wirken in diesen Ländern frühere koloniale Muster des "Oben" und "Unten" weiter, ebenso wie in Südafrika, wo im ökonomischen Bereich und im Bereich der Ausbildung die alten Apartheidstrukturen bis heute nicht wirklich überwunden werden konnten, obwohl doch immerhin Fortschritte erkennbar sind.

Ein gewisses moralisches Dilemma liegt darin, dass die Reichen entsprechender Länder nicht unbedingt ein Interesse daran haben, den Wohlstand pro Kopf zu erhöhen. Aufgrund der sehr viel niedrigeren Equity-Rate gibt es z. B. in einem Land mit einer Equity von etwa 30 Prozent mehr Menschen eines bestimmten absoluten Reichtumsniveaus als in einem pro Kopf doppelt so reichen Land mit einer Equity-Rate von 60 Prozent. D. h., es gibt dort mehr Reiche mit mehr als dem Zehnfachen des Durchschnittseinkommens. Es gibt also mehr Reiche in einem absoluten Sinne, in einem relativen ohnehin. Zudem profitieren diese ein weiteres

Mal von den sehr preiswerten personennahen Dienstleistungen, die in reichen Ländern mit hohem Equity-Faktor praktisch gar nicht finanziert werden können.

Bei einer entsprechenden Ungleichheit haben die Eliten zudem extrem viele Möglichkeiten, ihre eigene Position politisch und intellektuell durch Einsatz von Geldmitteln zu stabilisieren, während die sozial schwache Seite, also die große Mehrheit der Bevölkerung, gar nicht in der Lage ist, einen entsprechenden intellektuellen Gegenprozess zu organisieren und das auch unter formal demokratischen Bedingungen. Man sieht dies in Teilen heute auch bereits in den USA, wo es mittlerweile der "Spitze der Pyramide" gelingt, den intellektuell-politischen Betrieb auf die Abschaffung der Erbschaftssteuer hin zu formieren. Die hier von der "Spitze" eingesetzten substantiellen Geldmittel zur politischen Beeinflussung über Think Tanks und Universitäten wären extrem "wertschöpfend" investiert und würden mit extrem hohen Renditen an die reichen Geldgeber zurückfließen, wenn es auf diese Weise gelänge, in den USA die Abschaffung oder substantielle Absenkung der Erbschaftssteuer durchzusetzen.

Wege ins Desaster: Plünderung bis zum Zusammenbruch oder ökodiktatorische Sicherheitsregime

Oben wurde einem ökosozialen, zukunftsfähigen Weltordnungsrahmen im Sinne einer ökosozialen Marktwirtschaft nur 35 Prozent Erfolgswahrscheinlichkeit eingeräumt und es wurde die Frage nach den Alternativen gestellt. In Zukunft drohen zwei Alternativen: Die eine ist, dass wir weiter so wie bisher tun, als könnten wir die ökologischen und sozialen Systeme weltweit weiter überstrapazieren, so viel wir wollen. Wir werden dann irgendwann die Basis unterminieren, von der unsere Zukunft und die Zukunft unserer Kinder abhängt. Wir werden in extreme Knappheiten hinein laufen, beispielsweise in den Bereichen Wasser, Ernährung und Energie oder in Form zu hoher CO_2-Emissionen und wir werden Mord und Totschlag erleben bei dem Versuch, sich im Kampf um knappe Ressourcen bzw. Verschmutzungsrechte, der langfristig so oder so für niemanden mehr eine Perspektive eröffnet, zu behaupten. Dieser Fall bedeutet, dass wir "ökologisch gegen die Wand fahren" und in nicht mehr versicherbare Zustände hinsichtlich der Umweltproblematik kommen. Dies ist das Angstszenario aller Grünen und umweltbewegten Menschen auf diesem Globus. Der Autor hält dieses Szenario allerdings für sehr unwahrscheinlich.

Aus seiner Sicht wird die Menschheit, vor allem die reiche Welt, nicht so dumm sein, dass sie letztlich diesen desaströsen heutigen Weg auf Dauer weiter verfolgen wird, denn sie würde ihre eigene Basis zerstören. Die Wahrscheinlichkeit für diesen Desaster-Weg liegt aus Sicht des Autors bei vielleicht 10-15 Prozent. Um es noch deutlicher zu sagen, die Spitze der Pyramide in Eigentumsfragen ist normalerweise eigentums-obzessiv und geht hart und brutal gegen jede Entwicklung vor, die ihre als legitim empfundenen Eigentumsinteressen bedroht. Von Rechtsanwälten und Polizei bis hin zum Militär sind hier in der Historie immer wieder alle Mittel zum Schutz des Eigentums eingesetzt worden, koste es, was es wolle. Der Autor geht deshalb davon aus, dass dies auf diesem Globus nicht anders sein würde, wenn es je zu ernsten Ressourcenkonflikten käme oder auch zu Konflikten, die aus Umweltverschmutzungsproblemen resultieren (z. B. bezüglich der CO_2-Problematik). Insofern ist es die Position dieses Textes, dass wir ökologisch wahrscheinlich nicht gegen die Wand fahren werden, was aber noch nicht notwendigerweise bedeutet, dass wir eine vernünftige zukunftsfähige Lösung bekommen. Zunächst bedeutet es aber, dass wir aus Sicht des Autors mit etwa 85 Prozent Wahrscheinlichkeit auf Dauer in der Weltökonomie mit dem Problem der physikalischen Grenzen vernünftiger umgehen werden, als wir das heute tun, dass wir also zu Lösungen kommen werden, die letzten Knappheiten, also physikalische Notwendigkeiten, irgendwie in das weltökonomische System integrieren. Die Problematik der Vermeidung einer ökologischen Katastrophe verschiebt sich dann aber auf die Frage, wie dieses Ziel erreicht werden wird.

Es bleiben dann zwei Möglichkeiten. Die eine Möglichkeit ist der ökosoziale Weg, ein fairer Vertrag. Das ist das, was oben ausführlich beschrieben und mit der Wahrscheinlichkeit von 35 Prozent eingeschätzt wurde. Aber es gibt eine Alternative, eine zunächst undenkbare, aber beim längeren Nachdenken dann doch naheliegende, verführerische Perspektive, nämlich eine Öko- bzw. Ressourcendiktatur, verbunden mit einem Sicherheitsregime. Dieser 3. Fall ist aus Sicht des Autors der wahrscheinlichste (50 Prozent). Hier würde irgendwann der reiche Norden dem armen Süden die Entwicklung verwehren, so wie die Reichen den Armen gerne die Entwicklung verwehren, einfach deshalb, weil es in einem "Business as usual"-Ansatz ökologisch nicht auszuhalten wäre, wenn die Armen täten, was die Reichen schon immer tun. Hier müssten dann insbesondere die Reichen die Entwicklung der ärmeren Länder (z. B. schon relativ bald Chinas) behindern oder diese Länder sogar destabilisieren. Und da die reichen Länder allesamt Demokratien sind, stehen wir vor der Frage, ob so etwas denkbar ist.

Sieht man sich die Politik der letzten Jahre an, insbesondere die Politik der USA seit dem 11.09.2001 und die jüngste Politik in Israel, dann sieht man bereits ganz offensichtlich Elemente einer solchen öko- oder ressoucendiktatorischen sicherheitsorientierten Strategie. Die Verhängung von Ausgangssperren und die Verweigerung des Durchlasses von Krankenwagen in Richtung Krankenhäuser an Kontrollpunkten wären Beispiele.

Auf der US-Seite ist die Verweigerung, sich fair in den Kyoto-Vertrag einzubringen, entlarvend. Noch deutlicher gilt dies für den Kampf der USA gegen einen Internationalen Strafgerichtshof. Symptomatisch ist die regelmäßige Weigerung der USA, sich im Rahmen fairer globaler Verträge zu bewegen, und ebenso eine dauernde Einforderung spezieller, stark individuell-orientierter Menschenrechte in armen Ländern, die dies alles nicht bezahlen können. In eine ähnliche Richtung zielen Bemühungen auf OECD-Ebene, Kredite für Investitionen in ärmeren Ländern nur noch dann staatlicherseits über Bürgschaften abzusichern, wenn Produkte höchsten technischen Standards gekauft werden. Dies nimmt, wenn keine Co-Finanzierung erfolgt, armen Ländern große Teile ihrer Wettbewerbsfähigkeit.

Der Irak-Krieg war kein durch die UN-Charta oder durch die UN legitimierter Krieg. Es war dies vielmehr ein klassischer Angriffskrieg einer Nation zur Durchsetzung und Wahrung von Interessen, also der Versuch, sich vor einer befürchteten Gefahr zu schützen. Wäre es aber das Anliegen der USA, Menschenrechten weltweit zum Durchbruch zu helfen, dann böte ein Weltmarschallplan vielfache Chancen, dieses auf friedlichem Wege zu tun. Aber das würde ja bedeuten, dass man vom eigenen Geld etwas einsetzen müsste für andere, etwa in Form von 1 – 2 Prozent Co-Finanzierung von Entwicklung. Davon ist aber keine Rede. Da investiert man das Geld doch in das eigene Militär und versucht, mit Gewalt die eigene Position selbst da abzusichern, wo sie indirekt massivste Probleme und massenhafte Tötungen für andere nach sich zieht.

Vergleicht man etwa die Verhältnisse von Toten und Verletzten auf beiden Seiten des jüngsten Irak-Krieges, dann sind die Risiken der Angreifer und die der Angegriffenen sehr unterschiedlich.

Diese Situation kann dann zu Terror und noch mehr Terror führen, der dann auf Dauer in seinen Folgen auch nicht mehr beherrscht werden kann. Man wird den Terror dann mit noch mehr staatlichem "Gegenterror" beantworteten, gegen den neuer Terror folgen wird, zum Beispiel in Form von Selbstmordattentaten. Dies ist eine Form der Gegenwehr, die sehr schwer zu bekämpfen ist, und uns nebenbei die bürgerlichen Freiheitsrechte im Abwehrkampf gegen den Terror kosten kann. Ein Prozess, der in den USA schon ein gutes Stück vorangeschritten ist. Selbstmordattentate setzen voraus, dass Menschen – sich selbst als Freiheitskämpfer empfindend – ihr Leben für eine Überzeugung hinzugeben bereit sind. Wie falsch muss eine Welt organisiert sein, zu wie viel Hass muss eine Weltordnung Anlass bieten, wenn sie solche Reaktionen hervorruft? Und gibt es daraus nicht etwas zu lernen, zum Beispiel über Verletzungen, die man anderen – vielleicht unbewusst und unbeabsichtigt – zugefügt hat?

Der reiche Norden muss sich jedenfalls überlegen, ob er den momentanen Weg der Entfesselung weiter gehen will, oder ob nicht das europäische Modell des Ausgleichs in Form einer weltweiten Ökosozialen Marktwirtschaft die bessere Alternative ist. Diese kostet 1 bis 2 Prozent des Weltbruttosozialprodukts als

Co-Finanzierung von Entwicklung in Form eines Welt-Marshall-Plans, wie ihn beispielsweise – darauf wurde oben schon hingewiesen – der frühere US-Vizepräsident Al Gore vorgeschlagen hatte. Im Grunde genommen ist es erstaunlich, wie preiswert bei dieser Vorgehensweise eine Chance auf Frieden und nachhaltige Entwicklung eröffnet werden kann. Noch erstaunlicher ist es allerdings, welcher intellektuelle Aufwand von Seiten der größten Gewinner der heutigen deregulierten Strukturen der Weltökonomie betrieben wird, diesen Preis nicht zu zahlen, und welche Bereitschaft da ist, die entsprechenden Mittel lieber in immer noch mehr Aufrüstung zu stecken statt in humane Entwicklung rund um den Globus.

Ökosoziale Marktwirtschaft als wohl einzige realistische Chance

Offensichtlich ist, dass heute die Hoffnung für eine bessere Zukunft und eine nachhaltige Entwicklung primär bei Europa und den entwickelten asiatischen Volkswirtschaften liegt. Wir müssen miteinander die USA für eine andere Sicht der Dinge gewinnen. Deshalb müssen wir insbesondere bereit sein, darüber zu reden, dass bestimmte Dinge richtig und bestimmte Dinge falsch sind, damit wir nicht durch dauerndes Schweigen den Eindruck erwecken, als würden wir implizit zustimmen an Stellen, an denen wir gar nicht zustimmen können. In diesem Sinne war die prinzipielle Ablehnung des Irak- Krieges durch den größten Teil der Welt die richtige Position. In diesem Kontext hat auch die Weltzivilgesellschaft, hier haben NGOs wie Amnesty International, Ärzte ohne Grenzen, BUND, Greenpeace, Stiftung Weltbevölkerung, Terres des Homes etc. oder auch die Rotarier, Lions und andere Servicebewegungen einen großen Einfluss auf die Entwicklung der Weltmeinung und für die Ermöglichung von Verständnis und Aufklärung im besten Sinne dieser philosophischen Position. Eine große Hoffnung bilden in diesem Kontext auch die neuen informationstechnischen Vernetzungsmöglichkeiten der Weltzivilgesellschaft, die immer effizienter genutzt werden. Wenn es hierbei in dem Ringen um eine bessere Weltordnung auch nur gelingt, in einem Schneeballsystem pro Jahr immer wieder eine weitere Person zu gewinnen, die für eine neue, bessere Weltordnung eintritt und zugleich pro Jahr immer wieder eine weitere Person mit derselben Art zu denken dazu gewinnt und so weiter, hat man in dreiunddreißig Jahren in einem Schneeballsystem jeden Menschen erreicht, da 2^{33} gleich acht Milliarden ist. – Und die Überzeugung einer Person pro Kopf und Jahr, das sollte doch bei einem so wichtigen Thema zu schaffen sein.

Politisch lastet in dieser Lage heute auf Europa eine besondere Verantwortung. Deshalb war die Einführung des EURO so wichtig. Deshalb ist der weitere

Ausbau der EU wichtig. Deshalb ist die Stärkung der EU wichtig. Und das müsste in dieser schwierigen Welt auch den Ausbau der militärischen Stärke der EU beinhalten, um in diesen zentralen Fragen der Weltordnung eigenständig agieren und auf gleicher Augenhöhe mit den USA sprechen zu können.

Ist die Ökosoziale Marktwirtschaft eine Chance oder eine Utopie? Für eine friedliche nachhaltige Zukunft ist sie wahrscheinlich die einzige Chance, die wir haben und die vielleicht beste je gemachte Innovation im politischen Bereich, nämlich die Kopplung vernünftiger Ausgleichsmechanismen und strikter Umweltschutzmaßnahmen mit der Kraft der Märkte und dem Potential von Innovationen. Man kann nur hoffen, dass Europa, ein Kontinent mit einer schwierigen Historie und noch nicht abgeschlossener Selbstfindung, in dieser schwierigen Phase der Weltpolitik in der Lage ist, trotz der Spaltung in der Irak Frage die Verantwortung zu übernehmen, die in diesem Moment auf diesem Teil der Welt lastet.

Ökosoziale Marktwirtschaft als politisches Konzept

Josef Riegler

⇒ Die gegenseitigen Kräfte der Ökonomie, Ökologie und gesunden Umwelt nutzen
⇒ Der Markt – Motor der Nachhaltigkeit

Unter dem Titel: "Der Markt schlägt den Staat" brachten die Salzburger Nachrichten am 10. Jänner 2000 in Österreich einen bemerkenswerten Vergleich zur wirtschaftlichen und politischen Entwicklung am Beginn des 20. und des 21. Jahrhunderts: "Anfang 1900 schien sich der Markt endgültig durchgesetzt zu haben. Der durch die industrielle Revolution geschaffene Wohlstand wurde in vollen Zügen genossen, aber der Kapitalismus zeigte auch seine dunklen Seiten, elende Armut kontrastierte mit frivolem Reichtum. Schließlich brachte er sich selbst zu Fall... Ende des 20. Jahrhunderts ist die Weltwirtschaft an den Ausgangspunkt von 1900 zurückgekehrt, aber auf höherem Wohlstandsniveau. Der Neo-Liberalismus ist das Feindbild der Gewerkschaften, die Globalisierung schreitet voran und fordert Opfer. Es liegt an den Verfechtern einer liberalen Ordnung, ob sie die alten Fehler wieder machen oder zeigen, dass sie aus der Geschichte gelernt haben."

Es geht in der Tat erstmals in der Menschheitsgeschichte um die Frage, ob die Menschheit als Ganzes im nun begonnenen Jahrtausend überleben kann oder nicht – daher geht es ganz zentral um die Frage einer Überlebensstrategie.

Zwei riesige Problembereiche tun sich auf:

Natur, Umwelt, Lebensgrundlagen – Nachhaltigkeit

Seit Mitte der 70er Jahre verbraucht die Menschheit insgesamt mehr an Ressourcen als durch die Natur wieder produziert werden kann. Seit einem Vierteljahrhundert leben wir zunehmend vom Kapital und nicht von den Zinsen. Eine solche Entwicklung ist auf Dauer nicht möglich, ist nicht nachhaltig.

Ob im Brundtland-Report, in der Agenda 21, in der Nachhaltigkeitsstrategie der EU bzw. Österreichs: Das Ziel "Nachhaltigkeit" ist unbestritten.

Die Frage lautet jedoch: Wie gelingt es uns, den Umstieg von einer Zivilisation des Raubbaues auf eine Zivilisation der Nachhaltigkeit zu schaffen? Wobei der Faktor Zeit eine immer größere Rolle spielt: Die Zeit beginnt uns davon zu laufen.

Das ist daher der zentrale Gedanke des Konzeptes der Ökosozialen Marktwirtschaft: Wir können den notwendigen Umstieg auf Nachhaltigkeit in der uns zur Verfügung stehenden knappen Zeitspanne nur schaffen, wenn wir Umweltschutz nicht gegen die Interessen der Wirtschaft und der Konsumenten betreiben, sondern wenn wir nach dem "Jiu-Jitsu Prinzip" die Marktkräfte in den Dienst der Nachhaltigkeit stellen können.

Ökosoziale Marktwirtschaft als globale Lösung

Der entscheidende Gedanke ist:

➢ Größerer Spielraum für wirtschaftliche und technologische Entwicklung durch Beseitigung unnötiger Barrieren infolge Überregulierung und Bürokratie sowie Belastung mit Steuern und Abgaben.
➢ Gleichzeitig Stärkung des Prinzips der Partnerschaft und einer mit Phantasie weiterentwickelten sozialen Fairness, welche verstärkt die Symbiose zwischen staatlicher Sozialpolitik und privaten Initiativen forciert.
➢ Integration der Umwelt und der Natur in das Preis- und Kostengefüge und damit in die betriebswirtschaftlichen Kalkulationen bei Produktion, Konsum und Verkehr.

Anders gesagt, wir müssen den im Menschen innewohnenden "Urinstinkt", jeweils das Beste und Billigste für sich haben zu wollen, in der Form nützen, indem wir durch Änderung der wirtschaftlichen Rahmenbedingungen das für den Menschen erstrebenswert machen, was der Nachhaltigkeit dient. Direkt gesagt: Erneuerbare Energie muss günstiger sein als begrenzte und umweltschädliche fossile Energieträger; nachwachsende Rohstoffe müssen auch preislich attraktiver sein als die begrenzten Vorräte an Bodenschätzen und Erdöl; "Wegwerfprodukte" müssen teurer und daher für den Konsumenten uninteressant sein gegenüber langlebigen und wiederverwertbaren.

Die konkreten wirtschaftspolitischen Instrumente im Konzept Ökosoziale Marktwirtschaft klingen ganz einfach:

1) Durch politische Rahmenbedingungen und Vorgaben muss gesichert werden, dass Umweltbelastung ganz konkret in die Kosten eingerechnet werden muss, ebenso wie der Verbrauch an wertvollen und nur begrenzt vorhandenen Ressourcen. Das kann durch Abgaben auf die Verunreinigung von Wasser und die Belastung der Luft ebenso geschehen wie für Gebühren beim Ressourcenver-

brauch bzw. die Einrechnung der Kosten für die Entsorgung eines Produktes in den Produktpreis.

2) "Ökosozialer" Umbau des Steuersystems mit dem Ziel, erneuerbare Energie und nachwachsende Rohstoffe preislich konkurrenzfähig zu machen und andererseits die Steuer- und Abgabenlast auf den Faktor "Mensch" zu reduzieren und auf Ressourcenverbrauch um zu verlagern.

3) Der Einsatz von Steuergeldern in Form von Förderungen und Subventionen muss umgepolt werden von der derzeit vorherrschenden Subventionierung des Raubbaues (Steuerfreiheit von Flugtreibstoff und Schiffstreibstoff, Förderungen für fossile und atomare Energie etc.) auf die Innovations- und Startförderung zu Gunsten nachhaltiger Produkte und Produktionsprozesse.

4) Durch eine strikte und für den Käufer leicht nachvollziehbare Produktdeklaration soll sichergestellt werden, dass bei Kaufentscheidungen das Prinzip der Nachhaltigkeit berücksichtigt werden kann.

Die Durchsetzung erfordert allerdings politischen Mut auf nationaler und internationaler Ebene.

Es geht darum, sowohl in den nationalstaatlichen Maßnahmen und im europäischen Rahmen, sowie im Rahmen der WTO, der globalen Finanzinstitutionen etc. diese Instrumente einer Ökosozialen Marktwirtschaft einzuführen und umzusetzen.

Das Modell der "Ökosozialen Marktwirtschaft" ist das einzige derzeit bekannte umfassende wirtschafts- und gesellschaftspolitische Konzept, welches geeignet erscheint, eine qualitative und zukunftsorientierte Weiterentwicklung im Sinne der Nachhaltigkeit im Rahmen der verfügbaren wirtschaftspolitischen Instrumente und internationalen Institutionen zu ermöglichen.

Gerechtigkeit und Friede

Besonders dramatisch ist eine sich immer weiter und brutaler auftuende Schere zwischen

> ➢ arm und reich,
> ➢ haben und nicht haben,
> ➢ Macht und Ohnmacht,
> ➢ Bevölkerungsexplosion und Stagnation.

Eine ausschließlich vom Kapital getriebene globale Entwicklung führt zu geradezu bizarren Verzerrungen:

➤ 1.500 Mrd. US-Dollar an täglichem Devisenhandel stehen tägliche Warenexporte im Volumen von 15 Mrd. Dollar gegenüber;

➤ die durchschnittliche Haltedauer von Aktien weltweit sank seit 1980 von 10 Jahren auf heute 10 Monate;

➤ Anteil der spekulativen Devisentransaktionen: 97 Prozent;

➤ 80 Prozent aller grenzüberschreitenden Finanzinvestments sind innerhalb einer Woche wieder zurück;

➤ die Einkommensschere zwischen dem reichsten und dem ärmsten Fünftel der Menschheit hat sich seit 1960 von 30:1 auf 74:1 vergrößert;

➤ geschätzter Steuerausfall durch die Existenz von Steueroasen laut OECD: 50 Mrd. US-Dollar;

➤ Entwicklungshilfe der Industrieländer an die Entwicklungsländer: 56 Mrd. US-Dollar;

➤ Zinszahlungen der Entwicklungsländer an die Industrieländer: 135 Mrd. US-Dollar.

In einer Publikation des Österreichischen Gewerkschaftsbundes vom Frühjahr 2001 ("Der totale Markt") wird treffend ausgeführt:

"Im Bereich der Marktwirtschaft sind wir mit einem totalen Markt und einer Gesellschaftsideologie konfrontiert, die auf die Ökonomisierung aller Lebensbereiche abzielt. Der Neoliberalismus, wie er heute propagiert wird, ist nichts anderes als ein umgekehrter Kommunismus. Der Kommunismus ersetzt den Markt durch Politik, der Neoliberalismus ersetzt die Politik durch den Markt. Beides führt zu einer Totalität, die der europäischen Kultur und einem Menschenbild widerspricht, das anerkennt, dass der Einzelne nur dank der Gemeinschaft und die Gemeinschaft nur dank der Einzelnen besteht."

Geradezu dazupassend und vielleicht überraschend ein Befund, den Ludwig ERHARD, der Vater der Sozialen Marktwirtschaft, formuliert hat:

"Nicht die freie Marktwirtschaft des liberalistischen Freibeutertums einer vergangenen Ära, auch nicht das "freie Spiel der Kräfte" und dergleichen Phrasen, sondern die sozial verpflichtete Marktwirtschaft, die das einzelne Individuum zur Geltung kommen lässt, die den Wert der Persönlichkeit obenan stellt und der Leistung dann auch den verdienten Ertrag zugute kommen lässt, das ist die Marktwirtschaft moderner Prägung."

(Aus: "Der Gesellschaft verpflichtet", Paul Bocklet u. a., Deutscher Instituts-Verlag, 1994)

Gerechtigkeit als Grundbedingung für Frieden

Die beschriebenen Fehlentwicklungen gehen letztlich darauf zurück, dass "Globalisierung" durch das Zusammenfallen mehrerer gleichzeitiger Entwicklungen die Politik völlig unvorbereitet getroffen hat und die Politik derzeit eher hilflos daneben steht.
Welche Entwicklungen waren das?

➢ Politisch der Kollaps der kommunistischen Systeme zwischen 1989 und 1991 und die damit erfolgende Öffnung riesiger neuer Märkte;
➢ Explosion der Informationstechnologie und deren breite Anwendung vom PC über das Handy bis zum Internet, womit sekundenschnelle Finanztransfers rund um die Welt erst möglich wurden;
➢ Explosion des Kapitalmarktes ohne wirkliche globale finanzpolitische Ordnungssysteme;
➢ Deregulierung und Freihandel, vorangetrieben durch die Welthandelsorganisation, ohne soziale und ökologische Rahmenbedingungen;
➢ Dominanz der Doktrin des "Neoliberalismus".

Krasse Ungerechtigkeiten und das Gefühl der Ohnmacht sind ein idealer Nährboden für Fanatismus, Fundamentalismus, Terror und Krieg.

DOHA – Ein Hoffnungsschimmer ?

Der Beschluss des EU-Rates von Göteborg über die Entwicklung einer EU-Nachhaltigkeitsstrategie und der Einsatz der EU für neue Spielregeln im Rahmen der WTO mit dem Ziel einer globalen Nachhaltigkeit sind ein erster wirklich gewichtiger Impuls, um der globalen Entwicklung eine andere Richtung zu geben:
Eine Richtung der sozialen Ausgewogenheit, der ökologischen Nachhaltigkeit und der Toleranz für unterschiedliche Kulturen, Religionen und Mentalitäten.
Die im 19. und 20. Jahrhundert entwickelten Denksysteme der "Nationalökonomie" gelten nur mehr sehr bedingt für die Herausforderungen im 21. Jahrhundert.
Für die Zukunftsbewältigung brauchen wir globale Spielregeln für Wirtschaft und Handel,
Umwelt, Soziales sowie Finanz- und Kapitalmarkt.
Was kann konkret getan werden?
Wir sollen die vorhandenen Institutionen, wie Welthandelsorganisation, Umweltprogramm der UNO, internationale Arbeitsorganisation, Weltbank, interna-

tionalen Währungsfonds, OECD etc. nützen, indem wir sie inhaltlich im Sinne der Ökosozialen Marktwirtschaft weiterentwickeln und dafür sorgen, dass nicht ein globales Abkommen (WTO) alle übrigen diktieren kann. Gefragt ist daher die Gleichrangigkeit und Gleichwertigkeit der globalen Vereinbarungen betreffend Wirtschaft, Finanzen, Umwelt und Soziales.

Politik muss in einer globalisierten Wirtschaft und Gesellschaft ihre Rolle und ihre Aufgabe wieder wahrnehmen. Sie muss die notwendigen Spielregeln bestimmen und den ordnungspolitischen Rahmen für die Märkte und für das Handeln der Menschen festlegen.

Das Allerwichtigste für eine zukunftsfähige Entwicklung einer globalisierten Menschheit besteht in der Entwicklung einer weltweiten Ethik, die als Grundlage menschlichen Handelns konsensfähig ist und den notwendigen Verhaltenskompass bietet. Die einseitige Kultivierung einer "Ethik des Eigennutzes" ist für die Menschheit zur Gefahr geworden, weil sie – extrem angewendet – auch die eigene Existenz zerstört. Die im 19. und 20. Jahrhundert betriebene Zuspitzung auf einen reinen Materialismus in den beiden Formen des Kapitalismus und des Marxismus bedeutet eine gefährliche Sackgasse für die Menschheit. Wir brauchen eine Ethik des "WIR". Wir brauchen eine zukunftsfähige Ethik, die der gesamthaften Natur des Menschen als Wesen mit Leib, Seele und Geist entspricht und die in einem zukunftsfähigen Sinn "Religion" als "Rückbeziehung" auf das "Göttliche" wieder möglich macht. Zukunftsfähige Ethik bedarf der Dimension der Transzendenz.

Einstein sagte: "Wir können Probleme nicht lösen, indem wir dasselbe Konzept anwenden, das die Probleme herbeigeführt hat."

Wir brauchen ein neues Konzept, welches in der Weisheit der Schöpfung und der Erfahrung des Bewährten wurzelt, um den Weg der Menschheit im guten Sinn gestalten zu können.

Die Weisheit der Schöpfung lehrt uns Ganzheit, Vielfalt, Vernetztheit, Rückkoppelung. Das heißt, all unser Tun trifft auch andere, hängt mit anderen zusammen.

Aus der Erfahrung der europäischen Entwicklung wissen wir um die Wichtigkeit des Konsenses und der Partnerschaft, wie sie als Qualitätssprung in der Sozialen Marktwirtschaft entwickelt wurde.

Beides führt uns zum Modell der Ökosozialen Marktwirtschaft.

"Ökosoziale Wende" als Chance für neue Qualität von Politik?

Allen verantwortungs- und zukunftsorientierten Bürgerinnen und Bürgern muss es ein Herzensanliegen sein, den innerösterreichischen politischen Diskurs auf jene Weichenstellungen zu konzentrieren, die für eine ganze Generation lebensentscheidend sein werden. Ebenso beseelt uns der Wunsch, dass sich die politische Diskussion in Österreich nicht auf eine egoistische Nabelbeschau verkürzt, sondern dass Österreich eine sehr aktive Rolle für eine langfristig orientierte und gerechte Gestaltung auf europäischer und globaler Ebene im Sinne der nationalen Nachhaltigkeitsstrategie und der Ökosozialen Marktwirtschaft wahrnimmt.

Schließlich geht es um zwei riesige Herausforderungen auf nationaler, europäischer und globaler Ebene. Diese zwei Herausforderungen lauten: "Zukunftsfähigkeit" und "Friedensfähigkeit".

Diese beiden Begriffe hängen eng zusammen mit dem verantwortungsvollen Umgang mit der Natur als Schöpfung und Lebensraum für viele Lebewesen und viele Generationen; mit einer fairen Verteilung der Chancen in den Bereichen Wirtschaft, Technologie, Bildung, Gesundheitssysteme und tragfähige soziale Netze; mit dem respektvollen Umgang zwischen den verschiedenen Kulturen, Religionen, Nationalitäten und unterschiedlichen Zivilisationen auf dem gesamten Globus.

Dieser Respekt voreinander verbietet eine arrogante Vorherrschaft einer einzigen politischen, wirtschaftlichen und zivilisatorischen Macht und erfordert die Priorität für friedliche Konfliktlösungen, wie sie der europäische Integrationsprozess seit 50 Jahren mit seinem Prinzip der gleichberechtigten Mitgliedschaften, der Verhandlungslösungen und der finanziellen Solidarität zum Ausgleich zwischen ärmeren und reicheren Regionen vorexerziert.

Initiative für Weltfrieden, Nachhaltigkeit und Gerechtigkeit

Auf Initiative des Ökosozialen Forums Europa haben sich im Mai 2003 in Frankfurt Repräsentanten verschiedener "Nicht-Regierungs-Organisationen" getroffen, um eine Kampagne für eine weltweite Ökosoziale Marktwirtschaft ins Leben zu rufen, deren Ziel eine zukunftsfähige Gestaltung der Globalisierung ist.

Dabei wurde unter anderem der folgende gemeinsame Befund definiert:

➢ Die Ordnung der heutigen Weltökonomie ist nicht zukunftsfähig:

Die heutige globalisierte Weltökonomie ist ungeeignet, um übergeordnete Ziele wie Nachhaltigkeit, Gerechtigkeit und Zukunftsfähigkeit zu erreichen, weil einem globalen Markt die notwendigen politischen Rahmenbedingungen fehlen. Ein zentrales Anliegen ist daher die notwendige Verzahnung der ökonomischen Weltordnungselemente (WTO, Internationaler Währungsfonds, Weltbank) mit den globalen sozialen, kulturellen und ökologischen Vereinbarungen und Abkommen.

➤ Ökosoziale Marktwirtschaft als Modell für Globalisierungsgestaltung:

Ein Markt, der ökonomische, soziale, kulturelle und ökologische Aspekte ausgewogen inkorporiert, wird als Ökosoziale Marktwirtschaft bezeichnet. Eine solche Form der Globalisierung berücksichtigt Anforderungen eines Weltethos, wie zum Beispiel die Beachtung der Würde aller Menschen, die Herstellung von Toleranz zwischen den Kulturen und den Schutz der Umwelt. Ökosoziale Marktwirtschaft ist das Wesensmerkmal der europäischen Tradition in Wirtschaft und Gesellschaft seit der Mitte des 20. Jahrhunderts. Sie ist auch das Kernelement der EU-Nachhaltigkeitsstrategie und der EU- Erweiterungs- Philosophie (Kohäsion, Co-Finanzierung zwischen reicheren und ärmeren Regionen).

➤ Zukunftsfähige Weltordnung und Welt-Marshall-Plan:

Abgeleitet von den europäischen Erfahrungen wird für die Gestaltung der Globalisierung ein ökosozialer Ansatz als geeignete Basis einer nachhaltigen, zukunftsfähigen und friedensfähigen Entwicklung angesehen. Das Ziel ist die Entwicklung eines leistungsfähigen "Global Governance Systems" auf Basis einer globalen Ökosozialen Marktwirtschaft und des respektvollen Umganges innerhalb der "Menschheits-Familie".

➤ Faire Finanzierung:

Damit eine zukunftsfähige Entwicklung in allen Teilen des Globus möglich wird und andererseits die Respektierung von sozialen, ökologischen und Menschenrechtsstandards verlangt werden kann, brauchen wir ein faires System der globalen Co-Finanzierung in Anlehnung an die Erweiterungsstrategie der EU. So wie der seinerzeitige Marshall-Plan der USA für Europa etwa 1 Prozent des Bruttoinlandsproduktes der USA umfasst hat und die derzeitige gemeinsame EU-Finanzierung 1 Prozent des Bruttoinlandsproduktes ausmacht, müsste auch das Finanzvolumen eines Welt-Marshall-Planes zwischen 1 und 2 Prozent des Welt-Bruttoinlandsproduktes ausmachen, wie in Kapitel "Neoliberalismus contra Nachhaltigen Wohlstand?" näher ausgeführt wurde.

Dazu reichen die derzeit verfügbaren Mittel der Entwicklungshilfe bei weitem nicht aus und auch aus den nationalen Budgets ist der notwendige Mehraufwand nicht zu erwarten. Im Sinne der globalen Fairness sollte daher überlegt werden, ordnungspolitisch sinnvolle neue Finanzierungsquellen zu erschließen und zumindest einen Teil dieser Mittel dem globalen Marshall-Plan zuzuführen. Als "logische" Finanzierungsquellen bieten sich unter anderem an:

Die Besteuerung spekulativer globaler Kapitaltransfers, die Einführung einer Energiesteuer auf Flugbenzin und Schiffstreibstoffe, der Handel mit Umweltzertifikaten gemäß dem Kyoto-Protokoll sowie eine globale Vereinbarung, dass auf allen Punkten der Erde eine vergleichbare Besteuerung von Kapitalerträgen erfolgt, um den Unfug der so genannten Steueroasen bzw. Steuerparadiese abzu-stellen.

Politische Weichenstellungen für die Zukunft erfordern Mut, Kraft und Zi-vilcourage. Eine solche Politik braucht auch ein geistiges Klima und die notwen-dige Diskussionskultur: Dies bedeutet eine Herausforderung für die politischen Parteien und Interessengruppen in ihrem Umgang miteinander, für die Medien, für die Interessenvertretungen sowie Lobbys und schließlich für uns alle. In Zei-ten des Internet, der E-Mails, der Talk-Shows und der Leser-Foren gibt es für je-den eine Bühne, um Bewusstseinsbildung zu betreiben.

Das ist auch die große Chance für engagierte "Nicht-Regierungsorganisatio-nen", in einer vernetzten und konstruktiven Arbeit ihren Beitrag für Zukunfts- und Friedensfähigkeit zu leisten.

Good Global Governance

Petra Gruber

⇒ Global Governance bedeutet die Wiedergewinnung politischer Gestaltungs-
macht
⇒ Mehr Markt bedeutet nicht weniger Staat

Von der Notwendigkeit zukunftsfähigen Bewusst-Seins & Global Govern-
ance in einer interdependenten Welt

Nachhaltigkeit erfuhr mit dem World Summit on Sustainable Development
(WSSD 2002) in Johannesburg erneute Konjunktur. Doch die Bestrebungen, zukunftsfähige Entwicklungen weltweit zu fördern, waren bislang wenig erfolgreich, vielmehr sind nachhaltige Schwierigkeiten auszumachen. Warum gelingt es
nicht, die ganze Tragweite des Begriffs der Nachhaltigen Entwicklungen begreif-
bar zu machen und die neuen Bilder, die neue Qualität eines ganzheitlichen Lebens zu vermitteln? Es hapert schon am sperrigen Wort, in dem der erhobene
Zeigefinger mitschwingt. Schon versucht man es über ein neues Schlagwort "re-
sponsible prosperity for all", also verantwortbarer Wohlstand – zu hinterfragen
bleibt welcher Wohlstand und für wen? Konstruktives braucht Zeit, heißt es auch,
doch die damit einhergehende Kardinaltugend der Hoffnung allein ist zu wenig.
Es müssen noch mehr Anstrengungen unternommen werden, um allen Menschen
die (Überlebens)Wichtigkeit Nachhaltiger Entwicklungen zu verdeutlichen. Zukunftsfähige Entwicklungen können nicht verordnet werden, Nachhaltigkeit ist
nur schrittweise über gesellschaftspolitische Konkretisierungs- und Willensbil-
dungsprozesse verwirklichbar, eine breite, sachliche Nachhaltigkeitsdebatte ist
die Basis für einen entsprechenden gesellschaftlichen Konsens. Wenn dabei aber
nicht alle Sinne der Menschen mit angesprochen werden, wird der Schritt vom
ganzheitlichen Bewusstsein zum entsprechenden Handeln ausbleiben. Innovative
und kreative Denkansätze sind gefragt.

Das Konzept der Nachhaltigkeit oder Zukunftsfähigkeit stellt die Grundlage
des heutigen Wirtschaftsdenkens in Frage. Statt Wachstumszwang setzt es auf ein
dynamisches Gleichgewicht zwischen Wirtschaft, sozialem Frieden und der Erhaltung der natürlichen Lebensgrundlagen. Die vierte, die politische oder institutionelle Säule der Nachhaltigkeit zielt auf die zukunftsfähige Gestaltung der
"Spielregeln" gesellschaftlichen Zusammenlebens. In einer durch immer komplexere Zusammenhänge und wechselseitige Abhängigkeiten und Verwundbarkeiten

geprägten Welt sind die globalen Herausforderungen wie Armut, Umweltzerstörung, kriegerische Auseinandersetzungen, Migration, Arbeitslosigkeit, soziale Konflikte, Kriminalität, internationaler Terrorismus sowie Infektionskrankheiten nicht mehr allein auf nationalstaatlicher Ebene lösbar. Zur Gestaltung des globalen Wandels bedarf es einerseits der Kooperation und Koordination auf allen Ebenen, andererseits sind interdisziplinäres Vorausdenken und ganzheitliches Bewusstsein erforderlich.

In Teil I dieses Beitrags werden die Interdependenzen zwischen Umwelt – Friede – Entwicklung in Zeiten der Globalisierungen[1] skizziert. Teil II beleuchtet die Machtverschiebungen zugunsten globaler Akteure sowie die notwendigen ordnungspolitischen Rahmenbedingungen, Global Governance. Neben strukturellen Reformen und politischer Gestaltung ist zudem das in Teil III erläuterte neue ganzheitliche Bewusst-Sein als Basis einer nachhaltigen Verhaltensänderung erforderlich, das auf Wissen plus Werten aufbaut.

1. Umwelt – Friede – Entwicklungen als glokale Herausforderungen

Nachhaltige Entwicklung als normatives Konzept vermittelt die Vorstellung einer Welt wie sie sein sollte, und wurde mit dem Erdgipfel in Rio 1992 international etabliert[2]. Auf Makroebene wurde der Nachhaltigkeitsbegriff mit der Verpflichtung, dass "die Bedürfnisse gegenwärtiger und zukünftiger Generationen auf Entwicklung und Umwelt gerecht erfüllt werden" (Grundsatz Nr. 3 der Rio- Deklaration), abgesteckt. Das 1987 mit dem Brundtland-Bericht bekannt gewordene Leitbild gründete auf der Maxime intergenerativen, also Generationen-gerechten Handelns. Heute geht es weit über eine Konzentration auf die Ressourcen- und Senkenproblematik hinaus und umfasst eine integrative, gleichwertige und gleichberechtigte Behandlung der drei Dimensionen Ökologie, Wirtschaft und Soziales. Die intragenerative, sprich Verteilungs-Gerechtigkeit zwischen und innerhalb der Länder, ist demnach ebenso einzubeziehen. Alle Eingriffe des Menschen in soziale, ökonomische und ökologische Systeme sind immer auch unter dem Aspekt der Verantwortbarkeit und Zukunftsfähigkeit zu sehen.

---

1 Globalisierung mit der Internationalisierung des Wirtschaftens gleichzusetzen, greift zu kurz, das Loswerden von Grenzen alltäglichen Lebens und Handelns ist in den verschiedensten Dimensionen der Gesellschaft, Politik, Wirtschaft, Technologie und Ökologie erfahrbar. So spricht man auch von "Globalisierungen" im Plural.

2 Ein historischer Überblick über die Entwicklung des Begriffes bzw. Entwicklungstheorien und -politik wurde in anderen Beiträgen behandelt und würde diesen Rahmen sprengen.

Die langfristige Sicherheit der Erde und ihrer Bevölkerung ist vor allem durch das Ungleichgewicht zwischen dem Menschen und seinen natürlichen Lebensgrundlagen gefährdet. Der Mensch hat schon früh zerstörerische Spuren auf der Erde hinterlassen, historische Beispiele finden sich bereits in der Antike. Die damaligen Umweltkrisen waren jedoch lokal oder regional begrenzt. Planetarische Dimensionen haben die anthropogenen Eingriffe erst mit Beginn der industriellen Revolution angenommen: Schädigung der Ozonschicht, Klimaänderung, Rückgang der biologischen Vielfalt, Verlust der Wälder, Degradierung von Böden und Gewässer sowie gefährliche Abfälle.

Das sich seit dem 15. Jahrhundert entwickelnde mechanistische Naturbild begünstigte den Übergang von der Naturerklärung zur (vermeintlichen) Naturbeherrschung. Der aufgerissene Graben zwischen Mensch und Natur wurde immer tiefer, mit der "Denaturierung" des Menschen war die Entfremdung vorprogrammiert. Im Glauben an den Fortschritt, der seine Blütezeit im Europa des 18. Jahrhunderts hatte, "entdeckten" die Europäer die Welt. Eine nahezu unumstrittene, optimistische und zum Teil arrogante Sicht der modernen industriellen Entwicklung herrschte bis in die sechziger Jahre des vergangenen Jahrhunderts vor und existiert mancherorts noch heute. Im Zuge der Ökonomisierung aller gesellschaftlichen Bereiche wurde nicht nur der Mensch zum Humankapital bzw. auf seine Kaufkraft oder gar den Kostenfaktor reduziert, sondern auch die Natur zum wirtschaftlich nutzbaren Material, zur Ressource für den Produktionsprozess bzw. zum Mülleimer, zur Schadstoffsenke degradiert. Mit der Vernachlässigung des intrinsic value, also des Wertes der Natur an sich, wird das Beziehungsgefüge zwischen Gesellschaft und Umwelt zunehmend gestört, was wir als Umweltschäden und in weiterer Folge krankmachende Lebensbedingungen wahrnehmen. Der enge Zusammenhang zwischen Umweltqualität und Gesundheit sowie Armut ist evident. Gesundheit ist nicht nur unabdingbar für ein menschenwürdiges Leben, sondern auch für eine gesamtgesellschaftlich nachhaltige, soziale und wirtschaftliche Entwicklung.

Die zumeist aus unserem nicht nachhaltigen Lebensstil resultierenden Umweltkatastrophen machen nicht an nationalen Grenzen halt. Wirbelstürme, Überschwemmungen und Dürreperioden verschärfen den täglichen (Über)Lebenskampf in den ärmsten Ländern der Welt, die aufgrund ihrer sensibleren Ökosysteme ungleich größeren Umweltrisiken ausgesetzt sind. Umweltprobleme sind Ursache und Folge von (umfassend definierter) Armut zugleich. Die internationale Staatengemeinschaft hat sich gemäß den UN-Millenniumszielen unter anderem dazu bekannt, die Armut bis 2015 zu halbieren. Dabei ist Armut nicht einfach das Gegenstück zu materiellem Reichtum. Die Definition von Armut als Mangelzustand, gemessen an den existentiellen Grundbedürfnissen (Nahrung, Wasser, Kleidung, Wohnen samt adäquater Sanitäreinrichtungen) greift zu kurz,

Armut bedeutet auch kulturelle und soziale Ausgrenzung. Armut heißt fehlende politische Partizipation und Beteiligung der Menschen an den Entscheidungen, die sie betreffen. Und das mit einem Leben in Armut einhergehende wiederholte Erleben von Demütigung, Ausbeutung und Ohnmacht bewirkt oftmals mangelnde Selbstachtung und geringes Selbstvertrauen.

Die letzten fünf Jahrzehnte Entwicklungspolitik haben gezeigt, dass Entwicklung[3] nicht importier- oder exportierbar ist. Entwicklung bedeutet dabei mehr als wirtschaftliches Wachstum und technologischer Fortschritt. Doch mit der Rede zum Amtsantritt des amerikanischen Präsidenten Harry S. Truman (1945) galten über Nacht vier Fünftel der Weltbevölkerung als "unterentwickelt". Erstmals in der Geschichte wurden ganze Länder als arm angesehen bzw. begannen sich selbst als arm zu begreifen, weil sie nicht alles kaufen konnten, was sie zum "Menschsein" brauchten. Das Sein und Handeln der Menschen wurde von der Obsession "mehr zu haben" überrollt, traditionelle Glaubensvorstellungen und die Achtung vor der Natur wurden mit einem Schlag "entwertet". So war und ist das Ziel von Entwicklung in vielen Köpfen noch immer die zum Idealbild verklärte (moderne) Industriegesellschaft als höchste Stufe in der Gesellschaftsentwicklung. Gemäß diesem linearen Evolutionsmodell soll(t)en "nicht-westliche" Gesellschaften durch Übertragung soziokultureller, politischer und wirtschaftlicher Lebensformen des Westens entwickelt, "zivilisiert" werden.

Die neuen Transport- und Kommunikationssysteme verbinden heute unterschiedlichste Kulturen über nationalstaatliche Grenzen hinweg. Mit den Globalisierungen geht aber auch eine Relokalisierung, eine Rückbesinnung auf lokale Besonderheiten und regional-kulturelle Stärken einher, die sich in der Wortsynthese "Glokalisierung" (aus global und lokal) ausdrückt. Entgegen mancher Befürchtungen entsteht nicht eine weltweit homogenisierte Lebensform, eine globale "Monokultur". Vielmehr geht der jahrhundertlange kulturelle Austausch in eine "globale Melange" über und die westlichen Kulturen sind ein Teil dieser durch Vielfalt und Nicht-Integriertheit gekennzeichneten Welt(en)Gesellschaft. Dies soll aber nicht über Asymmetrien und Gefahren neuer Fundamentalismen und Abschottungstendenzen hinwegtäuschen. Nicht eine globale Gemeinschaft entsteht, vielmehr ist eine "globale Apartheid" auszumachen. So partizipieren an

---

3 Aufgrund des problematischen Entwicklungsbegriffes wird auf den Ausdruck "Entwicklungsländer" verzichtet, ist statt dessen von Ländern der südlichen Hemisphäre / des Südens die Rede. Freilich hinkt die Einteilung in Nord/Süd geographisch, ebenso die Generalisierung des "Westens". Aus den Industrieländern wurden "moderne Industrienationen". Der Begriff der Unterentwicklung wird längst aufgrund der Assoziation mit körperlicher und geistiger Unterlegenheit und seinem erniedrigenden Beigeschmack vermieden und der hierarchisierende Ausdruck "Dritte Welt" ist mit Ende des Kalten Krieges ohnedies obsolet geworden.

der globalen Welt nur jene Menschen, die auch Zugang zu Kommunikation und Transport haben – das bedeutet Exklusion für jene, die keine bzw. eine zu geringe Kaufkraft haben. Die ärmsten Länder der Welt werden zusehends an den Rand gedrängt – ökonomisch, sozial und politisch. Von einer erfolgreichen Weltmarktintegration kann also nicht die Rede sein. Die herrschende Triadenkonkurrenz (Nordamerika, Westeuropa und Japan / Südostasien) wickelt drei Viertel des "Welt"handels ab, während der Anteil Afrikas etwa zwei Prozent beträgt. Mit Globalisierung korrespondieren demnach auch Marginalisierung und Fragmentierung (bzw. "Fragmegration", also die Gleichzeitigkeit von Integration und Fragmentierung).

Dass die Mehrheit der Weltbevölkerung von Globalisierung an sich keinen Nutzen hat, bestätigt auch der Generalsekretär der Vereinten Nationen. Die Illusion des universal möglichen ökonomischen Reichtums ist für die große Mehrheit der Menschen geplatzt. Nachholende Entwicklungsansätze haben vielerorts die Lebensbedingungen zerstört, zur Verelendung und verstärkten Abhängigkeit, sozialer und politischer Ausschließung sowie zum Verlust kultureller Kompetenz beigetragen und den Prozess der Umweltzerstörung erheblich beschleunigt. Die weltweite Ausdehnung der westlichen Lebensweise, die auf erschöpflichen fossilen (und nuklearen) energetischen Ressourcen gründet, hat sich nicht zuletzt angesichts der ökologischen Grenzen als "Schreckensszenario" entpuppt. Schon ist mancherorts ein "Wohlstandschauvinismus" auszumachen, der von anderen ein Umdenken verlangt, aber nicht am eigenen Lebensstil rührt. Die Umweltanwaltschaft der reichen Staaten unterliegt einem massiven Glaubwürdigkeitsproblem, solange wir unseren ökologischen Fußabdruck nicht verringern und eine Umkehr unserer Über- bzw. Fehlentwicklung vornehmen. Nachhaltigkeit in den modernen Industrienationen impliziert vor allem eine Bewusstseins- und Verhaltensänderung – "gut leben statt viel haben", Suffizienz ist das Gebot der Stunde. Dabei geht es nicht um Askese, sondern um Genügsamkeit. Wohlstand oder Lebensqualität hat eben weitaus mehr Komponenten als materiellen Besitz.

Maßgeblich für das Verständnis von Entwicklungszusammenarbeit ist folgende Kernaussage Franz Nuschelers: Entwicklung kann nicht Entwickelt-Werden, sondern nur Sich-Entwickeln bedeuten. Dass Entwicklung im Einklang mit der Natur zu verstehen ist, sei explizit betont. Aufgrund der wechselseitigen Beeinflussung ist heute eine Trennung zwischen Mensch und Natur nicht mehr möglich. Dieses Bewusstsein könnte die notwendige Orientierung an einem integralen und intakten Mensch-Umwelt-System auf Grundlage einer neuen Verantwortungsethik befördern. Eine selbstbestimmte und dauerhafte Entwicklung kann nicht durch externe Inputs von Geld, Expertise und Personal herbeigeführt, sondern allenfalls gefördert werden. Anstelle von Mitleid und Hilfe, die so vage und selbstzufrieden sind, gilt es, andere Kulturen endlich die Vielfalt ihrer Lebensformen autonom zu definieren und leben zu lassen und ihnen Respekt entgegen zu bringen. Jeder Mensch hat seine eigenen schöpferischen und produktiven Fähigkeiten und Methoden, um seine Probleme zu lösen. Reines "Anrecht auf Hilfeleistung" hat bislang die Menschen entmündigt, sie in (weitere) Abhängigkeit getrieben und ihre eigene Antriebskraft erstickt. Es geht folglich darum, Freiräume, Anreize und entsprechende Rahmenbedingungen zu schaffen, damit der Mensch Selbstbewusstsein, Eigeninitiative und Verantwortung entfalten kann. Bei den Forderungen nach (Hilfe zur) Selbsthilfe ist allerdings genau zu betrachten. Ob dies als bequemes Alibi dient, Solidarität, Zusammenarbeit und Verantwortung abzuschieben. Da die Bildung eines sich selbst tragenden nachhaltigen Systems einen längerfristigen gesellschaftspolitischen Prozess erfordert, wäre eine plötzliche Auskoppelung der Menschen aus dem System, von dem sie abhängen, tödlich. Vorab sind jene exogenen weltpolitischen und weltwirtschaftlichen Faktoren zu verändern, die eigenständige Bemühungen behindern oder zunichte machen (wie Finanzspekulationen, Agrarsubventionen und andere Exporthemmnisse, Verschuldungkrise usw.). Zur Stärkung der Selbsthilfekräfte haben die betroffenen Länder freilich auch interne Reformen der Sozial- und Wirtschaftsstrukturen, ihrer Politik durchzuführen. So haben sich bespielsweise die afrikanischen Führer mit der Gründung der NEPAD (Neue Partnerschaft für die Entwicklung Afrikas) gegen schlechte Regierungsführung, Misswirtschaft und Korruption ausgesprochen und zur Rechenschaftspflicht, Transparenz, Demokratie und Beachtung der Menschenrechte bekannt.

Die größten Bedrohungen der menschlichen Sicherheit fußen in ökologischen, sozioökonomischen und politischen Missständen, also den strukturellen Gewaltursachen. Armut, knappe Ressourcen und deren ungerechte Verteilung können zu kriegerischen Auseinandersetzungen führen und zur großen friedenspolitischen Herausforderung werden. Konfliktursachen sind weniger die sogenannten ethnischen Gründe, als vielmehr die Kontrolle über "wertvolle" Ressourcen wie Erdöl, Wasser, Holz, Diamanten oder Drogen. Abgesehen von der humanitären Katastrophe zerstören bewaffnete Konflikte die Lebensgrundlagen der Menschen, ziehen Unsicherheit und Instabilität nach sich, werfen die betroffenen Gebiete in ihrer Entwicklung um Jahr(zehnt)e zurück und treiben Millionen Menschen in die Flucht. Hunger mündet nicht direkt in Terrorismus, aber gepaart mit Hoffnungslosigkeit wird ein gewalttätiges Klima geschaffen – der 11. September 2001 hat den Zusammenhang zwischen globaler Sicherheit und Gerechtigkeit offenbart. Demnach treffen die Auswirkungen in der Regel nicht nur die Nachbarländer, sondern haben weltweite Bumerangeffekte.

Um die für die globale Zukunftsfähigkeit nötigen Strukturveränderungen vorzunehmen, bedarf es einer internationalen Zusammenarbeit. Doch mangelt es vielfach an der Bereitschaft, die Menschen der südlichen Hemisphäre als gleichberechtigte Partner in globale Entscheidungsprozesse mit einzubeziehen. Gegenwärtig ist das Nord-Süd-Verhältnis ein wirtschaftliches, und zunehmend politisches oder auch militärisches Machtverhältnis, überlagert durch ein ökologisches Abhängigkeitsverhältnis. Obwohl längst offenkundig ist, dass auch der Westen in vielerlei Hinsicht eine Weiter-Entwicklung braucht und dabei Einiges von den Ländern der südlichen Hemisphäre lernen könnte – etwa betreffend ihres Naturverhältnisses oder des sozialen Zusammenhalts -, geht der Übergang von der Geberbelehrung zur globalen Lernkultur nur langsam vor sich. Eine gerechte, menschenzentrierte, soziokulturell und technologisch angepasste und ökologisch verträgliche, selbstbestimmte und interdisziplinäre, nachhaltige Entwicklungszusammenarbeit ist kein humanitärer Luxus, sie ist eine Zukunftsinvestition. Umfassend verstandene nachhaltige Entwicklungspolitik dient dem Schutz und der Erhaltung unserer Umwelt. Sie ist der Schlüssel für die menschliche Sicherheit, für das friedliche Zusammenleben der unterschiedlichen Kulturen der Welt. Und sie eröffnet die Chance einer neuen, ganzheitlichen Lebensqualität.

2. Brauchen Weltordnungspolitik

Im Zuge der Globalisierungsprozesse entstehen neue Machtverhältnisse. Unter den Dogmen neoliberaler Deregulierung und Privatisierung hat sich die Wirtschaft zunehmend aus der Gesellschaft herausgelöst, "entbettet" und wirkt über (vermeintliche) Sachzwänge auf diese zurück. Die an ihre Bevölkerung und ihr Territorium gebundenen Nationalstaaten sind den transnationalen, also grenzüberschreitenden Akteur/innen unterlegen. So haben Transnationale Unternehmen (TNCs) mittlerweile eine Schlüsselrolle nicht nur in der Gestaltung der Wirtschaft, sondern der Gesellschaft insgesamt übernommen und können Macht ohne Verantwortlichkeit ausüben. Im internationalen (Standort)Konkurrenzkampf um Investitionsentscheidungen und Arbeitsplätze werden Nationalstaaten oder einzelne Produktionsorte gegeneinander ausgespielt (Öko- und Sozialdumping). Dabei "verdienen" die TNCs heute sehr viel mehr Geld auf den Finanzmärkten als mit der Güterproduktion. Knapp drei % des Welthandels fallen auf den realen Handel von Gütern und Dienstleistungen, der Rest bildet eine Blase spekulativen Geldes – die Welt als ein riesiges Unternehmen, eine Spielbank (daher der Ausdruck Casino-Kapitalismus), ohne Wählersorgen und politische Verantwortung aber mit oft verheerenden, realen Konsequenzen.

Mit dem Zurückdrängen der Rolle des Staates wird bewusst oder unterbewusst unterstellt, dass Märkte im Grunde einen quasi-perfekten, selbstregulierenden gesellschaftlichen Wohlfahrtsmechanismus bereitstellen. Märkte sind jedoch nicht in der Lage sich selbst zu korrigieren. Der Staat gewährleistet das Funktionieren der Ökonomie, indem er die infrastrukturellen Vorbedingungen für Investitionen und Produktion einschließlich Bildungsqualifikationen leistet. Mehr Markt bedeutet nicht weniger Staat, sondern provoziert eine enorme Ausweitung von Reglementierungen, Kontrollen und Interventionen. Im Zuge der als das wirtschaftspolitische Allheilmittel geltenden Privatisierung wird die staatliche Einflussnahme durch private Macht(gruppen) ersetzt – Privatisierungen sind demnach Machtrestrukturierungen. Wenngleich die Umverteilungen nicht immer klar zu erkennen sind, läuft es letztlich auf eine Privatisierung der Gewinne und eine Vergesellschaftung der Verluste hinaus. Die Beseitigung staatlicher Steuerungsmacht fördert in erster Linie die Interessen derer, die diese Märkte beherrschen und somit den Wettbewerb ausschalten können – die vollkommene Konkurrenz ist eine weitere verfehlte Grundannahme: Der Wettbewerb auf den Märkten ist beschränkt, die Märkte sind mono- und oligopolistisch verzerrt, "vermachtet". Der verschleiernde, den Kern der Sache verbergende Charakter des neoliberalen Paradigmas entlarvt dieses als Ideologie. Der ihm zugrunde liegende "homo oeconomicus", das vermeintlich unabhängige, objektive, rationale und unemotionale, perfekt informierte Individuum, das unabhängig von Beziehungen und sozialen Zusammenhängen seinen Nutzen maximiert, zeitigt von einem absurden, asozialen Männlichkeitsbild – und dieses einseitige Menschenbild existiert in der Realität einfach nicht.

Immerhin erkennen Unternehmer/innen nun die Herausforderungen der Zeit, sei es aus gesellschaftlicher Verantwortung oder als Versuch, das eigene System vor dem Kollaps zu bewahren. Schon die Ökonomen Smith und Keynes verwiesen auf die erforderlichen Rahmenbedingungen und selbst bei Hayek liest man über die nötige Einbettung der Marktwirtschaft in ihr Umfeld. Wir stehen vor der großen Herausforderung, Markt und Menschlichkeit zu vereinen und in Einklang mit der Natur zu bringen. Dafür bedarf es der Reorientierung, Reorganisation und Stärkung politischer Gestaltungskräfte. Das auf Josef Riegler gründende ganzheitliche Ordnungsmodell der Ökosozialen Marktwirtschaft ist ein beispielgebendes Instrument für Nachhaltigkeit, das die vermeintlichen wirtschaftlichen, sozialen und ökologischen Interessengegensätze versöhnt.

Die immer weiter auseinanderklaffende Kluft zwischen arm und reich[4] zwischen und innerhalb der Nationen provoziert soziale Spannungen, untergräbt die politische Legitimation und gefährdet den Frieden. Globalisierte Gefahren und Herausforderungen erfordern Alternativen zur nationalstaatlichen Architektur des Politischen und der Demokratie. Dabei ist der (National)Staat keineswegs obsolet

---

4 Das Einkommen der ärmsten 10 Prozent der Menschheit beträgt 1,6 Prozent des Einkommens der reichsten zehn Prozent, die soviel verdienen, wie die ärmsten 57 Prozent zusammen.

geworden, er ist vielmehr unverzichtbar – als einzig legitimierte Instanz zur Wahrung der Gemeinwohlinteressen. Mit dem kooperativen Modell des Transnationalstaates soll eine Revitalisierung des Politischen (nicht nur im staatlichen, sondern auch im zivilgesellschaftlichen Sinne) gelingen. Geteilte Souveränität bedeutet, dass durch Kooperation ein Zugewinn an Handlungs- und Problemlösungsfähigkeit entsteht.

Zur kooperativen Bewältigung der zentralen Zukunftsaufgaben und politischen Gestaltung der Globalisierungen ist Global Governance erforderlich. Dabei geht es nicht nur um eine Verdichtung der internationalen Zusammenarbeit in internationalen Organisation, sondern um ein neues Politikmodell, das auf das Gemeinwohl zielt und den neu entstandenen Politikfeldern als auch Akteur/innen Rechnung trägt, die neben die nationalstaatliche Politik und internationalen Regime getreten sind: Die transnationalen, also grenzüberschreitend agierenden Konzernen und Akteur/innen der Finanzmärkte, wissenschaftliche Einrichtungen, Medien sowie die Zivilgesellschaft und Nicht-Regierungsorganisationen, NROs bzw. NGOs, die nicht zuletzt aufgrund der internationalen Publizität eine wirksame Korrektivfunktion in der Weltpolitik darstellen. Global Governance ist demnach ein komplexer Prozess der Konsens- und Entscheidungsfindung zwischen staatlichen und nichtstaatlichen Akteur/innen von der lokalen bis zur globalen Ebene zur Gestaltung der globalen Wandels. Es geht also nicht, wie die deutsche Übersetzung Weltordnungspolitik suggerieren könnte, um eine weltstaatliche Autorität oder Weltregierung. Governance without government meint die skizzierte neue Form gesellschaftlicher Steuerung im Sinne der bereits 1795 von Immanuel Kant anvisierten Weltföderation. Ein reformiertes UN-System bildet das institutionelle Rückgrat von Weltordnungspolitik und die Stärkung der globalen Rechtsstaatlichkeit den zentralen Baustein.

Global Governance bedeutet die Wiedergewinnung politischer Steuerungs- und Gestaltungmacht. Die Staaten bleiben die Hauptakteure, nun auch zuständig für Koordination und Interessenausgleich der vielfältigen Akteure mit divergierenden Interessen. Dabei wird auf das Verantwortungsbewusstsein der Entscheidungsträger/innen und den politischen Willen gesetzt, die getroffenen multilateralen Übereinkommen und nationalen Strategien durch entsprechende Maßnahmen auch zu implementieren und die dafür erforderlichen finanziellen Mittel bereit zu stellen. Dem Einwand, Gemeinwohl sei dem herrschenden, von Macht und Interessen geleiteten Denken und Handeln fremd und die Chancen auf Kooperation und Interessenausgleich gering, ist der Zwang zur Zusammenarbeit aus Not entgegenzuhalten. Die sich im Zuge der Globalisierungen internationalisierten Fehlentwicklungen und Bedrohungen erfordern kooperatives und koordiniertes Handeln schon aus aufgeklärtem Eigen-, ja Überlebensinteresse.

Offen ist noch, wie Kohärenz zwischen ökologischen, ökonomischen, sozialen und politischen Systemen "hergestellt" und effektive, demokratische Entscheidungsstrukturen gesichert werden können. Unter anderem wird eine Gleichberechtigung und Handlungsfähigkeit aller Länder unterstellt. Die Lösung der globalen Herausforderungen kann nur über eine Transformation der gegenwärtigen Nord-Süd-Beziehungen gelingen – echte Partnerschaft statt Paternalismus lautet die Maxime. Zudem ist eine Reform der internationalen Organisationen erforderlich, eine Demokratisierung der "Institutional Trinity" (Weltbank, Internationaler Währungsfonds (IWF) und World Trade Organisation (WTO)) hin zu mehr Transparenz und Verantwortlichkeit über ihr enges wirtschaftliches Interesse hinaus.

Der Aufbau von Weltfinanz- und Handelsordnungen, einer Weltsozial- und Umweltordnung wird allerdings scheitern, wenn er nicht in eine Weltfriedensordnung eingebunden ist. Eine internationale Kooperationskultur, ein "neuer Geist der globalen Nachbarschaft" soll die alten Vorstellungen gegnerischer Staaten ersetzen. Der Marginalisierung der Vereinten Nationen, der von Partikularinteressen geleiteten Engstirnigkeit und dem unilateralistischen Hegemonieanspruch der USA gilt es politische Allianzen aus "like-minded-countries" und der Gesellschaft entgegenzusetzen. Umfassende menschliche Sicherheit kann nicht gegen-, sondern nur miteinander erreicht werden.

3. Und ein neues, ganzheitliches Bewusst-Sein

Rahmenbedingungen alleine schaffen aber noch keine zukunftsfähige Weltordnung, zudem bedarf es eines Bewusstseinswandels und der Herausbildung bzw. Wiederkehr nicht-materialistischer Werte. Beispielsweise steht die Gier einem nachhaltigen Leben entgegen – die von alleine wachsende und in ihrer Natur unersättliche Gier entsolidarisiert und polarisiert, pervertiert und entwürdigt, verhindert Liebe und Zufriedenheit, Gier entfremdet. Die Habgier von einst ist zur heutigen Wirtschaftstugend namens Profitmaximierung geworden. Die umfassende Anwendung des Konkurrenzprinzips, kurzsichtiges Eigeninteresse und vermeintliche individuelle Freiheit verdrängen grundlegende humanistische Werte und soziale Errungenschaften, gehen weiterhin zu Lasten der Umwelt und der Lebensqualität künftiger Generationen.

Die Menschenrechte sind die Basis für ein umfassenderes, positives Friedenskonzept, da sie zentrale politische, soziokulturelle und wirtschaftliche "Friedensursachen" benennen. Folgende Formulierung von Kernelementen menschenwürdiger Lebensbedingungen soll auch verdeutlichen, dass nachhaltige, friedliche Entwicklungen eine weltumspannende Herausforderung sind:

– Abdeckung der elementaren Grundbedürfnisse nach Nahrung, sauberen Wasser, Kleidung und Wohnen inkl. adäquater Sanitäreinrichtungen
– Zugang zu Basisgesundheitsdiensten
– Bildung im umfassenden Sinne und chancengleicher Zugang zu Informationen
– Unabhängigkeit, Freiheit, die die Verantwortung des einzelnen für das Gemeinwohl auch künftiger Generationen sowie für die Umwelt (als einen Wert an sich) impliziert
– kulturelle Selbstbestimmung und Wahrung autonomer Lebensräume gründend auf gegenseitigem Respekt
– Eigenverantwortung, Selbstvertrauen und -wertgefühl
– Soziokulturelle und politische Partizipation; eine konstruktive (politische) Konfliktkultur
– Chancengleichheit für Männer und Frauen
– Demokratie und Good Governance, also gute Regierungsführung
– Gewaltlosigkeit und menschliche Sicherheit
– Nachhaltige, sprich sozial gerechte und ökologische Wirtschaft sowie
– ein intaktes Ökosystem.

Eine gesunde Umwelt, Freiheit und Gerechtigkeit, Partizipation, Eigenverantwortung und Selbstachtung sind "Werte ohne Grenzen". Eine Kultur des Friedens kennzeichnet sich auch durch Solidarität und Gastlichkeit aus. Wir neigen dazu, unser eigenes Wertesystem zu verabsolutieren. Dabei ist die Wertordnung des anderen der eigenen gleichwertig. Auch macht die Vielgestaltigkeit der jeweiligen Lebensweisen die Einzigartigkeit und den Reichtum dieser Welt aus. Dialog, tieferes interkulturelles Verständnis, Empathie und gegenseitiger Respekt bilden den Nährboden für einen friedlichen (internationalen) Interessenausgleich und ein sicheres Zusammenleben der unterschiedlichen Kulturen. Es kann also nicht um Gleichheit, Gleichmacherei gehen, sehr wohl aber um Chancen- und Verteilungsgerechtigkeit als auch um ein ganzheitlicheres Menschenbild. (Siehe dazu auch Hans Küngs Weltethos.)
Schuldzurechnungen oder reduktionistische Ursachenanalysen, bei denen wirtschaftliche gegen gesellschaftspolitische Ursachen oder individuelles Fehlverhalten ausgespielt werden, sind wenig dienlich, vielmehr bedarf es der Herleitung holistischer Lösungsansätze. Die Spezialisierung der Wissenschaften hat den interdisziplinären Diskurs nicht gerade gefördert. Zudem vermittelt das Bildungssystem Wissen ohne den Gesamtzusammenhang. Platos Erkenntnis, das Wissen und Werte eins sind, scheint längst vergessen. Entwicklung meint in ihrem ursprünglichen Sinne die Entfaltung der menschlichen Fähigkeiten und Möglichkeiten. Zentrale Bedeutung kommt dabei einer Neu- bzw. Wiederorien-

tierung der Bildungspolitik an ihrem ursprünglichen, umfassenden Sinne zu. Mit einer Bildung, die eigenständiges Denken fördert, sich an der Entwicklung des humanen Potentials des Menschen orientiert, könnte sich der Mensch von den verinnerlichten Zwängen (bspw. des Konsums) emanzipieren, die der Entfaltung seines Bewusstseins im Weg stehen und ein kritisch-analytisches Verhältnis zu jenen politisch-ökonomischen Rahmenbedingungen gewinnen, die sein Leben bestimmen. Eine derart demokratiefördernde Bildungspolitik ist Mitvoraussetzung für die individuelle Entwicklung der eigenen Persönlichkeit und Emanzipation, für die Herausbildung eines Selbstwertgefühls und für ökosoziales und politisches Engagement – für wahren, tätigen Individualismus. Dieser bedeutet die Weigerung, sich nur um die eigenen Angelegenheiten zu kümmern und meint die Übernahme von Verantwortung, die nachdrückliche Einmischung und Teilnahme der Menschen, beruhend auf der Erkenntnis, dass der Mensch von seinem Wesen her auf Gemeinschaft angelegt ist und sich nur in dieser voll verwirklichen kann und er seinen Beitrag zum Gemeinwohl zu leisten hat.

Es gilt, die eingefahrenen, eindimensionalen Denkstrukturen zu durchbrechen, die engen Grenzen der traditionellen, mechanistischen Ökonomie zu sprengen – und den homo integralis (wieder) zu etablieren. Der Mensch hat als untrennbarer Teil des Ganzen eine Verantwortung gegenüber der Natur, Ethik ist dem biozentrischen Prinzip inhärent. Wenn der Mensch Einsicht in die Vernetzung von Allem mit Allem erlangt, richtet er sein Handeln freiwillig im Sinne des erkannten Ganzen aus. Die Übernahme von Verantwortung für das Gemeinwohl inklusive der Natur entspricht dann wahrer Freiheit – jenseits dem gegenwärtig auszumachenden pervertierten Individualismus, der in der eigenen Beschränktheit stecken bleibt.

V. Wirtschaftliche sowie wirtschafts-
und sozialpolitische Verantwortung

Governance und die ökonomische Ordnung. Der neue Kampfplatz für Chancen und ihre Risiken: die Dienstleistungsgesellschaft

Orio Giarini

⇒ Die neue Dienstleistungsgesellschaft bedeutet den Dienstleistungsfunktionen in allen Wirtschaftsbereichen eine Vorrangstellung zu geben.
⇒ Neue Volkswirtschaftsmodelle müssen entsprechend dem Modell der nachhaltigen Entwicklung erstellt werden.

1. Das Vermächtnis der industriellen Revolution

Das Paradies gegen eine Welt der Knappheit eintauschen[1]

Adam und Eva, so steht es in der Bibel, wurden aus dem Garten Eden verbannt und dazu verurteilt, ein neues Leben in Arbeit und Mühsal zu beginnen. Sie tauschten den Paradiesesgarten gegen eine neue Welt ein, die Welt der Ökonomie. Diese Welt erhielt wohl eine beachtliche Mitgift und eine erhebliche Erbschaft[2], direkt verfügbare Rohstoffe waren in ihr jedoch nur in geringer Menge vorhanden. Luft zum Atmen gab es überall. Auch Wasser gab es, zum Trinken und zum Waschen, doch nicht überall und nicht immer in der erwünschten Qualität. Das Uferland an Seen und Flüssen wurde deshalb für die Menschen zum bevorzugten Ansiedlungsgebiet. Der Bedarf an Nahrung konnte vorerst durch Jagen und Sammeln gedeckt werden. Bei steigender Bevölkerungsdichte genügte jedoch diese Art der Nahrungsbeschaffung nicht mehr. Dies führte zur ersten wirtschaftlichen Revolution, dem Beginn der Landwirtschaft. Die Nachkommen von Adam und Eva hatten verstanden, dass viele Rohstoffe nicht als solche existieren, sondern durch menschliches Wissen über die Umwelt und als Produkte technischer Errungenschaften geschaffen werden müssen.

Dieses Wissen erlaubte es den Menschen später auch, neue Energiequellen zu entdecken. Kohle und Erdöl haben Jahrtausende lang unter der Erdoberfläche geschlummert. Es bedurfte der Entwicklung von Chemie und Technik, um diese

---

1 Kapitel ist basierend auf dem Buch "Die Performance-Gesellschaft: Chancen und Risiken beim Übergang zur Service Economy", Orio Giarini, Walter R. Stahel, Verlag Metropolis
2 Für die Zitation von Mitgift und Erbschaft siehe Giarini, Orio (Hrsg.) (1986): Wohlstand und Wohlfahrt, Verlag Peter Lang, Frankfurt (Original (1980): Dialogue on Wealth and Welfare, Pergamon Press, Oxford, S. 168-248).

Rohstoffe[3] zu erschließen und nutzbar zu machen. Sehr wahrscheinlich trägt der Leser dieses Buches Kleidungsstücke, deren Fasern und Farben aus Erdölderivaten hergestellt sind.

Entdeckungen erweiterten dieses Wissen. Die Einführung der Tomate und der Kartoffel in Europa, zum Beispiel, ist eine Folge der Entdeckung Amerikas. Geographische Entdeckungen und technische sowie kulturelle Fortschritte machten erst vor wenigen Jahrhunderten diese Feldfrüchte zu "Rohstoffen" und zeigten die durch neue Entwicklungen verursachte Ungewissheit von Prognosen auf.

2.1 Vermehrung des Volkswohlstands durch Herstellung von Maschinen und Produkten

Gewiss gab es lange vor Adam Smith Wirtschaftsanalysen, ja sogar Wirtschaftstheorien. Unzählige Beobachtungen zur Wirtschaft finden sich in der Literatur aller Länder und aller Zeiten. Doch es war Adam Smith, der 1776 die Grundlagen einer Wirtschaftslehre als eigenständige Disziplin schuf und diese Wissenschaft aus allgemeineren gesellschaftlichen und historischen Analysen herauslöste.

Wieso Adam Smith? Der Anstoß zu seinem Unternehmen war keineswegs nur intellektueller Natur. Adam Smith sah sich durch eine neue wirtschaftliche Revolution im langen Kampf der Menschheit gegen die Knappheit zum Nachdenken herausgefordert. Persönlich hat er auch die Geburt der industriellen Revolution, den Übergang von einem landwirtschaftlichen zu einem industriellen Wirtschaftssystem, miterlebt[4]. Diese Erfahrung kommt in Adam Smiths Ablehnung der Ansichten von Quesnay (Mme Pompadours illustrem Hausarzt und berühmten Hauptvertreter der physiokratischen Schule, der französischen Wirtschaftstheorie, die durch den Ausspruch "laisser faire – laisser aller" allgemein bekannt geworden ist) besonders klar zum Ausdruck.

Im Streit zwischen Smith und Quesnay ging es um den Ursprung des Wohlstandes[5]. Für Quesnay stand es in Anbetracht der wichtigsten Wohlstandsquelle in Frankreich fest, dass der Volkswohlstand von einer blühenden Landwirtschaft zu erwarten war. Adam Smith hingegen, der um sich herum in Schottland neue Manufakturen entstehen sah, schien der Industrialisierungsprozess die entschei-

---

3 Zimmermann, Erich (1933, 1951): World Resources and Industry, Rarper & Broth, New York, N.Y.

4 Campbell, R.H. and Skinner, A.G. (1982): Adam Smith, Croom Helm, London.

5 Heilbronner, R. (1971): Les Grands Economistes, Seuil, Paris, S. 4648.

dende Waffe im Kampf gegen die Knappheit und somit als der Weg zum Fortschritt, zum neuen Garten Eden, zu sein. Im Grunde war Adam Smith ein Moralist, wie es nach ihm manche andere große Wirtschaftstheoretiker, wie Malthus und Marshall, waren.

Die industrielle Revolution ist gekennzeichnet durch getrennte Herstellungsprozesse[6], in denen eine Energiequelle (die Dampfmaschine) in der Lage ist, eine Anzahl verschiedener Maschinen (zum Beispiel Webstühle) anzutreiben, das heißt mit der mechanischen Kapazität auszustatten, die zur Erzeugung von Bewegungen, zum Beispiel im Webstuhl um das Schiffchen quer zu den Kettfäden hin und her zu schießen, notwendig ist. Dadurch wurde es möglich, das fliegende Schiffchen zu erfinden, dessen Geschwindigkeit und Präzision derjenigen des Handwebers weit überlegen war. Der Stafettenlauf des technischen Fortschritts hatte begonnen.

Die Anordnung mehrerer, mit fliegenden Schiffchen ausgestatteter Webstühle um eine zentrale stationäre Dampfmaschine war noch effizienter, erforderte aber die Einrichtung eines spezifischen Arbeitsraumes: die Geburtsstunde der modernen Fabrikanlage! Der neue quantitative Sprung in der Technologie war verbunden mit einem höheren Kapitaleinsatz, der wieder eine höhere Effizienz und die Verlagerung der Arbeitskräfte an den Ort der Fabriksanlage erforderte: Eine Spezialisierung und Mobilität der Arbeiter waren Bedingungen der Fabrikarbeit.

In der landwirtschaftlichen Gesellschaft konnten Tätigkeiten wie Spinnen, Weben und dergleichen im Bauernhaus dann ausgeführt werden, wenn Zeit dazu vorhanden war. Die Konzentration der Herstellungsanlagen führte zu einer fortschreitenden Verminderung des Anteils an Produktion und Konsum zum eigenen Gebrauch. Die Spezialisierung wurde immer weiter getrieben, der Handel und Tausch von Produkten gediehen.

Dieses Phänomen der spezialisierten Herstellungsprozesse und des Aufbaus einer unabhängigen Struktur (d.h. eines Marktes), um die Produkte dieser Prozesse verfügbar zu machen, bildete den Erfahrungshintergrund für Adam Smiths Feststellung, der wirkliche Volkswohlstand werde durch eine weitere Entwicklung der Herstellungsprozesse erzeugt, mit anderen Worten: durch die Industrialisierung.

Der Schlüssel zur Industrialisierung war eine höhere Produktivität, d.h. die Möglichkeit, knappe Ressourcen so zu verwenden, dass mit weniger Ressourcen mehr Güter hergestellt werden können. Eine spezialisierte Produktionstechnologie und immer effizientere, d.h. schnellere und mit geringerem Arbeits- und Ka-

---

6 Eines der besten Bücher über die Geschichte der Industriellen Revolution ist: Landes, David S. (1972): The Unbound Prometheus, Cambridge University Press, Cambridge.

pitalaufwand arbeitende Maschinen, waren die Hauptmerkmale dieser Entwicklung.

Die industrielle Technologie stand somit an vorderster Front im Kampf um mehr Wohlstand und Reichtum, zu einem Zeitpunkt, in dem Kultur und Wissen die Menschen dazu befähigten, diese Technologie zu entwickeln und effizienter zu nutzen.

Der technologische Sprung in den Anfängen der industriellen Revolution ist somit nicht qualitativer, sondern quantitativer Natur. Technologie in Form von Werkzeugen gibt es, seit Menschen auf dieser Erde zu arbeiten begonnen haben. Der Begriff ließe sich ohne weiteres auch auf die Tierwelt und ihre Erzeugnisse, wie zum Beispiel ein Vogelnest, ausdehnen. Es besteht also kein eigentlicher Unterschied zwischen der Technologie eines prähistorischen "Ingenieurs", der sich auf das Behauen von Steinen zur Herstellung von Speerspitzen oder Steinmessern spezialisiert hatte, und jener eines Ingenieurs der frühen industriellen Revolution, der einfache Werkzeuge und Maschinen herstellte. Heute könnten die meisten Maschinen der frühen industriellen Revolution mit Hilfe von (Elektro-) Werkzeugen aus einem Heimwerkerladen nachgebaut werden. Die "Dampfmaschine" ist im Grunde nichts anderes als eine raffinierte Methode, eine gewisse Menge Wasser in einem gegebenen Raum durch Erhitzen in Dampf zu verwandeln, und kontrolliert auszunutzen. Der Dampfkochtopf, wie er in modernen Haushalten zu finden ist, funktioniert nach demselben Prinzip. Die technische Schwierigkeit liegt in der Herstellung von Materialien, Ventilen und Bestandteilen, die einem solchen Druck standhalten können und die das kontrollierte Ablassen von Dampf ermöglichen. Die Idee des fliegenden Webschiffchens ist ähnlich einfach. Die Schwierigkeit bestand in der Herstellung eines mechanischen Hammers, der das Schiffchen mit genügend Kraft schlagen kann, um es auf die andere Seite des Webstuhls zu befördern.

Erst gegen Ende des 19. Jahrhunderts kam es zur Herstellung von neuen Maschinen und Produkten mit Hilfe der Wissenschaft, d.h. aufgrund der Erforschung von Problemen und Materialien, die unseren Sinnen nicht unmittelbar zugänglich sind. Wir wissen, wie man ein Stück Holz schneidet, und wir verstehen, dass kochendes Wasser sich in eine umfangreichere Menge Wasserdampf verwandelt. Wir brauchen aber die wissenschaftliche Forschung, um zu wissen, dass und wie Moleküle, die in Baumwollfasern vorkommen, in ähnlicher, wenn auch nicht identischer Form, mit Erdöl als Rohstoff nachgebaut werden können. Die wissenschaftliche Forschung und die Umsetzung ihrer Resultate in Technologie haben am Anfang unseres Jahrhunderts ihre ersten Erfolge verzeichnet; voll und systematisch ausgenutzt werden sie aber erst seit dem Zweiten Weltkrieg.

Bis zur Mitte der 1920er Jahre gab es kaum Gelder für systematische Forschungen. Für den Hersteller bestanden die Kosten eines Produktes aus der

Summe von Arbeitsaufwand und Kapitalausgaben. Erst seit den dreißiger Jahren wurden in steigendem Masse Geld für Forschung und Entwicklung verfügbar, und gleichzeitig haben sich diese Aufgaben zu einem eigenen Berufszweig entwickelt. Heute können die Kosten für die Entwicklung neuer Produkte und Produktionsmethoden, die zehn bis zwanzig Jahre später auf dem Markt erscheinen, bis zu 30 Prozent des Umsatzes und mehr eines Unternehmens ausmachen.

Die Zeit der industriellen Revolution war zwar Zeuge einer unglaublichen, von zahlreichen Entdeckungen und neuen Technologien getriebenen Entwicklung. Die wichtigste Zäsur ereignete sich aber erst anfangs des 20. Jahrhunderts, beim Übergang von einer ersten langen Epoche der Entwicklung traditioneller Technologien, welche die gesamte menschliche Geschichte bis zum Ende des 19. Jahrhunderts umfasst, zur Modernen, welche technologische Anwendungen mit wissenschaftlicher Forschung verbindet. Dieser zweite Entwicklungsschritt erreichte seine volle Reife in der Zeit nach dem Zweiten Weltkrieg und ist verantwortlich für das "goldene Vierteljahrhundert", die 25 Jahre ununterbrochen hoher Wachstumsraten in den industrialisierten Ländern, das in den siebziger Jahren ein Ende fand. Hinsichtlich des quantitativen Wirtschaftswachstums ist diese Zeitperiode in der gesamten menschlichen Geschichte einzigartig.

2.2 Der Beginn der Monetisierung: der Siegeszug des Kapitalismus

Das zweite wesentliche Merkmal der industriellen Revolution war die Monetisierung der Wirtschaft.

Um dieses Merkmal in ein ökonomisches Erkenntnismodell einfliessen zu lassen, soll daher im Folgenden kurz die in dem Buch von Giarini/Liedtke "Wie wir arbeiten werden" eingeführte Terminologie angeführt werden:

1. **Monetisierte** Tätigkeiten:

Hierunter sind alle Tätigkeiten zu verstehen, die im direkten Austausch für Geldleistungen erbracht werden. Die abhängige Erwerbsarbeit im klassischen Sinne fällt unter diese Kategorie, wie auch alle sonstigen entgeltlichen Dienstleistungen oder Arbeitsverrichtungen.

2. **Monetarisierte** (aber nicht monetisierte) Tätigkeiten:

Diese Gruppe umfasst alle Tätigkeiten, deren Verrichtung zwar monetisiert und mit einem Entgelt entlohnt werden könnte, dies im Austauschprozess aber unterbleibt. Die Tätigkeiten haben somit einen spezifizierbaren Marktwert. Insoweit sind also "freiwilliges Engagement", Ehrenamt und Bürgerarbeit monetarisierte, aber nicht monetisierte (da unbezahlte) Tätigkeiten.

3. **Nicht monetarisierte** Tätigkeiten:

Hierunter sind alle Tätigkeiten zu verstehen, die in Eigenproduktion verrichtet werden, oder deren Natur eine marktwirtschaftliche Bewertung im Austauschprozess nicht zulässt. Selbsthilfe, Eigenstudium oder individuelle Weiterbildung sind Beispiele.

Geld wurde vor der Industrialisierung kaum zur Ankurbelung der Produktion eingesetzt.

Schulden machen galt vor der industriellen Revolution als etwas "Schlechtes"; heute gehört es zum Alltag aller Investoren.

Leute, die Geld beiseite legen, die sparen, wurden in der klassischen Literatur oft zum Gespött. Wenn der heutige Zuschauer sich Molieres Stück "Der Geizige" ansieht und den Geiz des Helden dieser Komödie belächelt und verurteilt, so ist ihm der Umstand kaum bewusst, dass Sparen vor der Industrialisierung als sozial unproduktiv und daher als moralisch verwerflich galt. Damit hat Moliers heute einen großen Teil seiner gesellschaftlichen Relevanz eingebüßt, denn wenn heute jemand Geld spart, wird seine Bank dieses Geld produktiv anzulegen wissen. Und selbst wenn Leute Geld unter ihrer Matratze horten, anstatt sie einer Bank anzuvertrauen, wird ein auf "Defizit spending" (Staatsverschuldung) basierendes System die Situation sozial ausgleichen.

Auch hier müssen wir Adam Smith seine wahre Bedeutung und das soziale Gewicht seiner moralischen Überzeugungen zuerkennen. In seinem Buch über den Volkswohlstand krempelt er das "moralische" Verhalten früherer Jahrhunderte, wie Moliere es dargestellt hat, vollständig um. Der gottesfürchtige Mensch, der die Sünde meidet und das beste moralische und gesellschaftliche Verhalten sich zu eigen macht, sagt Adam Smith ganz klar, ist ein Mensch, der sparen kann.

Sparen, entbehrungsreiches und tugendhaftes Sparen, ist für den Kapitalisten oberste Tugend. Mit dem angehäuften Geld kann er Maschinen und Geräte kaufen, deren die industrielle Revolution bedarf, um außerhalb der bäuerlichen Wohnstätte eine neue Produktionswelt zu errichten.

Eine stärkere Spezialisierung bedeutet mehr Handel; mehr Handel erfordert mehr Geld. Ein erleichterter Zugang zu Geld ermöglicht es wiederum, mehr zu sparen und Kapital anzuhäufen, das in neue Produktionstätigkeit investiert werden kann. So wird das System in Gang gebracht, das zum riesigen Ausmaß der Monetarisierung der heutigen Industriewelt geführt hat.

Die Entwicklung neuer Produktionsmethoden und Technologien verläuft, wie wir gesehen haben, parallel zur Erscheinung neuer moralischer und kultureller Werte. 150 Jahre nachdem Adam Smith aus der Sparsamkeit eine Tugend gemacht hat, wird John Maynard Keynes sogar das Aufnehmen von Schulden in einer eindeutig deflationären Lage zur Tugend deklarieren.

Die Banken, die bis um das Jahr 1800 hauptsächlich in Beziehung zum Handel tätig waren, begannen eigentlich erst in der zweiten Hälfte des 19. Jahrhunderts durch das Sammeln der Spargelder und der Finanzierung von Investitionen zur Industrialisierung beizutragen. Zu Adam Smiths Zeiten wurden in einem Industrieunternehmen nicht mehr als fünf Prozent aller Einnahmen für Investitionen verwendet. Im Laufe des 19. Jahrhunderts hat sich dieser Prozentsatz infolge erhöhter Produktivität und Konzentration durch neue Technologien ungefähr verdoppelt. Sparer (Kapitalisten) taten sich zusammen, um unter sich den Besitz neuer Industrieunternehmen aufzuteilen: Die "Gesellschaft", geteiltes Eigentum und geteilte Haftung umfassend, war geboren. Zahlreiche Gesellschaften dieser Art schossen aus dem Boden und begannen die Anteile über den Kreis der Gründer eines Unternehmens hinaus zu verteilen.

Vor der Industrialisierung war die Monetisierung der Wirtschaft eine Randerscheinung. Ihre Beschleunigung und ihre Entwicklung zum wesentlichen Element des Herstellungsprozesses sind typisch für die Zeit der industriellen Revolution. Parallel dazu verlief eine Umschichtung der Macht, als die Gesellschaft von einer vorindustriellen zu einer industriellen Struktur überging. Der Besitz von Kapital und die Kontrolle über das Geld wurden zum Mittel der sozialen und politischen Machtausübung, während vor der Industrialisierung Macht keineswegs von den − nicht eben zahlreichen − monetisierten Bereichen des gesellschaftlichen Lebens abhängig war.

In diesem Sinn bezeichnet hier der Ausdruck "Kapitalismus" nur die soziologischen und wirtschaftlichen Aspekte dieses grundlegenden Phänomens: die Monetarisierung der Wirtschaft als wesentlicher Faktor der industriellen Revolution. Diese kann gar nicht anders als kapitalistisch sein. Es bleibt die Frage, inwiefern der Kapitalismus im Sinne der Monetisierung der Wirtschaft mit einem gewissen Maß an politischer Demokratie vereinbar ist, beziehungsweise diese sogar voraussetzt. Auch eine kommunistische Gesellschaft wird im Zuge der Industrialisierung bis zu einem gewissen Grad kapitalistisch.

Der zwischen Monetisierung und Industrialisierung dargelegte Zusammenhang legt auch nahe, dass es irgendwo ein Gleichgewicht gibt zwischen den Bereichen, die am wirksamsten innerhalb des monetisierten Systems aufgebaut und verwaltet werden, und jenen, die nicht zu diesem System gehören. Der Prozess der Verbesserung und Verbreitung der Monetarisierung hat auf weltwirtschaftlicher Ebene noch einen weiten Weg vor sich, wie es im Kapitel von Patrick M. Liedtke "Grenzen der Monetisierung" beschrieben ist.

Dienstleistungsgesellschaft

Die zunehmende Bedeutung von Dienstleistungen bei der Wohlstandsvermehrung

Die Zunahme der Dienstleistungen ist die direkte Konsequenz der Fortschritte in der Produktionstechnologie in der Industriegesellschaft. Lassen Sie uns die Entwicklungsstufen einzeln betrachten.

Bis zum Beginn des 20. Jahrhunderts waren neue Technologien und Veränderungen in den Produktionsabläufen meist das Ergebnis praktischer Erfahrungen und Verbesserungen am Arbeitsplatz. Nur selten waren solche Veränderungen oder Verbesserungen das Resultat eines spezifischen, von einer Forschungs- oder Entwicklungsabteilung organisierten und finanzierten Arbeitsprogramms.

Ab 1920 wurde Forschung ein eigenständiger Berufszweig, ausgelöst durch die steigende Komplexität neuer Technologien und das Bedürfnis, ihre Entwicklung zu planen und ihre Anwendung zu steuern. Die Dienstleistung ‚Forschung' hat sich in den letzten achtzig Jahren laufend weiterentwickelt und beschäftigt heute Millionen von hochqualifizierten Arbeitskräften, die über beachtliche Budgets in der Wirtschaft und beim Staat finanziert werden.

Neben der Forschung zählen die Lagerung der Rohstoffe, Vertrieb, Transport und Lagerung der Fertigprodukte zu den Dienstleistungen, die selbst für die einfachsten Produktionsprozesse erforderlich sind. Die zunehmende Spezialisierung von Produktionseinheiten, die immer komplexere und fortschrittlichere Technologie und das steigende Bedürfnis, hochentwickelte empfindliche Produkte auf langen Transportstrecken gegen Beschädigung zu schützen, haben zu einer unaufhörlichen Kostensteigerung bei der Organisation dieser Servicefunktionen geführt, während gleichzeitig die reinen Herstellungskosten an Bedeutung verloren haben.

Die Zentralisierung der (effizienteren) Produktion bedeutete einen Vertrieb von Produkten an mehr Menschen in einer größeren Anzahl von Ländern, die zum Teil weit entfernt vom Ort der Herstellung liegen. Dies erforderte den Aufbau und die Koordinierung komplizierter Vertriebsnetze, ohne deren Einsatz die Produkte die Verbraucher gar nicht erreichen. Damit gewinnen Finanz- und Versicherungsdienstleistungen an Bedeutung und werden letztlich unabkömmlich. Die Erstellung einer "Maschine" von der Dimension eines Atomreaktors oder einer Bohrinsel erfordern Investitionen von über einer Milliarde Dollar; damit wird das Bedürfnis nach einem funktionierenden Finanzierungs- und Versicherungssystem vorrangig, denn kein Hersteller kann diese Aufgabe selber tragen.

Wenn unsere Gesellschaft immer komplexer wird, so gilt dasselbe für das menschliche Zusammenleben, wozu auch Fragen des Ge- und Verbrauchs von

142

Produkten gehören, und solche, die die Sicherheit der Nutzung dieser Produkte betreffen.

Zu Beginn der industriellen Revolution war es für eine Bäckerei oder eine Textilfabrik kaum notwendig, die Vorzüge ihrer Produkte und deren Märkte wissenschaftlich abzuklären. Der Verkauf eines Videoaufnahmegeräts hingegen setzt heute eine detaillierte Profilanalyse der potentiellen Verbraucher voraus, wobei Aspekte wie regionale Marktunterschiede, Verkaufspreise, Altersgruppen abgeklärt werden. Eine Vielzahl von Spezialisten, von Medizinern und Juristen, Marktforschern und Ökonomen bis hin zu beratenden Ingenieuren, üben solche Dienstleistungsfunktionen aus, innerhalb des Produktionsapparats und als externe Berater.

Elektronikingenieure und Physiker in einem Forschungslabor haben einen höheren Ausbildungsgrad als die Konstrukteure der Webstühle zu Beginn der industriellen Revolution. Für die Mehrheit aller Erwerbstätigen in der Zeit vor der industriellen Revolution ist kein Vergleich mit der heutigen Zeit möglich. Während damals nur wenige Menschen lesen konnten, oder diese Fähigkeit brauchten, müssen in der Dienstleistungsgesellschaft hingegen viele Leute zusätzlich zu den Umgangs- auch Kunstsprachen (Computersprachen) beherrschen. Die Vermittlung einer allgemeinen Volksbildung gehörte zu den Dienstleistungen, die sich während der industriellen Revolution rasch entwickelt haben. Und trotzdem enthält dieser Sektor heute noch ein erhebliches, vielleicht für die künftige Wettbewerbsfähigkeit entscheidendes Verbesserungspotential. Ebenso bedeutend wie das Bildungssystem sind in der modernen Wirtschaft die Bereiche des Gesundheitswesens und der Verteidigung.

All die genannten Dienstleistungen sind für die Planung und den Ablauf der Produktion, aber auch die Beförderung der Produkte bis zum Verkaufsort unentbehrlich. Sie begleiten ein Produkt während seiner ganzen Nutzungsphase und darüber hinaus: Die industrielle Revolution hat auch die Abfallentsorgung als Dienstleistung erforderlich gemacht.

Konzentrierung, Spezialisierung und immer gefährlichere Nebeneffekte sind die negativen Folgen der in vielen Bereichen gebräuchlichen Anwendung raffinierter und hoch entwickelter, durch wissenschaftliche Grundlagenforschung möglich gewordener Technologien. Parallel zum Anstieg der Menge an Industrieabfällen hat der steigende Güterkonsum durch immer mehr Menschen zu einer enormen Vermehrung des Haushaltmülls geführt. Massenproduktion bedeutet Massenabfall! Auch hier hat der technische Fortschritt neue Chancen und Probleme geschaffen: Eine Flasche aus Kunststoff kann im Gegensatz zu einem Stück Papier oder Holz nicht verbrannt werden, ohne dass dabei ein ätzender oder gar giftiger Rauch entsteht. Der Bau einer Anlage zur wirksamen und umweltgerechten Entsorgung solcher Produkte erfordert also zusätzliche Investitionen von hoher Technologie.

Jedes Produkt wird irgendwann einmal zu Abfall! Die meisten Materialien, inklusive unser eigener Körper, werden am Ende ihres Herstellungs- und Nutzungszyklus zu Abfall. Ein Teil dieser Abfälle kann in neue Rohstoffe umgewandelt werden; bei organischen Abfällen geschieht dies gar von selbst, auf natürlichem Weg. Andere Abfälle können nur durch Technik wieder verwendet werden. Aber auch dieses technische Recycling von Abfall ist in den meisten Fällen begrenzt, entweder durch "wirtschaftliche Entropie" (die Recyclingkosten werden untragbar) oder durch physische (absolute) Entropie (das Recycling ist aus physikalischen Gründen unmöglich oder unsinnig). Müllentsorgung und -recycling stellen heute eine der wichtigsten Aufgaben der Dienstleistungsgesellschaft dar, sind aber wirtschaftlich gesehen unerwünschte (und unnötige) Zusatzkosten, denn Dienstleistungen für Abfallvermeidung würden die Kosten senken!

In der Sicht der Dienstleistungsgesellschaft liegt das wirtschaftliche Schwergewicht auf der Optimierung der Nutzung von Produkten und der Dienstleistungen, die diese Nutzung während der gesamten Lebensdauer des Produkts begleiten. Dabei müssen auch die vor und nach der Herstellung anfallenden Kosten berücksichtigt werden.

Somit steht der traditionellen Sicht, nach welcher der wirtschaftliche Wert an das Vorhandensein und die Vermarktbarkeit eines Produkts gebunden ist, die Sicht der neuen Dienstleistungsgesellschaft, nach welcher der Wert eines Produktes auch dessen Nutzungsphase umfasst, gegenüber.

Der Wertbegriff der Dienstleistungsgesellschaft bezieht sich sogar vor allem auf den Wert eines Produkts (oder einer Dienstleistung) in Hinblick auf dessen Leistung und Nutzbarkeit innerhalb eines bestimmten Zeitraum. Der Nutzungswert (und die Nutzungsphase) ist von zentraler Bedeutung: Der eigentliche Wert eines Autos als Transportmittel hängt von der Dauer und Häufigkeit seiner Verwendung ab, oder der tatsächliche Wert eines Medikaments vom Grad der wieder gewonnenen Gesundheit. Während in der Industriewirtschaft die Frage nach dem monetisierten Wert eines Produktes ausschlaggebend war, so ist es in der Dienstleistungsgesellschaft jene nach dem "Nutzungswert". Die Fragen lauten nun: "Welche Funktion oder Leistung erfüllt das Produkt? Wie gut und wie lange erfüllt es diese Funktion oder Leistung?"

Die zunehmende Industrialisierung des Dienstleistungssektors (tertiärer Sektor)

Der tertiäre Sektor hat einige seiner Funktionsweisen bereits an den Fortschritt in den modernen Technologien anpassen müssen, durch die Einführung von Arbeitsprozessen, die jenen der kapitalintensiven Prozesse der Industrie sehr nahe kommen. Der Unterschied zwischen der Einrichtung eines gut mit Informationstechnik ausgestatteten Büros und der eines Kontrollzentrums in einer Industrieanlage ist klein. Dies verleitet viele Autoren bei der Beschreibung der Eigenschaften der heutigen Wirtschaft dazu, von einer "superindustriellen" Wirtschaft oder von einer "dritten industriellen Revolution" zu sprechen statt von der "Dienstleistungsgesellschaft". Diese Autoren verweisen auf die Gebiete des Dienstleistungssektors, auf denen die fortschrittlichste Technologie angewendet wird, und schließen daraus auf eine Industrialisierung des herkömmlichen Dienstleistungssektors[7].

Sicherlich handelt es sich bei der spektakulären Zunahme der Dienstleistungsfunktionen im traditionellen Industrie- und Produktionsbereich um ein wichtiges Phänomen. Die Entwicklung der Telekommunikation, der Bank- und Finanzleistungen, der Versicherungen, der Instandhaltungs- und Wartungsfunktionen kann aber nicht einfach als eine neue Art der "Produktion" beschrieben werden. Dies ist keine bloße Erweiterung dessen, was schon immer in der Textil-, Eisen-, Stahl- oder Chemieindustrie geschah.

Der Verkauf eines Pullovers, eine einmalige konkrete Handlung, ist nicht dasselbe wie die Wahrnehmung eines langfristigen Instandhaltungsvertrags, durch den sich der Verkäufer gegenüber seinem Kunden für die ganze Dauer der Nutzung eines Produktes rechtlich bindet. Der "Verkauf" eines Kleidungsstückes innerhalb einer Dienstleistungsgesellschaft, im Sinne eines Textil-Leasingvertrages, umfasst die gesamte Nutzungsdauer eines Kleidungsstücks. Wir verabschieden uns von einer durch die industrielle Revolution geprägten Sicht und gehen über zu einer dienstleistungsorientierten Perspektive, wenn wir zu den Herstellungskosten von Produkten die Instandhaltungskosten (bei einem Kleidungsstück: Waschen und Reparieren) während der ganzen Nutzungsdauer des Produktes und die Kosten für die Entsorgung und den Ersatz hinzufügen. Mit anderen Worten, wenn wir den Wert des Produkts gemäß dessen tatsächlicher Nutzung festlegen (Abbildung (1)).

---

7 Siehe Leveson, Irving, Hudson Institute Strategy Group, New York: The Service Economy in Economic Development, Vortrag gehalten am 16. April 1985 am Graduate Institute of European Sturlies, Universität von Genf.

Abb. 1: Der Weg eines Produkts vom Rohstoff bis zum nicht mehr verwertbaren Abfall

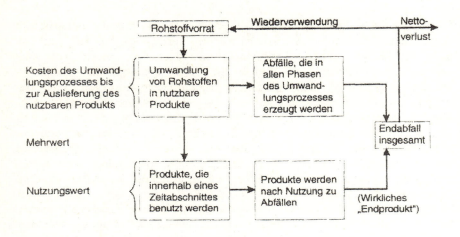

Quelle: Giarini, Orio (Hrsg.) (1986) Wohlstand und Wohlfahrt. Dialog über eine alternative Ansicht zu weltweiter Kapitalbildung. Ein Bericht an den Club of Rome, Frankfurt a.M./Bern/New York

Die horizontale Integrierung aller produktiven Tätigkeiten. Das Ende der Wirtschaftstheorie von den drei getrennten Wirtschaftssektoren und die Grenzen von Engels' Gesetz.

Die traditionelle Wirtschaftslehre unterscheidet zwischen drei Sektoren: dem primären (Landwirtschafts-) Sektor, dem sekundären (Industrie-) Sektor und dem tertiären Sektor, der alle Dienstleistungen umfasst. Manchmal wird der tertiäre Sektor nochmals unterteilt, sodass ein vierter (Verwaltungs-)Sektor entsteht.[8] Diese Unterteilung ist "vertikal" und hat zu Theorien über die wirtschaftliche Entwicklung geführt, wonach ein historischer Übergang von landwirtschaftlichen zu industriellen Gesellschaften stattgefunden hätte, sodass nun eine Weiterentwicklung zu erwarten wäre hin zu einer Gesellschaft, in der Dienstleistungen den

---

8 Siehe Fourastier, Jean (1958): Le Grand Espoir du XXe Siecle, Gallimard, Paris; siehe auch Clark, Colin (1960): Les Conditions du Proges Economique (The Conditions of Economic Progress), PUF, Paris und Bell, Daniel (1973): The Coming of the Post-Industrial Society, Basil Books, New York, N.Y.

Vorrang haben. Diese Theorien orientieren sich an der Industrialisierung und betrachten landwirtschaftliche Gesellschaften als noch nicht industrialisierte, während sie den tertiären Sektor als eine Art "Eintopf" darstellen, in den geworfen wird, was weder als landwirtschaftlich noch als industriell bezeichnet werden kann.

In Wirklichkeit geht es in allen drei Gesellschaftstypen – Landwirtschaft, Industrie, Dienstleistung – in erster Linie um die Wahl der Prioritäten in Hinblick auf die Erzeugung von Reichtum und Wohlstand. In einer industriellen Gesellschaft verschwindet die Landwirtschaft nicht, sondern wird dank ihrer Industrialisierung immer effizienter. Genauso entwickelt sich die Industrie keineswegs als eigenständiger, von der Landwirtschaft getrennter Sektor, sondern verändert die Art und Weise, wie landwirtschaftliche Produkte erzeugt und verkauft werden. In der Dienstleistungsgesellschaft sind Dienstleistungen ebenso wenig ein vom industriellen Produktionssystem getrennter Auswuchs. Vielmehr durchdringen sie dieses System und machen es abhängig von der Effizienz der Dienstleistungsfunktionen inner- und außerhalb des Produktionsprozesses. Das wirkliche Phänomen ist somit nicht das Entstehen und Schrumpfen dreier vertikaler, getrennter Wirtschaftssektoren, sondern deren fortschreitende horizontale Verflechtung und Integrierung.

Die neue Dienstleistungsgesellschaft entspricht nicht der Wirschaft des tertiären Sektors im traditionellen Sinn, sondern zeichnet sich dadurch aus, dass die Dienstleistungsfunktionen heute in allen Wirtschaftsbereichen eine Vorrangstellung innehaben.

Mit jedem grundlegenden Prioritätenwechsel bei der Erzeugung von Reichtum und Wohlstand verändert sich auch die Auffassung von den Bedürfnissen der Nachfrage. Selbst die Definition dessen, was ein Grundbedürfnis ist, verändert sich.

In einer landwirtschaftlichen Gesellschaft sah man im landwirtschaftlichen (vorindustrielle) Produktionssystem das Mittel, die Grundbedürfnisse zu befriedigen. Nach Beginn der Industrialisierung und im Sinne der Geschichte der Nationalökonomie, die bis dahin im Wesentlichen mit deren Entwicklung identisch war, wurden die Grundbedürfnisse definiert als jene, die von der Industrie (unter Einbezug einiger landwirtschaftlicher Schlüsselbereiche) erfüllt werden können. Engels' Gesetz bezeichnet Dienstleistungen als zumeist zweitrangig, weil sie nicht diesen Grundbedürfnissen entsprechen. In dieser Sicht wird die Industrialisierung als die beste Methode betrachtet, den Menschen Essen, Unterkunft und gute Gesundheit zu sichern; erst wenn diese Grundbedürfnisse befriedigt sind, kann der Konsum von "Dienstleistungen" beginnen.

Der Anstoß zur Dienstleistungsgesellschaft ist jedoch gerade dadurch entstanden, dass die Dienstleistungen als Zugang zu Produkten und Dienstleistungen, welche zur Befriedigung von Grundbedürfnissen notwendig sind, unentbehrlich geworden sind. Dienstleistungen befinden sich nunmehr an der vordersten Front der Wirtschaft, wo sie zu unentbehrlichen Produktionsmitteln geworden sind, da sie die Grundbedürfnisse in Beziehung bringen zu den Mitteln, durch welche der Volkswohlstand vorrangig vermehrt werden kann.

Die Versicherungsbranche ist dafür ein typisches Beispiel. Bis vor etwa zwanzig Jahren betrachteten selbst die in dieser Branche Tätigen Versicherungspolicen, die Todesfall, Diebstahl oder Brandschäden decken, als im traditionellen Sinne zweitrangige Produkte, die erst nach der Befriedigung der Grundbedürfnisse durch materielle Produktion wirtschaftlich interessant wurden.

Die Erklärung für diese regelmäßigen anhaltenden Umsatzsteigerungen in der Versicherungsbranche in Perioden langsameren Wirtschaftswachstums liegt in der Struktur moderner Produktionssysteme, die zur Erhaltung ihrer eigenen Funktionsfähigkeit in hohem Masse von Versicherungen und anderen Dienstleistungen abhängig sind.

Vom Produktwert zum Systemwert

Ein weiterer wichtiger Unterschied zwischen der industriellen Gesellschaft und der Dienstleistungsgesellschaft besteht darin, dass die erste praktisch nur materiell existierenden, tauschbaren Produkten Wert zubilligt, während sich der Wertbegriff in der Dienstleistungsgesellschaft auf die tatsächliche Nutzung von Systemen (bestehend aus materiellen und nicht-materiellen Produkten) während einer gewissen Dauer bezieht. Konnte der Wert eines Produktes (zum Beispiel ein Hammer) in der Zeit der klassischen Industriegesellschaft mit dessen Herstellungskosten gleichgesetzt werden konnte, so verschiebt sich der Wertbegriff in der Dienstleistungsgesellschaft auf die Schätzung der Nutzung (Beispiel Computersysteme: ein Kauf der gewünschten Resultate durch Outsourcing ist oft wirtschaftlicher als ein Kauf von Computern).

In der früheren Sicht wurde der Wert einer Waschmaschine als fertiges Produkt betrachtet, während wir nun ihren Wert dadurch festlegen, dass wir ihre tatsächliche Leistung einschätzen, wobei wir nicht nur die Herstellungskosten, sondern auch alle weiteren Kosten (die Zeit, die der Benutzer zum Erlernen ihrer Nutzung aufwendet; Naturverbrauch und Umweltbelastung, Instandhaltungs- und Reparaturkosten) mit in Betracht ziehen. Die Anwendbarkeit dieser zwei Ansätze ist von der technologischen Komplexität des Produktes abhängig: Im Fall von einfachen Produkten und Geräten mag sich der Wertbegriff auf das Produkt als solches beschränken. Wer einen Hammer kauft, braucht keinen Kurs zu nehmen, um den Umgang damit zu erlernen. Beim Kauf eines Computersystems hingegen übersteigen die Kosten für das Erlernen seiner Benutzung jene des Ankaufs bei weitem. Bei jedem Softwarewechsel entsteht dieses Problem zudem von neuem.

In der Dienstleistungsgesellschaft wollen die Verbraucher keine Produkte mehr kaufen, sondern die Nutzung (das Resultat) von korrekt funktionierenden Systeme. Kaum jemand schließt beim Kauf von Geschirr oder eines Fahrrads einen Servicevertrag ab. Beim Kauf eines Computers, Photokopierers oder Fernsehers hingegen wird ein solcher immer häufiger auch von Privatverbrauchern abgeschlossen, oder es wird gleich durch Miete oder Leasing -statt dem Produkt dessen Nutzung gekauft.

Der Begriff Risiko in der Industriegesellschaft und in der Dienstleistungsgesellschaft -"moral hazard" und Anreize

Was das Eingehen von Wagnisse bedeutet, wurde von den ersten großen Wirtschaftstheoretikern nicht eingehend untersucht. Der Kultur der damaligen Zeit gemäß wurde es als selbstverständlich hingenommen. Schumpeter hatte zwar etwas ausdrücklicher auf den Unternehmer als den Mann, der Risiken eingeht, aufmerksam gemacht, doch die erste umfassende Studie zu diesem Thema, Frank Knights "Risk, Uncertainty and Profit", erschien erst 1921. Selbst Knight beschränkte sich aber weitgehend darauf, die für den Unternehmer charakteristische Form des Risikos zu studieren. Das mit der Verwundbarkeit von Systemen verbundene reine Risiko wurde immer noch als zu nebensächlich betrachtet, um zu den Prioritäten der Unternehmensführung gezählt zu werden.

Reines (nicht unternehmerisches) Risiko in den letzten 100 Jahren

Die Aktivitäten im Dienstleistungsbereich, ganz besonders die der Versicherungen, wurden in der traditionellen Volkswirtschaft als Randerscheinungen betrachtet. Obwohl viele Theorien und Auffassungen sich noch nicht auf die neuen Gegebenheiten eingestellt haben, erhalten gewisse Arten des reinen (d.h. nicht unternehmerischen) Risikos wegen gesellschaftlichen Veränderungen heute mehr Aufmerksamkeit. Dazu zählen die Risiken, welche von Arbeitslosen- und Sozialversicherungen gedeckt werden. Zwar hatte die preußische Regierung schon 1850 eine erste Form der Pflichtversicherung für Bergarbeiter eingeführt; doch 1929, zur Zeit der Weltwirtschaftskrise, steckte diese Art des Risikomanagements noch in den Kinderschuhen.

In der Zeit nach dem Zweiten Weltkrieg kam dann eine der größten stillen Revolutionen der Geschichte in Gang: Die Sozialversicherungen wurden einge-

führt, die heute in westeuropäischen Ländern über 20 Prozent des Bruttosozialproduktes ausmachen. Peter Drucker hat diese Entwicklung in den USA als "Un-
seen Revolution" *und* "The American Way to Socialism" bezeichnet, und auch
die traditionelle Wirtschaftswissenschaft hat begonnen, sich mit diesem Phänomen auseinander zu setzen[9]. Die Entwicklung der Sozialversicherung beruht auf
gesellschaftlichen Veränderungen, die von dem sich veränderndem Ausmaß und
der Beschaffenheit des Risikos und der Verwundbarkeit beeinflusst werden, welche der modernen Welt eigen sind. Die mit der Funktionsweise des Wirtschaftssystems eng verwobene Zunahme der Verwundbarkeit hat die neue Dimension
des Risikos geschaffen, welche wider unsere Erwartung eines unveränderten
Wirtschaftswachstums erschüttert hat.

Die Entwicklung der Sozialversicherungen ist vermutlich die wichtigste Veränderung im Bereich der reinen Risiken innerhalb des 20. Jahrhunderts. Dass dadurch auch neue Formen des "moral hazard" geschaffen wurden war unvermeid-
lich.

Die Versicherungsaktivitäten fast aller Industrieländer weisen für die letzten
30 Jahren einen Zuwachs auf, der doppelt so groß ist wie das Wachstum des
Bruttoinlandsprodukts[10].

Unternehmerisches Risiko und reines (systemisches) Risiko

In der industriellen Wirtschaft war mit Risiko hauptsächlich das unternehmerische beziehungsweise kommerzielle Risiko gemeint. In der Dienstleistungsgesellschaft deckt der Risiko-Begriff ein viel größeres Feld ab; er muss vor allem
auf das reine Risiko ausgedehnt werden.

Unternehmerisches Risiko entsteht da, wo die an einem Unternehmen Beteiligten einen Einfluss auf Zielsetzung und Mittel ausüben, um zu produzieren, zu
verkaufen, oder Geld zu investieren.

Reines Risiko hingegen entzieht sich dem Einfluss der an einem Unternehmen
Beteiligten. Es hängt von der Verwundbarkeit der Umgebung oder des Systems
ab, in dem die wirtschaftlichen Akteure tätig sind, und kann sowohl in Form einer
Störung als auch eines Glücksfalls auftreten. Dieser Begriff des reinen (oder systemischen) Risikos bezieht sich ausschließlich auf die Verwundbarkeit von Systemen, wie wir sie in den vorausgehenden Absätzen besprochen haben, und ist
für die Dienstleistungsgesellschaft charakteristisch.

---

9 Siehe Furstenberg, George von (Hrsg.) (1979): Social Security versus Private Sa-
   vings, Ballinger Publishing Company, Cambridge, Mass
10 Siehe SIGMA Bulletin, Swiss Reinsurance Company, Zürich (monatlich).

Einer der großen Unterschiede zwischen der neoklassischen Wirtschaftslehre und der neuen Dienstleistungsgesellschaft besteht somit darin, dass der Begriff des wirtschaftlich relevanten Risikos nun auch das systemische (reine) Risiko mit einschließt.

Heute kommt bei jeder bedeutenden wirtschaftlichen Aktivität beiden Arten des Risikos eine strategisch gleichwertige Bedeutung zu, wobei beide mit dem Begriff der Verletzlichkeit von Systemen in Verbindung gebracht werden müssen.

Der moderne Unternehmer in der Dienstleistungsgesellschaft

Die Manager und Unternehmer der Dienstleistungswirtschaft müssen in der Lage sein, das Risikophänomen in seinem ganzen Umfang zu erkennen. Selbst fortschrittlichste Management-Schulen müssen auf diesem Gebiet noch nachholen, denn systemisches (reines) Risiko wird heute für viele Manager zu einer enormen Belastung.

Erst ein umfassendes Verständnis aller Risiken erlaubt es, Verwundbarkeiten zu reduzieren oder aufzuheben; es ist eine Voraussetzung zur Entwicklung von strategischen Visionen und dem Anpacken von neuen Herausforderungen. Mit einem zu engen oder unangemessenen Bild der realen Welt vor Augen können Manager wie auch die Öffentlichkeit sich oft des Eindrucks nicht erwehren, vom modernen Leben mit seinen Risiken und seiner Verwundbarkeit überwältigt zu werden. Dieses Gefühl der Ohnmacht entspringt unserer kulturellen Unfähigkeit, die Realität der heutigen Welt zu erkennen, zu meistern und zu akzeptieren.

Die Unfähigkeit, sich den Gegebenheiten anzupassen, kann zu Pessimismus, Negierung von Chancen oder einer fatalistischen Lähmung führen, ähnlich einem Segler, der sich vom Wind treiben lässt, statt ihn zu nutzen, um sein Boot in die gewünschte Richtung zu steuern. Es ist wichtig, die neuen Winde, die in der Dienstleistungsgesellschaft wehen, aufzuspüren. Es gilt, die durch die neuen Formen des Risikos und die neue Qualität des Nutzungswertes der Produkte entstandene Herausforderungen aufzugreifen und sie als das zu erkennen, was sie sind: Die Chance, neue Richtungen einer nachhaltigen Entwicklung einzuschlagen auf unserer Suche nach wirklichem wirtschaftlichen und sozialen Wachstum.

Tausch- und Handelbarkeit sowie Homogenität von Dienstleistungen

Zum Verständnis der Dienstleistungsgesellschaft müssen die Begriffe der Handelbarkeit und der Homogenität von Dienstleistungen richtig verstanden werden.

Oft wird angeführt, eine Analyse der Dienstleistungsgesellschaft sei unmöglich, da Dienstleistungen so verschiedene Dinge wie einen Haarschnitt, Telekommunikation, die Instandhaltung von technischen Ausrüstungen oder Krankenpflege umfassen. Doch Gleiches lässt sich auch von handfesten Produkten sagen. Welche Homogenität besteht denn zwischen einem Pullover und einem Flugzeug, einem Glas Orangensaft und einer Armbanduhr? Industrielle Produkte sind nur homogen in Bezug auf das Produktionssystem, d.h. die Herstellungsmethoden, die im Laufe der Industriegesellschaft entwickelt und benutzt worden sind. Wer Dienstleistungen aus einer "industriellen" Sicht betrachtet, wird entdecken, dass einige von ihnen leicht mit Industrieprodukten verglichen werden können, andere wiederum gar nicht. Diese Übung ist allerdings zwecklos, da versucht wird, empirische Feststellungen in ein veraltetes Denkschema hineinzuzwängen.

Ein Problem stellt sich im Umgang mit dem Begriff Tausch- und Handelbarkeit. Viele Dienstleistungsfunktionen werden betrachtet und bewertet, als könnten sie in dasselbe analytische Schema gezwängt werden, das für die Analyse des Handels mit industriellen Produkten entwickelt wurde. Da es in der Dienstleistungsgesellschaft aber darum geht, Resultate zu erbringen, wo der Kunde bzw. der Nutzer sich befindet, kann der Begriff Handel nicht im herkömmlichen Sinne angewendet werden. Es lässt sich nicht länger zwischen dem Handel mit Dienstleistungen und den Schwankungen von Produktions- und Investitionsfaktoren unterscheiden, wie dies in der "industriellen" Wirtschaftstheorie geschah. Vielfach vermischen sich diese beiden Elemente in der Dienstleistungsgesellschaft zwangsläufig. Für viele Firmen, die in "traditionellen" Dienstleistungssektoren tätig sind, ist der Aufbau von Vertriebssystemen vor Ort das Pendant zum lokalen oder internationalen Handel mit Produkten.

Materielle und immaterielle Werte in der Dienstleistungsgesellschaft. Der Wert des Bildungswesens.

Viele Bücher über die Dienstleistungsgesellschaft und über die so genannte "Informationsgesellschaft" vertreten die Ansicht, dass wir es im gegenwärtigen Wirtschaftssystem zunehmend mit nicht materiellen (immateriellen) Gütern und Werten zu tun haben[11].

Der Begriff "immateriell" ergibt sich aus der Feststellung, dass die Produktionsvorgänge der klassischen Industriegesellschaft sich hauptsächlich mit materiellen Gütern und Werkzeugen bzw. Maschinen (Hardware) beschäftigten. In der heutigen Dienstleistungsgesellschaft hingegen sind Güter sehr oft "immateriell"

---

11 Siehe Nussbaumer, Jacques (1984): Les Services, Economica, Paris.

(Software), zum Beispiel Informationen oder ein Computerprogramm. Die Träger und Übertragungsmittel dieser Güter sind aber immer noch materiell (Hardware).

In diesem Ansatz steckt die Behauptung, die Dienstleistungsgesellschaft sei eher empfänglich für "immaterielle" Werte und weniger "materialistisch". Auch der Begriff "Qualität" wird mitunter als ein Synonym von "immateriell" benutzt und mit der Idee in Verbindung gesetzt, ein höheres Ausbildungsniveau stelle eine wesentliche Voraussetzung für eine angemessene Produktion dar. Diese Analysen halten eine Dichotomie zwischen Geräten und deren Gebrauch aufrecht. Hammer, Schreibmaschinen, Chemiefabriken, Raketen und Radios sind allesamt materielle Werkzeuge und Geräte, deren Benutzung gewisse Fähigkeiten voraussetzt. Kein Gerät wurde je ohne jede Kultur oder ohne jedes Fachwissen, egal wie elementar, gehandhabt.

Jede "Funktion", jedes "System" ist an sich immateriell, so wie eine Maschine an sich materiell ist. Die in beiden Fällen erforderliche Intelligenz kann sich vielfältig entwickeln. Wenn die Dienstleistungsgesellschaft mehr Kenntnisse, mehr Wissen produziert als die industrielle, so tut sie das als Erbin des Fortschritts aller Phasen der Geschichte der Menschen, so wie die Industrialisierung einen höheren Grad an Wissensaufwand erforderlich gemacht hat als die traditionelle Landwirtschaft, welche auf einem anderen naturnahen Wissen beruhte. Denn an sich ist Wissen nichts Neues; auch der Erfinder von Pfeil und Bogen war in diesem Sinne ein "Intellektueller".

Diese Klärung macht es leichter, die gegenwärtigen hohen und noch immer steigenden Ausbildungsniveaus nicht als etwas an sich Neues, sondern als eine dauernde Anpassung an die wirtschaftliche Entwicklung zu verstehen.

Der Begriff der "immateriellen" Werte entspringt der Überzeugung, dass Werte produziert werden, und über das hinausgehen, was von der industrieorientierten Wirtschaftslehre gemessen wird. Wenn in gewissen Fällen von negativen Werten die Rede ist[12] (Beispiele, bei denen das wirtschaftliche System die wirkliche Verbesserung des Wohlstands überschätzt), so dürfen auch die umgekehrten Fälle nicht vergessen werden, in denen die Beiträge der modernen Technologie zur Reichtumsbildung unterschätzt worden sind.

Dies führt uns zurück zur Frage, wie Leistungen der Dienstleistungsgesellschaft gemessen werden können, im Vergleich zur Messung der (monetisierten) Kosten der Produktion in der industriellen Wirtschaft und zur Notwendigkeit, Werte mit Hilfe von allgemein akzeptierten Indikatoren des privaten und des öffentlichen Wohlstands zu messen.

---

12 Giarini, Orio und Louberge, Henri (1978): The Diminishing Returns of Technology, Pergamon Press, Oxford. (sinkende Grenzerträge von Technologie)

2.4 Wert und Zeit in der Dienstleistungsgesellschaft: der Begriff der Nutzung

Der Produktzyklus von der Wiege zurück zur Wiege: vom Rohstoff zur Wiederverwendung von Produkten, Bauteilen und Material

Das "Leben" eines Produktes lässt sich in fünf Phasen einteilen: Entwurf bzw. Konzept; Herstellung (die Verwandlung von Ressourcen in Produkte); Vertrieb (Verpackung, Transport, Marketing und Werbung); Nutzungsphase (eine kürzere oder längere Zeitdauer, während der das Produkt genutzt wird) und schließlich die ganzheitliche oder stoffliche Wieder- und Weiterverwendung bzw. -verwertung (Wiederaufbereitung, Recycling oder Entsorgung) des nicht mehr gewünschten Produkts. Diesen Prozess bezeichnen wir als Produktlebenszyklus[13].

Der Begriff der Nutzung, der Nützlichkeit oder Nutzbarkeit eines Produkts über eine längere Zeit war für die Hersteller nicht von Interesse, da die wirtschaftliche Optimierung der Industriegesellschaft am Verkaufspunkt aufhört. Zudem führt eine längere Nutzungsdauer in gesättigten Märkten zu weniger Produktionsvolumen und damit zu tieferen Skalenerträge, und ist deshalb für die Hersteller unerwünscht. Dabei macht gerade die Nutzungsdauer die hauptsächliche Variable in der Erzeugung von Reichtum aus!

Die Verkürzung der Nutzungsphase ist ein durchgehender Trend der Wirtschaftsgeschichte, der in unserer modebessenen Konsumgesellschaft an Bedeutung gewonnen hat.

Wer bestimmt die Länge der Nutzungsdauer? Ein Hersteller hat die Wahl, entweder ein Plastikspielzeug herzustellen, das manchmal beim Auspacken, vor jeder Nutzung, schon zerbricht und nicht repariert werden kann, oder ein Holzspielzeug, das mehrere Generationen beglückt. Die Herstellungskosten und der Verkaufswert der beiden Produkte können identisch sein; der große Unterschied liegt in der Zahl der jeweiligen Spielzeuge, welche die Firma Jahr für Jahr verkaufen kann. Bei vielen Gütern hat der Verbraucher genauso viel Einfluss auf die Nutzungsdauer wie der Hersteller. Dies zeigt sich bei Güter wie Automobilen, die in identischer Form in Ländern von unterschiedlichem Entwicklungsgrad grundsätzlich anders genutzt werden: In reichen Ländern mit einer Nutzungsdauer von fünf bis zehn Jahren, in armen Ländern aber mit einer von fünfunddreißig und mehr Jahren.

---

13 Stahel, Walter R. (1984): The Product-Life Factor, in: Orr, Susan Grinton (Hrsg.), An Inquiry into the nature of Sustainable Societies: The Role of the Private Sector, HARC, The woodlands, TX.

2.5 Wie wird in der Dienstleistungsgesellschaft ein Wert gemessen?

Werte messen in der Industriegesellschaft:

Wir haben uns zu zeigen bemüht, dass der Preis den Maßstab bzw. die Bezugsgröße ist, womit wir in der Lage sind, ein Messsystem zu organisieren, um im Rahmen des Industrieprozesses wirtschaftliche Phänomene und Ergebnisse quantitativ genau zu erfassen.

Der Preis ergibt sich aus Kauf und Verkauf. Das durch jede einzelne Transaktion gewonnene Geld wird benutzt, um alle, die zur Produktion des gehandelten Guts (Produkt oder Dienstleistung) beigetragen haben, zu entlohnen. Der Arbeitnehmer bekommt seinen Lohn bzw. sein Gehalt, das Kapital (eine Akkumulation von Arbeit in Form von für die Produktion zur Verfügung stehenden Geräten, Fabrikhallen, Maschinen, Systemen, Wissen verschiedenen Grades und Managementfähigkeiten) erhält Zinsen. Jeder Beitrag im Lauf der verschiedenen Schritte der Umwandlung von Rohstoffen zu fertigen Produkten stellt einen "Mehrwert" dar. Adam Smith formte seinen Wertbegriff auf Grund dieser Idee des "Mehrwerts" und betrachtete diesen als dem "Tauschwert" äquivalent.

Die Idee des Mehrwerts ist aber nicht einfach historisch die Grundlage der Wirtschaftstheorie geblieben, sie ist vielmehr in den Jahrzehnten über die Einführung von Mehrwertsteuern zu einer Säule des modernen Steuersystems geworden.

Abb. 2: Die klassische wirtschaftswissenschaftliche Auffassung von Wert in der Industrie-Gesellschaft (am Beispiel Automobil)

Der **Tausch-Wert**	Man verkauft ein Auto für 5.000 Euro. Die 5.000 Euro sind der Tauschwert des Autos
Der **hinzugefügte Wert**:	Kosten der Gewinnung von Rohstoffen für den Bau des Autos wie Eisen, Glas, Gummi usw.
	+
	Kosten verschiedener Veränderungen, die zum Bau der Bestandteile notwendig sind: Motor, Räder, Sitze usw.
	+
	Kosten der Zusammensetzung und der Herstellung eines nutzbaren Endprodukts
	+
	Kosten der Verteilung des Autos: Auslieferung, Unterbringung, Werbung, Vermarktung, Verkauf usw .
	= **Hinzugefügter Wert insgesamt**
	(= Kosten-Summe)

Das **Wertparadigma** im "klassischen" wirtschaftlichen Gleichgewicht:
Hinzugefügter Wert insgesamt (= Produktionskosten des Angebots) muss dem Tauschwert (= von der Nachfrage bezahlter Preis) entsprechen

Im System des **"freien Marktes"**:
– Wenn der Tauschwert höher ist, trägt neue Konkurrenz zu seiner Verringerung bei.
– Wenn der gesamte hinzugefügte Wert (Kosten) höher ist, muss die Produktion aufhören (aus dem Markt ausscheiden).

Im **sozialistischen System** (Zentralplanwirtschaft):
– Der Staat kontrolliert und organisiert dieses Gleichgewicht.

Im **"System der sozialen Marktwirtschaft"**:
– Man versucht einen Kompromiss zwischen freiem Markt-Mechanismus und Staatsintervention

Man muss vor allem verstehen, dass für die Wirtschaftstheorie das Messen des Mehrwerts dem Messen eines Flusses (flow) entspricht. Obwohl man auf den Verkaufspreis verweist (und damit den Eindruck erweckt, es handle sich um das Messen eines Ergebnisses), hängt der Bezug auf die Produktionskosten konzeptuell mit dem Messen all der Faktoren, die zur Produktion von Wohlstand beitragen, zusammen und nicht mit dem Messen des Wohlstands selbst. Dies kann mit dem Beispiel einer Badewanne mit zwei Wasserhähnen bildlich dargestellt werden (siehe Abbildung 3).

Abb. 3: Die Badewanne des wirtschaftlichen "Wohlstands

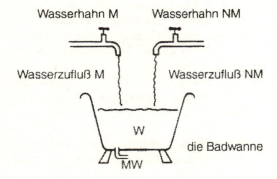

Die Badewanne enthält eine bestimmte Menge Wasser (W), die den gesamten uns zur Erfüllung unserer Bedürfnisse und Wünsche zur Verfügung stehenden Wohlstand darstellt. Diese Wassermenge (W) wird von zwei Hähnen gespeist:

Hahn M stellt den Fluss der monetisierten Produktion dar, der unserem bestehenden Reichtum (W) zusätzlichen Wohlstand zuführt;

Hahn NM symbolisiert den Fluss der Güter und Dienstleistungen, die ebenfalls unseren Wohlstand vermehren, deren Produktion aber nicht monetisiert ist. Es handelt sich hier um monetarisierte, aber nicht monetisierte Tätigkeiten (da unbezahlt), wie zum Beispiel um freiwillige unbezahlte menschliche Leistungen.

Wenn wir von ökonomischen Indikatoren lesen, entsteht viel Verwirrung durch die fehlende Unterscheidung zwischen dem, was sich auf unsere Wohlstandsmenge W bezieht, und dem, was Aussagen über die Zuflüsse M und NM enthält.

Der Mehrwert in der Wirtschaftstheorie ist wesentlich eine Messung des monetisierten Flusses. Damit wird die Menge der Produktion gemessen, die durch den Hahn M fließt und die Wohlstandsmenge W vermehrt. Die grundlegende, von der Industriegesellschaft herstammende Annahme ist, dass jede Zunahme des monetisierten Flusses M eine äquivalente Zunahme des Wohlstands W bedeutet.

Wir orientieren uns beim Messen deshalb an dem monetisierten Fluss M und nicht an der Wohlstandsmenge W, weil dieser Fluss statistisch viel leichter zu messen ist. Die Messung der Wohlstandsmenge hingegen erscheint unendlich komplexer. Allerlei monetarisierte, weil nicht monetisierte, Produktion, die unvermeidlicherweise dazu beiträgt, läuft Gefahr, nicht erfasst zu werden. Und wenn ein Teil des Wohlstands verkauft werden sollte, sucht man vergebens nach einem klar definierten Wertmassstab, mit dem sich der Verlust an Wohlstand messen ließe.

In den letzten zwanzig bis dreißig Jahren hat sich uns ein neues Problem aufgedrängt, das Problem der Umweltbelastung und der Ökologie. Es liegt nahe, dass der monetisierte Fluss nicht immer zu mehr Wohlstand führt, denn dieser Fluss umfasst eine nicht zu vernachlässigende Menge umweltbelastender Faktoren, die den Wohlstand nicht vermehren, sondern zerstören.[14]

Die Messung des Wachstums, wie sie sich im Bruttosozialprodukt niederschlägt, ist einzig und allein die Messung des monetisierten Flusses auf makroökonomischer nationaler Ebene! – Sie widerspricht der in Privathaushalten und

---

14 Zu diesem Punkt vgl. die Anmerkung zu " deducted values " in: Giarini, Orio (1980): Dialogue on Wealth and Welfare, S. 121.

allen großen industriellen Unternehmen üblichen Standardbuchführung: die Auflistung sämtlichen verfügbaren Vermögens gegenüber derjenigen sämtlicher Schulden, bzw. Passivposten (Bilanz). Eine Analyse des Flusses aller während einer bestimmten Zeitperiode ausgeführten Aktivitäten (Gewinn- und Verlustrechnung) gehört dazu. Auf der betriebswirtschaftlichen, mikro-ökonomischen Ebene ist allgemein bekannt und gilt als selbstverständlich, dass der Wertunterschied des gesamten Vermögensstandes nicht unbedingt mit dem Volumen der während einer bestimmten Periode ausgeführten Aktivitäten übereinstimmt. Die Erfassung des Vermögensstandes ist ein Prozess, der die Gesamtheit der Aktivitäten einer längeren Zeitperiode aufzeigt, anstatt bloß anzugeben, ob der monetisierte Fluss im Verlauf der gleichen Periode ab- oder zugenommen hat.

Alte und neue Unzulänglichkeiten: Wohlstand und Reichtümer, das Paradox der relativen Preise, Minderwert und nicht errechneter Wert

Die klassischen Ökonomen, und Ricardo ganz besonders, waren sich darüber vollkommen im Klaren, dass ihre Methoden zur Errechnung des wirtschaftlichen Wohlstands weder auf privater noch auf nationaler Ebene den wirklichen Vermögensstand erfassten. Eine klare Unterscheidung wurde zwischen dem Begriff "Reichtümer" und dem Begriff "Wohlstand" vorgenommen[15]. Es wurde sogar implizit zugegeben, dass in gewissen Situationen eine Verbesserung des Volkswohlstandes nicht unbedingt einer Vergrößerung der Reichtümer entspricht.

Der Begriff des Minderwertes zwingt uns, den Begriff eines negativen Wertes in Betracht zu ziehen. In der Perspektive der wirtschaftlichen Analyse ist dies bereits ein Schritt in die richtige Richtung, wenn man bedenkt, dass in vielen Fällen die negative Seite der wirtschaftlichen Aktivität einfach außer Acht gelassen wurde. Geringere Steigerungen in einer wirtschaftlichen Situation müssen von einem negativen Prozess unterschieden werden. Einen Vermögensstand anhand von Zuflüssen messen zu wollen, die die Badewanne nicht füllen oder, schlimmer noch, die sogar versiegt sind, führt zur Vernachlässigung des Begriffs der negativen Zuflüsse. Nur wenn wir die Wassermenge in Betracht ziehen, können wir sowohl positive als auch negative Veränderungen erfassen und entscheiden, ob der Zufluss einen Mehrwert oder einen Minderwert erzeugt.

Wir sollten außerdem erkennen, dass unser derzeitiges Buchführungssystem inadäquat ist, um viele Wohlstandssteigerungen korrekt zu messen. Dieses Phä-

---

15 Siehe Weisskopf, Walter (1972): The Psychology of Economics, University of Chicago Press, Ill., S. 57ff.

nomen steht mit gewissen, den Begriff der relativen Preise betreffenden Paradoxien in Zusammenhang.

Relative Preise und deren Veränderungen gehören zu den besten Indikatoren, an denen wir feststellen können, ob neue Technologien oder Produktionssysteme auf einem bestimmten Gebiet sich als wirklich effizient erwiesen haben. Wenn in einem Sektor große Fortschritte gemacht werden, sinken nicht nur die Produktkosten, sondern auch ihr Preis fällt drastisch im Vergleich, das heißt relativ zu dem anderer Produkte auf dem Markt. Vor dreißig Jahren kostete ein kleiner Taschenrechner noch so viel wie etwa 500 Kilo Brot; vor zwanzig Jahren kostete er weniger als 10 Kilogramm Brot und heute gar weniger als 1 Kilogramm Brot. Das heißt, dass die relativen Preise von Taschenrechnern im Vergleich zum Brotpreis steil gefallen sind. Für den Einzelnen kann das Ersetzen eines billigen Produkts durch ein teures und seltenes (wie z.B. eine Rechenmaschine vor 50 Jahren) seinen Reichtum zwar deutlich vergrößern, gleichzeitig aber den Wohlstand verringern. Die Tatsache, dass wir uns heute Produkte wie einen Taschenrechner leisten können, die vor 20 oder 30 Jahren für den privaten Gebrauch noch unerschwinglich schienen, spricht dafür, dass wir heute real gesehen reicher sind. Im Sinne von monetarisiertem, uns zur Verfügung stehendem Wohlstand wäre jedoch jemand, der vor 20 oder 30 Jahren in der Lage war, einen solchen Taschenrechner zu kaufen, als viel reicher betrachtet worden als wir es heute sind, da der Kauf viel weniger Geld erfordert.

Auf volkswirtschaftlicher, makroökonomischer Ebene mag dieses Phänomen weniger widersprüchlich sein. Wenn heute der Preis eines Taschenrechners ein Zehntel des Preises ausmacht, den man vor zwanzig Jahren bezahlte, und wenn es heute möglich ist, tausend Taschenrechner zu verkaufen an Stelle der zehn, die vor zwanzig Jahren verkauft wurden, haben wir, in Geldwert ausgedrückt, den Verkaufswert verzehnfacht. Der wirkliche Wohlstand der Menschen hat sich aber um vieles mehr vergrößert. Gewisse durch die Expansion des Taschenrechnermarktes erzeugte Gewinne können für den Kauf jener Güter benutzt werden, die weiterhin teuer sind, d.h. deren relativer Preis hoch geblieben ist.

Um unseren Wohlstand zu messen, reicht es keineswegs aus, lediglich zu erfassen, ob und um wie viel wir reicher geworden sind. Während wir in mancher Hinsicht in den letzten zehn Jahren ärmer geworden sind, da wir heute mehr Geld für vormals freie Güter und Dienstleistungen zahlen müssen, wie zum Beispiel für sauberes Trinkwasser oder das Baden in unverschmutztem Wasser, sind wir andererseits auch reicher geworden, denn wir können uns heute Taschenrechner oder Videorecorder für den Lohn weniger bezahlter Arbeitsstunden leisten. Und wir können hochklassigen Opern und Theaterstücken beiwohnen, was zu Molieres Zeiten der aristokratischen Elite vorbehalten war. Unsere Versuche, den Mehrwert zu messen und den Mechanismus der relativen Preise zu durchschauen, führen, will man die Mehrung des Wohlstands einschätzen, zu Folgerungen, die sich als viel komplexer erweisen als zunächst erwartet. Der leichteste Ausweg besteht darin, anhand annähernder Indikatoren den Grad des realen verfügbaren Wohlstands (bzw. seines Nutzungswertes) zu messen.

Endziel auf unserer Erde im Kampf gegen die Knappheit ist es, auf möglichst vielen Gebieten Überfluss zu schaffen. Aber die menschliche und wirtschaftliche Entwicklung bedeutet auch, dass wir immer wieder neue Knappheit finden und damit werden leben müssen. Knappheit ist letztendlich das Merkmal des Ungleichgewichtssystems, in dem menschliches Wirken sich vollzieht. Sie ist die conditio sine qua non des menschlichen Strebens nach Erfüllung.

Das Badewannensystem: die Messung von Ergebnissen anhand von Indikatoren

Einer der großen Widersprüche der Bewertung und der Definition von Wohlstandsveränderungen kommt daher, dass in gewissen Fällen eine reale Erhöhung des Wohlstands eher der Zunahme der Kosten entspricht, die für die Bekämpfung der Umweltverschmutzung erforderlich sind. Das sind unter anderem die Investitionen für die Abfallentsorgung und den Schutz der Umwelt, Kosten die ganz eindeutig einen negativen Wert darstellen. Andererseits wird manche wirkliche Wertzunahme unterbewertet. Die jährlich von den Regierungen veröffentlichten Statistiken zum Wachstum des Bruttosozialproduktes verkünden, die Wirtschaft sei um so und so viel gewachsen. In Wirklichkeit wird ein großer Teil dieses Wachstums von Faktoren absorbiert, die nicht unbedingt zur Mehrung unseres Wohlstands beitragen. Andere Faktoren hingegen, die eine erhebliche Verbesserung unseres Lebensstandards zur Folge haben, werden überhaupt nicht oder nur unzureichend gewichtet.

Im Sinne unseres Badewannenbeispiels scheint es wichtig, einen gewissen Pegel des Volkswohlstands zu definieren, und zwar in Bezug auf (Wasser-) Menge, Zu- und Abnahme, Ge- und Verbrauch, die Erhaltung der Qualität und Vielfalt. Die Messung des Mehrwerts spielt für die Organisation eines industriellen Produktionssystems eine große Rolle, und dieses System stellt natürlich auch weiterhin einen bedeutenden Teil des gesamten Wirtschaftssystems dar. Diese Messung ist jedoch nur teilweise relevant für Messung, Orientierung und Steuerung des Volkswohlstands.

Solche Messungen können anhand von Indikatoren erfolgen, wie sie in den letzten vierzig Jahren in verschiedenen Sektoren für unterschiedliche Zwecke entwickelt worden sind. Ohne die Rückendeckung einer allgemeinen Wirtschaftstheorie können allerdings diese Indikatoren nicht mit einem ausreichenden Konsens definiert werden. Sie dürften ohne sie in Bezug auf Bedeutung und Status kaum die Anerkennung finden, die sie brauchen, um als wirksame Instrumente der allgemeinen Entwicklung der Reichtümer und des realen Volkswohlstandes zu dienen.

Des Weiteren setzt der Schritt in ein Wirtschaftssystem und in eine Wirtschaftstheorie, die über den traditionellen Begriff des wirtschaftlichen (Mehr)wertes hinausgehen, eine gewisse Akzeptanz für die relative Ungewissheit dieser Messungen voraus. Diese Ungewissheit rührt daher, dass die eigentliche Frage, was denn überhaupt Wohlstand sei, die Definition gewisser Ziele und Erwartungen erfordert. Die Definition eines Wohlstandsniveaus verändert sich mit der Zeit und dem Gang der Geschichte und ist deshalb ein relatives Konstrukt.

Wo die Beschränkungen härter sind, ist aber wahrscheinlich auch der Impetus stärker, der Hölle zu entfliehen, um überhaupt zu überleben. Viele potentiell ärmere Menschen sind in der Vergangenheit arbeitsamer und reicher geworden als solche, die in einer wirtlicheren Umgebung lebten. Dies gilt überall auf Erden, sowohl für einzelne Menschen als auch für gesamte Völker. Dies ist aber eine historische Entwicklung, somit reversibel. Zudem sind nicht alle Vorteile notwendigerweise artspezifisch. Gegenden, die für die Menschen wirtlich sind, sind es vielleicht auch für biologische Gegner wie zum Beispiel Viren.

Dieser gesamte Bereich lässt sich nur schwer definieren. Sämtliche Indikatoren für das Niveau von Wohlstand, Gesundheit, Glück, Wissen, Zugang zu materiellen Besitztümern und Werkzeugen sind Konzepte, die von Ungewissheit und Veränderlichkeit geprägt sind. Es trifft sich, dass der Begriff des Mehrwerts viel einfacher zu sein scheint und zudem den Vorteil hat, als ein für alle Bereiche vorgeschlagenes und benutztes Managementinstrument zu gelten, das überall auf gleiche Weise eingesetzt werden kann.

Besteht denn die beste Weise, auf wissenschaftlichem und anderen, inklusive den wirtschaftlichen Gebieten vorwärts zu kommen, nicht darin, den einfachsten Weg einzuschlagen?

Der Haken an der, wie behauptet wird, universalen Gültigkeit des Mehrwertbegriffs liegt wesentlich darin, dass er als Maß des industriellen Produktionssystems benutzt wird. Die Erstellung einer sicheren statistischen Grundlage für das Messen der Wohlstandsmenge und deren Veränderungen mit Hilfe einer adäquaten Palette von Indikatoren, die von Land zu Land etwas verschieden ausfallen können, aber homogen genug sind, um Vergleiche zu erlauben, ist nicht unbedingt komplizierter als die Messung des Mehrwerts[16].

Es finden immerhin schon eine ganze Menge solcher ökonomischer, periodisch neu definierter Indikatoren bei uns Verwendung, wie zum Beispiel der

---

16 Siehe "Assessing Wealth and Welfare", in: Giarini, Orio (1980): Dialogue on Wealth and Welfare, S. 200ff.

Preisindex für die Lebenshaltung, mit dessen Hilfe in vielen Ländern die Inflationsstufe gemessen wird. Diese Indikatoren enthalten jeweils eine Menge sorgfältig gewichteter Faktoren. Diese sind natürlich nicht in allen Ländern identisch, da sie die ständig sich verändernde Konsumstruktur der jeweiligen Gesellschaft widerspiegeln.

In der zur Reife gekommenen Dienstleistungsgesellschaft könnten solche Indexe politisch von Vorteil sein, besonders wenn es gelingen sollte, die Kluft zu schließen zwischen den Messungen des Bruttosozialprodukts, die die wirklichen Schwankungen des tatsächlichen Wohlstands nicht widerspiegeln, und den Erfahrungen der Einzelnen, der Prosumenten, die bereits aus der Praxis wissen, was es heißt, unter den heutigen wirtschaftlichen Bedingungen reicher zu werden.

Die Grenzen der Monetisierung – Der Wandel der geldgesteuerten Gesellschaft[1]

Patrick M. Liedtke

⇒ Neuer Maßstab für Wirtschaftswachstum bedingt Berücksichtigung der Freiwilligenarbeit bei Wohlstandsvermehrung.
⇒ Ausweitung des Begriffs Arbeit ist notwendig.

1. Einleitung

Die unbezahlten Tätigkeiten stoßen immer noch auf Schwierigkeiten, wenn es darum geht, ihren Beitrag zur Erzielung von Wohlstand adäquat im Wirtschaftskreislauf zu erfassen. Damit gehen oftmals nicht nur die diese Tätigkeiten ausführenden Personen der ihnen gebührende Anerkennung verlustig, es fehlt auch an der grundlegenden Voraussetzung zur effizienten wirtschafts- und sozialpolitischen Steuerung unserer Gesellschaft. Warum dies so ist, weshalb es aber nicht so bleiben muss und wie wir es besser machen können, soll Inhalt dieses Beitrages sein. Die Überlegungen sind dabei mit den kommenden Entwicklungen, die unsere Arbeit betreffen, gekoppelt. Sie alle stehen unter dem Zeichen der nachhaltigen Prosperität, die es nur wird geben können, wenn wir umfassender alle relevanten Dimensionen unseres Wirkens verstehen und dann auch optimieren.

Der vorliegende Text basiert auf dem Wirtschaftsbestseller von Orio Giarini und Patrick Liedtke "Wie wir arbeiten werden" (ISBN 3-455-11234-X), erschienen in Deutsch bei Hoffmann & Campe sowie in weiteren sechs Sprachen. Ebenso wertvoll war die Arbeit des Applied Services Economic Centre (ASEC) in Genf, das sich als "non-profit" Organisation zum Ziel gemacht hat, die Wirkzusammenhänge der neuen Dienstleistungsökonomie und deren zukünftige Entwicklung näher zu untersuchen.

---

[1] Alle über den Abdruck in der genannten Veröffentlichung hinausgehenden Rechte verbleiben beim Autor

2. Das Problem der geldgesteuerten Wirtschaft

2.1. Über den Wohlstand der Nationen

Die Wirtschaftswissenschaft wurde als eine besondere, von anderen Sozialwissenschaften zu unterscheidende Disziplin, wie in den Kapiteln vorher schon beschrieben, an jenem Tag geboren, da Adam Smith ein Ziel der wirtschaftlichen Tätigkeit bestimmen und zugleich eine Methode vorschlagen konnte, wie die Anstrengungen, es zu erreichen, gemessen werden könnten.

Das allgemeine Ziel war die Entwicklung des Wohlstands der Nationen. Es konnte erreicht werden, indem man das Potential der damals schon in Gang befindlichen industriellen Revolution ausnutzte. Wichtig vor allem war, die Produktionskapazitäten für materielle Güter durch den Einsatz neuer Werkzeuge – bereitgestellt durch Kapitalakkumulation und Investition basierend auf abstrakten Geldeinheiten – und den Beitrag der Arbeit zu steigern. Dieser Prozess konnte gemessen werden, weil die Produktionsfaktoren Kapital und Arbeit für ihren Beitrag in von der verrichteten Produktion unabhängigen und (im Wesentlichen) frei transferierbaren Geldeinheiten entgolten wurden. Dieser Produktionsprozess konnte durch einen hinzugefügten Wert zum Ausdruck gebracht werden, der selbst die Messung eines Stroms darstellte. Man war der Auffassung, dass der Strom der Güterproduktion dem vorhandenen Reichtum etwas hinzufügte und als solcher die effizienteste Methode der Wohlstandsproduktion darstelle.

In unserer heutigen Betrachtungsweise der Wirtschaft bezeichnen wir im Allgemeinen das Bruttoinlandsprodukt und seine Wachstumsrate von einer Periode zur andern als den Maßstab für Zuwächse des wirtschaftlichen Wohlstands und der Wohlfahrt. Dieses Bewertungssystem hat freilich einige schwerwiegende Nachteile:

Unter anderem kommt die Umwelt als wichtige Bestandsvariable in dieser Gleichung zumeist nicht oder nur ungenügend vor. In manchen Fällen, und anscheinend nimmt ihre Zahl zu, schafft das so genannte Wirtschaftswachstum keinen realen Zuwachs an Wohlstand und Wohlfahrt. Es führt manchmal sogar zu Situationen, in denen ein Nettozuwachs des BIP einen realen Nettorückgang an Wohlstand und Wohlfahrt bewirkt.

Jedes frei verfügbare Gut, etwa frische Luft, hat keinen Preis und daher, der ökonomischen Theorie zufolge, keinen Wert. Die Zerstörung der frei zugänglichen Güter im Produktionsprozess mindert das BIP daher nicht, noch reduziert sie das wirtschaftliche Wachstum von Wohlstand und Wohlfahrt. Doch offensichtlich schwächt es Faktoren, die zu wirklichem Wohlstand und Wohlfahrt beitragen. Hier findet sich ein schwerwiegender Widerspruch, da ein System, das zunächst einmal produziert, um den Wohlstand zu steigern, genau das Gegenteil erreichen und mehr Knappheiten schaffen könnte. Güter ohne Preis, die knapp werden, haben im Hinblick auf realen Wohlstand weniger Wert, als wenn sie praktisch unbegrenzt im Angebot wären. Unser ökonomisches System berücksichtigt dies jedoch nicht, denn nur ausgepreiste Güter haben einen wirtschaftlichen Wert. Der reale Wert eines Gutes wird solange nicht erkannt, bis es knapp wird und daher einen Preis bekommt, ohne dass ein ursprünglicher Bestand oder Vorrat berücksichtigt würde.

Es kommt einem paradox vor, dass eine Gesellschaft, die den Zugang zu Trinkwasser beschränkt und den Menschen einen Preis dafür abverlangt, reicher erscheint als eine, in der Trinkwasser frei verfügbar ist. Doch es ist die letzte zynische Konsequenz unserer wirtschaftlichen Bewertung von wachsendem Wohlstand und Wohlfahrt, dass eine Gesellschaft, die zuerst für das Graben eines Lochs bezahlt und dann dafür, dass es wieder aufgefüllt wird, reicher sein soll als eine, die sich auf eine solch idiotische Aufgabe nie eingelassen hätte. Wir müssen daher ein Weg finden, um den Wert des ursprünglichen Bestands festzustellen, den Wert der Mitgift und des Erbes der Natur für uns. Wann immer wir uns mit der Produktion knapper Güter beschäftigen, müssen wir nicht nur die Wirkung auf andere bereits knappe Güter berücksichtigen, sondern auch die Veränderungen bei den frei zugänglichen Gütern und besonders in unserer Umwelt.

Insbesondere in dem Moment, da Dienstleistungsfunktionen wichtiger für jeden Prozess der Wohlstandsproduktion werden als reine Herstellungsfunktionen, verliert die traditionelle Definition des Werts weiter an ihrer Sinnhaftigkeit. Die technische Entwicklung trägt zur Produktion zunehmend komplexer Systeme bei und erhöht den Bedarf an Dienstleistungen, die unverzichtbar sind, um materielle Werkzeuge oder Güter zu einem späteren Zeitpunkt nutzbar zu machen. Von daher muss der Wertzuwachs im Hinblick auf die Leistung des Systems gemessen werden. Solche Leistungen können nicht mit der bloßen Existenz des Produkts und seinen (reinen) Herstellungskosten gleichgesetzt werden.

Bei der Leistung, wie zum Beispiel dem Gesundheitszustand eines Menschen, kann der Umstand, dass man reicher ist oder in besserer physischer Verfassung, nicht mehr gleichgesetzt werden mit dem größeren Umfang an medizinischen Produkten, die gekauft und verbraucht werden. Und dies gilt gewiss auch dann, wenn eine größere Zahl von Dienstleistungen in die Gebrauchsphase eines Produkts eingebunden wird.

Historisch gesehen trat eine grundlegende Veränderung in dem Moment ein, als die Dienstleistungsfunktionen im Hinblick auf Kosten und Ressourceneinsatz erstmals wichtiger waren als die reinen Herstellungsfunktionen.

2.2 Das Problem der unbezahlten Arbeit

2.2.1. Abriss zu Terminologie, Funktion und Abgrenzung

Im Jahr 2001 hat die UNO (United Nations Organization) das Jahr der Freiwilligen proklamiert und damit ein wichtiges Zeichen gesetzt. Intendiert war und ist eine allgemeine Sensibilisierung für die Relevanz von Arbeiten, die nicht bezahlt werden in unserem Wirtschaftssystem und der Gesellschaft dienen. Es ging ergo um die nicht monetisierte Arbeit. Ein interessantes Problem hat sich gleich zu Anfang dieser Initiative in Deutschland ergeben, nämlich die Frage: "Was ist eigentlich Freiwilligenarbeit?" Und in diesem Zusammenhang auch nach der geeigneten Terminologie, die für die verschiedenen Initiativen zu verwenden sei. Dabei sind die Begriffe "freiwillige Arbeit" und "Freiwilligenarbeit" eher unglücklich gewählt, stellen sie doch als Antonyme zur "Zwangsarbeit" eine kontraproduktive Assoziation her. Sie widersprechen ebenfalls der allgemeinen Grundauffassung von der freiheitlichen Organisation einer sozialen Marktwirtschaft, in der jeder selbst über die Aufnahme von Arbeit und Arbeitsbeziehungen entscheiden kann (von speziellen Ausnahmen wie Wehr- und Ersatzdienst für Männer oder im Strafvollzug einmal abgesehen).

Gemeint ist mit "Freiwilligkeit" die Bereitschaft, Arbeitsleistungen für Dritte zu verrichten, ohne hierfür (angemessen) entlohnt zu werden. Neben dem Begriff "Freiwilligenarbeit" stehen noch andere Varianten. Wie Begriffe "Ehrenamt", "Bürgerbeteiligung", "freiwillige und unentgeltliche Tätigkeit", "bürgerschaftliches Engagement" und "soziales Engagement" oftmals verwendet werden. Aus ökonomischer Sicht kann diese allgemein sprachliche Verwendung der Begriffe nicht befriedigen. Die Unterscheidung von Prof. Thomas Rauschenbach anlässlich seines Referates auf der Mitgliederversammlung des Deutschen Vereins für öffentliche und private Fürsorge e.V. am 1. Dezember 1999 in Frankfurt/ Main. Er unterscheidet wie folgt:

1. Ehrenamt:
➢ Traditionelle Bezeichnung für freiwilliges Engagement
➢ In der Regel organisierte und unentgeltliche Mitarbeit in Verbänden, Vereinen, Kirchen, Gewerkschaften oder Parteien; Basis ist die Mitgliedschaft
➢ Identifikation mit den Zielen und Werten der Verbände
2. Selbsthilfe:
➢ Organisationsferne Form des Engagements
➢ Autoritäts- und expertenskeptische, wertepluralistische Milieus
➢ Entwickelte sich in den 70er bis 80er Jahren als Gegenpol zum traditionellen Ehrenamt

3. Bürgerschaftliches Engagement:
➢ Hat seinen Ursprung im bürgerschaftlichen Wohlfahrtsgedanken des 19. Jahrhunderts
➢ Selbstverpflichtung und praktische Solidarität
➢ Wiederbelebung der Idee der Gemeinwohlorientierung
4. Freiwilligenarbeit:
➢ Begriff unabhängig von sozialen Milieus
➢ Individuell, spontan handelnde Menschen
➢ Hilfe auf Gegenseitigkeit für sich und andere, in einer Gruppe oder alleine

Während der Autor prinzipiell dieser Systematik folgen kann, erscheint die Abgrenzung gegenüber den bezahlten Tätigkeiten unter ökonomischen Gesichtspunkten nicht voll befriedigend gewährleistet, da keine Aussage über die wirtschaftliche Natur der verrichteten Tätigkeiten erfolgt. Ulrich Beck schreibt spezifisch über die Bürgerarbeit: *"In der Kennzeichnung von Bürgerarbeit als freiwilligem sozialen Engagement liegt eine begriffliche Vorentscheidung [...]. Bürgerarbeit ist in diesem Sinne nicht nur zu unterscheiden von Erwerbsarbeit und Sozialarbeitszwang, sondern auch von Arbeiten im Haushalt und in Familien, Freizeitaktivitäten, Schwarzarbeit und anderem mehr, Bürgerarbeit dient nicht primär einem ökonomischen oder subsistenzwirtschaftlichen Zweck wie Haushaltsproduktion oder Schattenwirtschaft, sie ist verwandt mit dem politischen Handeln, produziert Kollektivgüter, dient dem "Gemeinwohl", anders als etwa individuelle Freizeitaktivitäten. Auch diese begriffliche Eingrenzung eröffnet noch ein weites Feld [...]"*

Um diese Überlegung in ein ökonomisches Erkenntnismodell einfliessen zu lassen, soll daher im Folgenden an die im vorherigen Kapitel von Professor Orio Giarini erwähnte Terminologie erinnert werden:

1. **Monetisierte** Tätigkeiten:
Hierunter fällt die (abhängige) Erwerbsarbeit mit allen entgeltlichen Dienstleistungen oder entgeltlichen Arbeitsverrichtungen. Die Tätigkeiten werden also im direkten Austausch für Geldleistungen erbracht.
2. **Monetarisierte** (aber nicht monetisierte) Tätigkeiten:
Diese Gruppe umfasst alle Tätigkeiten, deren Verrichtung zwar monetisiert und mit einem Entgelt entlohnt werden könnte, dies im Austauschprozess aber unterbleibt. Die Tätigkeiten haben somit einen spezifizierbaren Marktwert. Insoweit sind also "freiwilliges Engagement", Ehrenamt und Bürgerarbeit monetarisierte, aber nicht monetisierte (da unbezahlte) Tätigkeiten.

3. Nicht monetarisierte Tätigkeiten:
Hierunter sind alle Tätigkeiten zu verstehen, die in Eigenproduktion verrichtet werden, oder deren Natur eine marktwirtschaftliche Bewertung im Austauschprozess nicht zulässt. Selbsthilfe, Eigenstudium oder individuelle Weiterbildung sind Beispiele.

Die unbezahlte Arbeit hat sich auch deswegen nicht zur ökonomischen Analyse angeboten, da eine solche systematische Unterteilung der Arbeit in verschiedene Gruppen, die klar abgrenzbar sind, unterblieb. Die obige Unterteilung hat den Vorteil, dass die monetisierte Arbeit systematisch in den offiziellen Statistiken (BSP, BIP, Volkseinkommen etc.) erfasst ist, während die monetarisierte, aber nicht monetisierte Arbeit erfassbar wäre. Lediglich der Beitrag, den die nicht monetarisierte Arbeit zum Wohlstand einer Personengruppe leistet, ist nicht mit dem herkömmlichen Instrumentarium erfassbar.

Das Problem einer geldgesteuerten Wirtschaft und deren offensichtliche Unvollständigkeit im Hinblick auf eine reale Beschreibung von Wohlstand und Wohlergehen jenseits der rein entgeltlichen – monetisierten – Dimension besteht also zum Teil auch darin, dass die verwandte Terminologie – insbesondere für Ökonomen – ungünstig und in einigen Fällen fehlleitend ist.

2.2.2. Die Bedeutung von Arbeit

Wer sich über die Schaffung von Wohlstand in unseren Wirtschaftssystemen Gedanken macht, muss sich mit den grundlegenden Funktionen der Arbeit in unserer Gesellschaft auseinandersetzen. Zwar sind andere Produktionsfaktoren zur Wohlstandserzeugung notwendig, doch stellen diese immer nur (wenn auch notwendige) Komplemente zur zentralen Größe Arbeit dar. Jede Überlegung, die auf ein nachhaltiges System der Prosperitätserzeugung zielt, muss diese Funktionen der Arbeit berücksichtigen. Sie lassen sich wie folgt unterteilen:

1. Die Produktionsfunktion: Die Arbeit verleiht den Menschen die Möglichkeit, die für ihren Lebensunterhalt notwendigen Mittel zu verdienen.
2. Die Allokationsfunktion: Die Arbeit sorgt durch Umverteilungsmechanismen für eine Reallokation der, der Gemeinschaft zur Verfügung stehenden, Mittel.
3. Die Solidarfunktion: Die Arbeit fördert durch ihre sozialen Komponenten die Organisation von Gemeinschaften und sorgt für gesellschaftliche Kohäsion.
4. Die Sinnfunktion: Die Arbeit erlaubt den Menschen, sich zu entfalten und ihre Wertvorstellungen auszudrücken – "Wir sind, was wir produzieren/tun".

Stand früher fast ausschließlich die Produktionsfunktion im Mittelpunkt der Diskussion, so verschieben sich die Schwerpunkte der vier Funktionen von Arbeit zunehmend zugunsten der anderen Funktionen. Insbesondere Sinn- und Solidarfunktion gewannen nach den Erfahrungen in den 70ern und 80ern Jahren mit neuer Massenarbeitslosigkeit an Bedeutung. Die Konsequenzen von Arbeitslosigkeit sind der Verlust der Möglichkeiten für den Lebensunterhalt zu sorgen, ein Rückgang des Selbstwertgefühls der Betroffenen und eine Zurückbildung des Humankapitals mit sich weiter verschlechternder Beschäftigungsfähigkeit. Es treten aber auch eine Minderung der sozialen Kompetenz und hierdurch unter Umständen Förderung asozialen Verhaltens sowie eine fehlende gesellschaftliche Integration und damit Auslösung sozialer Spaltung ein.

Nicht entgeltlich abgegoltene Arbeit nimmt einen besonderen Stellenwert ein, wenn es darum geht, gesellschaftliche Zusammengehörigkeit und individuelle und gruppenorientierte Identität zu fördern. Abseits des Arbeitsmarktes ergeben sich nicht nur weitere sondern auch wesentlich flexiblere Betätigungsfelder für die Betroffenen, die sich anders organisieren können, als dies auf den Erwerbsmärkten möglich ist. Da hier aber der spezielle Charakter einer monetären Austauschbeziehung nicht vorhanden ist, fehlen bestimmte Anreizstrukturen. Diese treffen nicht nur die Arbeitenden sondern auch die mit ihnen direkt und indirekt in Verbindung stehenden Institutionen. So kann beispielsweise der Fiskus einerseits nicht (oder nur schwer) diese Form der Arbeit mit Abgaben belegen, andererseits ist er allerdings auch deutlich zurückhaltender, wenn es um die Erstattung oder Gewährung von Vergünstigungen geht. Ähnliches gilt für die sozialen Sicherungssysteme, die in der Regel zwar einen hohen Grad an Abhängigkeit von nicht monetisierter Arbeit aufweisen, die dort geleistet wird, den Ausführenden aber in der Regel keine oder nur wenige "Rückgewährungen" zukommen lassen.

Ohne den gut verstandenen und effizient organisierten monetären Aspekt der Arbeit, scheint den nicht entgeltlich abgegoltenen – den nicht monetisierten – Tätigkeiten ein gewichtiger Nachteil zu entstehen. Zwar leistet sie einen wichtigen Beitrag zum Wohlstand (Wohlergehen) einer Gesellschaft, kann aber trotzdem – vor allem wegen der fehlenden Implementierung eines geeigneten Instrumentariums und einer fehlenden gesellschaftlichen Willensäußerung zu dieser Thematik – keinen Anspruch gegen zukünftigen Wohlstand (Wohlergehen) stellen. [Einschub: Der Autor ist sich bewusst, dass in einigen Fällen dieser Aspekt durchaus den Charme insbesondere der ehrenamtlichen Tätigkeit ausmacht. Er stellt aber heraus, dass diese Verbindung nicht zwingend sein muss, sie aber zumindest möglich sein sollte.] Hier liegt ein wesentlicher Aspekt des Problems unserer sonst so effizienten geldgesteuerten Wirtschaft.

Noch heute ist der Begriff der Erwerbsarbeit weitgehend besetzt durch das Verständnis einer Arbeitsleistung für Dritte, die in Geld- oder Sachwerten entlohnt wird. Seit der Entstehung des Homo Oeconomicus im Rahmen erst des Calvinismus und später dann des Kapitalismus wird Arbeit weitgehend mit Erwerbsarbeit gleichgesetzt. Erst in jüngerer Zeit haben sich Arbeitswissenschaftler, Ökonomen, Philosophen aber auch andere Institutionen, wie zum Beispiel die katholische Kirche (vgl. Johannes Paul II (1981): "Laborem Exercens"), mit dem Begriff der Arbeit auseinandergesetzt und sich um eine erneute Trennung der beiden Begriffe Arbeit und Erwerbsarbeit bemüht. In dem Bericht an den Club of Rome "Wie wir arbeiten werden" hat sich der Autor, wie oben erwähnt, um eine Ausweitung des Begriffs Arbeit von bezahlter Erwerbsarbeit auf unbezahlte Tätigkeiten für Dritte sowie Arbeit in Eigenleistungen bemüht: Monetisierte Arbeit (=Erwerbsarbeit); monetarisierte aber nicht monetisierte Arbeit und nicht monetarisierte Arbeit. Die moderne Gesellschaft und Ökonomie muss für eine effiziente Organisation dieser drei, deutlich unterschiedlichen, Formen von Arbeit sorgen. Dies ist insbesondere für die effizientere Einbindung der Formen nicht bezahlter Arbeit, wie Ehrenamt oder Bürgerhilfe, wichtig. Eine Aufwertung und angemessene Berücksichtigung der erbrachten Leistung kann erst dann wirklich erfolgen, wenn die Früchte dieser Arbeit quantifiziert werden.

2.3 Monetisierte und nicht monetisierte Aktivitäten

Bis zum Beginn der industriellen Revolution war die Mehrzahl der Ressourcen, die vor allem im Agrarsektor produziert und konsumiert wurden, auf ein System der Eigenproduktion und der Eigenkonsumtion bezogen: ein nicht monetisiertes/ monetarisiertes System. Wie wir wissen, hat die industrielle Revolution den Prozess der Spezialisierung und daher des Austauschs unter Zuhilfenahme von Geld als Medium beschleunigt. Der geldgestützte Austauschprozess betrifft das, was wir als den monetisierten Teil einer Wirtschaft bezeichnet haben. Behalten wir diese Unterscheidungen zwischen monetisiert und nicht monetisiert/monetarisiert im Auge, dann kann eine im Wesentlichen agrarische Gesellschaft als vorwiegend nicht monetisiert/monetarisiert bestimmt werden. Wenn hingegen kommerzieller Tausch stattfindet, dann entsteht ein monetisiertes Wirtschaftssystem.

Die fundamentale Bedeutung des Geldes in der Wirtschaft ist relativ neu, auch wenn die Geschichte des Geldes weit zurückreicht. Erst mit der Entwicklung der industriellen Revolution wurde Geld zum entscheidenden Werkzeug für die Organisation des neuen Produktionssystems.

Diese neue Wirklichkeit der Produktion hat vor zweihundert Jahren auf machtvolle Weise dazu beigetragen hat, die moderne Wirtschaftswelt zu erschaffen, in der trotz aller schrecklichen historischen Krisen und Rückschläge ein wesentlicher Schritt nach vorne zu mehr Wohlstand und Wohlfahrt der Menschen getan wurde. Und doch kann man eine berechtigte Frage aufwerfen: Inwieweit gelten all diese Grundannahmen in einer Situation, in der Dienstleistungen zum Schlüssel und nichtmonetisierte Aktivitäten ein höchst relevanter Teil der Produktion werden? Sollten wir nicht die traditionelle Vorstellung überwinden, dass produktive Beschäftigung, ja die Vorstellung von Beschäftigung überhaupt, heute immer noch im Kern an diesen Prozess der Monetisierung geknüpft ist?

Die erfolgreiche Entwicklung der Produktivität und der industriellen Produktion hat zu einer sehr paradoxen Lage geführt. Schon vor über einem halben Jahrhundert hat Arthur Pigou, der Pionier der Wohlfahrtsökonomie, einen der Mängel des Wirtschaftssystem in dieser Sphäre angesprochen, ohne unbedingt zu weiteren Schlussfolgerungen zu gelangen. Er dachte über die Tatsache nach, dass ein Junggeselle, der eine Haushälterin beschäftigt und diese dann heiratet, das Nationaleinkommen senkt, da ihre zuvor bezahlte Arbeit nun nicht mehr bezahlt wird. Doch nichtbezahlte Arbeit und der Begriff des nicht monetisierten/monetarisierten Bereichs der Wirtschaft gehen weit über Arbeit im Haushalt und deren Nichtberücksichtigung hinaus, die eine Lücke in der volkswirtschaftlichen Gesamtrechung hinterlässt.

Betrachten wir erneut den Fall der Gesundheitskosten: Die Entwicklung der Kapazitäten von Arzneien, Ärzten und medizinischen Instrumenten zur Verbesserung der Gesundheit, die ebenfalls dank der industriellen Revolution und des monetisierten Systems möglich war, hat zweiffellos entscheidende Vorteile gebracht. Andererseits stellen uns die hohen und weiter stark steigenden Kosten der Krankenhausbehandlung gegenwärtig vor finanzielle Probleme in den Gesundheitssystemen. Über zwei wesentliche potentielle Lösungsstrategien wird in diesem Zusammenhang nicht genügend nachgedacht: erstens die nicht monetisierte/monetarisierte Leistungserbringung als Alternative zu den monetisierten und zweitens die nicht monetisierte/monetarisierte Leistungserbringung als Komplement.

So stellt sich die Frage, warum so viele medizinische Eingriffe stets stationär zu erfolgen haben und ein wesentlicher Teil der Gesundungsphase im Krankenhaus erfolgen muss. Richtig organisiert – und begleitet von einem entsprechenden leistungsfähigen System – kann deutlich mehr in die privaten Haushalte verlagert werden, in denen gemeinhin wesentlich kostengünstigere Infrastrukturen vorherrschen. Natürlich müssen auch die richtigen Anreize geschaffen werden, damit die betroffenen Personen, dieses Angebot auch annehmen. Wenn der (entlohnt) arbeitende Partner Ausfallzeiten im Betrieb, die durch häusliche Pflegetätigkeiten entstehen, ersetzt bekommt, so wirkt dies sicherlich positiv.

Ähnliches gilt für andere Sektoren, so zum Beispiel die Betreuungsarbeit von Kindern. Es ist klar, dass die gleichberechtigte Beteiligung von Frauen am Erwerbsleben eine gesellschaftliche Errungenschaft darstellt und allgemein zu begrüßen ist. Doch ebenso klar ist, dass heute die Kinderbetreuung, die in der Vergangenheit in der Regel nicht entlohnt von den Frauen geleistet wurde, durch ein teures Systems von Kindergärten und Tagesbetreuungsstätten abgelöst wurde. Eine realistische Rechnung, welche Auswirkungen auf die Effizienz und das Wohlergehen unserer Gesellschaft diese Transformation hatte und hat, existiert nicht. Vor allem deswegen nicht, weil die nicht entgeltlich abgegoltene also nicht monetisierte – Arbeitsleistung insbesondere der Frauen in der Vergangenheit keinen Wert für das bruttosozialproduktfixierte Wirtschaftssystem darstellte. Um im tradierten Bild zu bleiben: Eine sehr sonderbare Erscheinung, wenn die gegenseitige Einstellung von zwei Müttern als bezahlte Kindermädchen der jeweils anderen Kinder als wirtschaftlich erfolgreicher und erstrebenswerter quantifiziert wird, als wenn sie sich um die eigenen Kinder kümmern. Warum ist die Arbeit, die von bezahlten Personen in den Kindergärten verrichtet wird, Teil der produktiven Arbeit, die zum Bruttoinlandsprodukt beiträgt, die gleichwertige Arbeit der Eltern oder Großeltern dagegen nicht?

Es hat den Anschein, als ob in vielen Bereichen die nicht monetisierten, die monetarisierten, Tätigkeiten aufgerufen wären, zur Rettung dessen zu kommen. Können wir daher immer noch den Begriff der produktiven Beschäftigung auf das beschränken, was zur offiziellen monetisierten Ökonomie gehört, und ihn abgrenzen von der Leistung von Tätigkeiten, die von einem sozialen und sogar indirekt vom finanziellen Standpunkt aus als produktiv bestimmt werden können, jedoch nicht als solche anerkannt werden?

In der Dienstleistungsgesellschaft hat es den Anschein, dass der Zusammenhang von monetisierten und nicht monetisierten/monetarisierten Tätigkeiten von wechselseitiger Abhängigkeit geprägt ist und dass ein wachsender Anteil der nicht monetisierten/monetarisierten Tätigkeiten tatsächlich eine Form zunehmend wichtigerer produktiver Arbeit darstellt. Denn sie tragen zum Wohlstand der Nationen bei und sind in manchen Fällen sogar wesentliche Elemente für das Funktionieren der monetisierten Welt selbst. Und dennoch, auch heute jenseits der Schwelle zur Dienstleistungsgesellschaft, stehen wir immer noch stark unter dem Einfluss einer anachronistischen Auffassung von Wohlstand. Erst in jüngster Zeit haben Wirtschaftswissenschaftler begonnen, ihren Standpunkt zum Wohlstand und zur Festlegung des BSP als objektiven Vergleichswert für die nationale Wirtschaftskraft zu überdenken. Die Appelle an die Gesellschaft, sich an anderen, nicht "geldzentrierten" Werten zu orientieren, fruchten bisher wenig. Bis heute werden in der Sparte Ökonomie Nobelpreise vor allem für auf monetäre Aspekte ausgerichtete Forschungsleistungen vergeben. Der fällige Wandel weg von einer monetisierten hin zu einer monetarisierten Wirtschaft, die also die Relevanz von bezahlten und unbezahlten Arbeiten im Austauschprozess erkennt, kommt nur langsam und vor allem außerhalb der Ökonomie in Gang. Er wird aber für die weiteren Verbesserungen unseres Verständnisses von produktiven Tätigkeiten allgemein von großer Bedeutung sein. Der dann weitere Schritt hin zu einem allumfassenden System, das nicht nur bezahlte und unbezahlte Arbeit analysiert und steuert, die im Austauschprozess steht, also alle monetarisierten Leistungen, sondern die auch die Funktionsfähigkeit der Arbeit in Eigenleistung berücksichtigt, würde einen weiteren Entwicklungssprung bedeuten.

3. Der Wandel der Ökonomie

3.1 Einflussfaktoren für die zukünftigen Entwicklungen in Europa

Welche Einflussfaktoren gibt es für die zukünftigen Entwicklungen, die unserer Meinung nach zentrale Auswirkungen auf das Wirtschaftssystem haben werden? Wo können wir Chancen identifizieren, die das derzeitig durch Fixierung auf die monetisierte Ebene sich teilweise selber blockierende System durch Verbesserung der nicht monetisierten/monetarisierten Elemente effizienter werden lassen? Was können wir für den Aufbruch der bestehenden Systeme beitragen? Und wie können effizientere Alternativ- und Komplementärstrukturen zwischen monetisiert und nicht monetisiert/monetarisiert entwickelt werden? Wir kommen einer nachhaltigen Prosperität und stetig wachsendem Wohlstand bedeutend näher, wenn wir auf diese Fragen befriedigende Antworten geben können.

Um diese Fragen beantworten zu können ist es notwendig, ein plausibles Zukunftsszenario für die weitere Entwicklung unseres Wirtschaftssystems zu entwerfen. Es lassen sich bei näherer Betrachtung im Wesentlichen fünf Faktoren isolieren, die in elementarer Weise den Evolutionsprozess beeinflussen:

1. die strukturelle Transformation von der Industriegesellschaft zur Dienstleistungsgesellschaft,
2. die (politischen) Harmonisierungsbestrebungen in Europa,
3. die weltweiten Globalisierungstendenzen,
4. die demographische Entwicklung sowie
5. der technische Fortschritt.

Gemeint ist damit im Einzelnen:

• Wird nach der offiziellen Statistik noch der Dienstleistungssektor mit einem Anteil von circa 50-60 Prozent an der Beschäftigung ausgewiesen, so stellen, aufgrund der Durchdringung dieser Tätigkeiten in den industriellen Sektor hinein, Dienstleistungen heute schon rund 80 Prozent der Arbeitsaktivitäten[2] – Tendenz steigend. So sieht etwa das IAB (Institut für Arbeitsmarkt- und Berufsforschung) den Anteil von herstellenden Tätigkeiten von derzeit 16,9 Prozent der Erwerbspersonen bis zum Jahr 2010 auf dann nur noch 12,7 Prozent fallen. Vormals dem zweiten Sektor zugerechnete Unternehmen wie IBM, General Electric, Ericsson, Nokia, Air Liquide oder Schindler bezeichnen sich neuerdings als Dienstleister. Insbesondere der Aufzughersteller Schindler, der seine Zukunft in den dienstleistenden Aktivitäten sieht, schätzt für die Gesamtwirtschaft den notwendigen zukünftigen Beschäftigungsanteil in der Herstellung auf nur noch cirka 8 Prozent.[3]

● Die politischen Harmonisierungsbestrebungen in Europa:

Durch die rasanten Entwicklungen gerade der jüngeren Jahre haben sich die ehemals so differenzierten Legal-, Sozial-, Wirtschafts-, Finanz- und auch politischen Systeme in Europa einem Angleichungsprozess unterworfen, der auch für die Zukunft eine stärkere europäische Integration erwarten lässt. Besondere Schwerpunkte gehen dabei von der Vollendung der europäischen Währungsunion aus. Ob am Ende dieser Entwicklung ein gemeinsamer Bundesstaat oder eher ein Staatenbund steht, ist dagegen derzeit nicht abzusehen. Die Unternehmensreformen stehen zunehmend in einem Spannungsfeld der Abgrenzung der Kompetenzen. Meines Erachtens erscheint die langfristige These am plausibelsten die besagt, dass das historisch jüngere Konstrukt Nationalstaat unter Umständen zerrissen wird zwischen den Interessen, die sich auf einer lokalen dezentralisierten Ebene abspielen und dem, was an supranationalen darüber hinausgehenden Organisationen geschaffen wird. Viele Entscheidungen werden heute nicht mehr auf einer nationalen Ebene getroffen, sie befinden sich entweder schon jetzt in einem übergeordneten Raum (wie Europäische Union, NAFTA) oder werden delegiert und vorgezeichnet von großen internationalen Organisationen, wie zum Beispiel die United Nations, World Trade Organisation, World Health Organisation oder der Organisation für wirtschaftliche Zusammenarbeit und Entwicklung.

● Die weltweiten Globalisierungstendenzen:

Unter Globalisierung ist dabei weniger der reine Austausch von Gütern und Dienstleistungen auf internationaler Ebene zu verstehen, sondern der Trend zu

---

2 Siehe die Statistiken der verschiedenen Staaten in der EU (vgl. EU Kommission). Für eine Hintergrundanalyse siehe vor allem Gruhler, W. (1990): Dienstleistungsbestimmter Strukturwandel in deutschen Industrieunternehmen. Er beschreibt ausführlich die Durchdringung der Aktivitäten traditioneller Unternehmen des Industriesektors durch Dienstleistungsfunktionen.

3 Wir gehen derzeit von einer ähnlichen Entwicklung wie der Beschäftigung im Agrarbereich aus und prognostizieren langfristig einen Beschäftigungsanteil von unter 5 Prozent.

einer verstärkten internationalen Verzahnung von Wertschöpfungsketten nach Effizienz- und Kostenüberlegungen. Nationale Wirtschaften werden von außen unter Druck gesetzt und machen nationale Lösungen stärker abhängig von internationalen Gegebenheiten. Auch wenn derzeit nicht davon auszugehen ist, dass zukünftig ein einheitlicher Weltwirtschaftsraum mit sich angleichenden Kulturen entstehen wird, werden so genannte "Ansteckungsmechanismen" für eine raschere Ausbreitung bestimmter Techniken, Wertvorstellungen oder Lösungen auf internationaler Ebene sorgen. Es ist offensichtlich, dass die Orientierung auf externe Faktoren schon in der jüngeren Vergangenheit deutlich zugenommen hat. In der Zukunft werden wir das noch wesentlich stärker erleben. Allerdings auch mit der Gefahr, dass ein System des Kirschenpflückens -"Cherry-Picking"- eintreten kann, nach dem Motto: Wir hätten ganz gerne eine amerikanische Entlohnungsstruktur, ein skandinavisches Sozialsystem, französische Arbeitsplatzgarantien, italienische Kaffeepausen und spanische Siesta. Somit wird es immer schwieriger sein, Konsens herzustellen, weil immer irgendwo angenehmere Teileelemente gefunden werden können, die es dann zu integrieren gilt. Wir haben naiver Weise in diesem Bereich den großen Fehler begangen, zu glauben wir könnten unser Wirtschaftssystem so weiterentwickeln, indem wir die besten Elemente von überall integrieren. Bedauerlicherweise kann ein Benchmarking dieser Art nicht funktionieren.

• Die demographische Entwicklung:

Für die europäische Union wird ein deutlicher Prozess der Schrumpfung und Alterung der Erwerbsbevölkerung, wie auch im Kapitel von Professor Josef Schmid eingehend behandelt, prognostiziert. So soll die Wohnbevölkerung in Deutschland von derzeit ca. 82 Mio. Menschen bis 2040 auf nur noch 72 Mio. zurückgehen,[4] ein Verlust von rund 1/8 der Einwohnerschaft. Die zur Stabilisierung der Bevölkerung notwendige Fertilitätsrate von 2,1 Kinder pro Frau wird in keinem Land der EU erreicht und liegt im Durchschnitt bei nur 1,43. Dem steht ein wachsender Migrationsdruck seitens der bevölkerungsdynamischen Schwellen- und Entwicklungsländer gegenüber.

Die Prognosen für die Entwicklungen auf den Arbeitsmärkten gehen weiter von einer Ersatzrate des Arbeitskräftepotentials aus: über einen aktuellen Zeitraum von 15 Jahren in Deutschland von -23 Prozent, in Italien von -28 Prozent, in Spanien -18 Prozent und in Frankreich und Grossbritannien von ca. -5 Prozent.

---

4 Vgl. hierzu die verschiedenen Bevölkerungsprognosen der Achten Koordinierten Bevölkerungsvorausberechnung des Statistischen Bundesamtes, der OECD und der verschiedenen Forschungsinstitute. Die Spannbreite der Prognosen beträgt 67-77 Mio. Menschen. Hier wurde ein mittleres Szenario gewählt. Die weiteren Zahlen beruhen im wesentlichen auf Angaben der OECD und der ILO sowie eigenen Berechnungen.

Zum Vergleich die Zahlen für einige ausgewählte Schwellenländer: Polen +15 Prozent, Marokko +40 Prozent, Kasachstan +50 Prozent, Usbekistan +125 Prozent.

Für die Alterung der Bevölkerung in ganz Europa gilt, dass sich die Zahl insbesondere der Hochaltrigen (80+ Jahre) bis 2040 fast verdoppeln wird. Ebenso dynamisch nimmt die Gruppe der sogenannten jüngeren Alten (65-80 J.) zu, wogegen gleichzeitig der Anteil junger Erwerbstätiger (16-39 J.) deutlich sinkt.

● Der technische Fortschritt:

Insbesondere in den großen Feldern Biotechnologie und Medizin sowie Informations- und Kommunikationstechnologie erleben wir derzeit tiefgreifende Veränderungen und einen raschen Wandel der uns zur Verfügung stehenden Möglichkeiten.

Während der vergangenen Jahre stiegen die durchschnittlichen Lebensdauern aufgrund der Fortschritte in Medizin kontinuierlich an, wobei insbesondere die Gruppe der älteren Personen von einer sehr dynamischen Zunahme der Restlebensdauern profitierte. Für die Zukunft wird dieser Trend ergänzt durch Veränderungen, die sich aus den Entwicklungen in der Biotechnologie ergeben. Einige Experten sagen bereits Sprünge in der durchschnittlichen Lebenserwartung von 10 und mehr Jahren voraus. Dabei werden wir jedoch nicht generell älter, sondern bleiben im Gegensatz dazu länger jung und bei guter Gesundheit. Die neuen Informations- und Kommunikationstechnologien haben zu einer stetig wachsenden Informatisierung aller Arbeitsbereiche geführt. Diese wird sich weiter fortsetzen und den Umgang mit diesen Technologien sowohl bei produzierenden als auch dienstleistenden Tätigkeiten in bisher ausgenommenen Bereiche vordringen lassen.

Konsequenzen, Handlungsoptionen und Aktivitätspotential für die Zukunft

Im Folgenden sollen die Konsequenzen aus den bereits dargestellten Entwicklungen beschrieben werden. Dies wird gleichzeitig auch mit möglichen Handlungsoptionen und dem Aktivitätspotential verknüpft. Die genauen Auswirkungen der prognostizierten und geschilderten Entwicklungen auf die zukünftige Wirtschaftswelt und damit auch auf die Entfaltungsmöglichkeiten hinsichtlich der monetisierten und nicht monetisierten/monetarisierten Systeme lassen sich nicht mit Sicherheit angeben. Aufgrund der bisherigen Erfahrungen und aus Plausibilitätsgründen lassen sich allerdings bestimmte Konsequenzen aufzeigen. Diese sollten idealerweise möglichst harmonisch zu dem Ziel einer nachhaltigen Wohlstandserzeugung stehen. Immer dann, wenn dem nicht so ist, werden korrigierende Eingriffe zu erwägen sein. Die wahrscheinlichen Konsequenzen, wie wir sie als plausible ansehen, wären:

1. Die Interdependenzen, also die wechselseitige Abhängigkeit zwischen den Volkswirtschaften werden zunehmen.

Dies wird nicht nur die wirtschaftlichen sondern auch die weiteren Teile der gesellschaftlichen Organisation beeinflussen. Historisch gesehen hat jeder Schritt einer wirtschaftlich engeren Verzahnung auch Druck auf die Beteiligten ausgeübt, dieser Entwicklung die entsprechenden politischen und gesellschaftlichen Institutionen anzugleichen. Die zunehmende Europäisierung und Globalisierung beeinflussen die Arbeitswelt und umgekehrt. Für die Erwerbsbevölkerung bedeutet dies, dass sie sich auf der einen Seite wird stärker auseinandersetzen müssen mit extern entstehenden Ansprüchen und Vorgaben, auf der anderen Seite jedoch werden auch leichter nicht-regionale oder nicht-nationale Charakteristiken regionalisiert und integriert werden können.[5]

Dies wird nicht ohne Konsequenzen für unbezahlte Tätigkeiten bleiben, deren Handlungsrahmen sich auch aus internationalen Vorgaben und Verflechtungen ableitet. Möglicherweise werden wir eine stärkere Bedeutung des Altruismus, also einer neuen Form von Selbstlosigkeit, nach amerikanischem Vorbild erleben, wenn insbesondere die "Generation der Erben", also die Empfänger der in den kommenden Jahren anstehenden größeren Vermögensübertragungen, sich neue Aktionsfelder suchen.

2. Der Migrationsdruck von bevölkerungsdynamischen Schwellen- und Entwicklungsländern auf die weiterentwickelten Wirtschaftsregionen mit stagnierenden Populationen wird wachsen.

Zu diesem äußerst sensiblen Thema an dieser Stelle nur noch zwei zusätzliche Anmerkungen:

a) Wir sind uns (zumindest in der öffentlichen Diskussion) noch nicht vollständig klar darüber, welch drastische Auswirkungen dieser Prozess auf unsere Gesellschaften haben wird. Beide, die Immigrationsländer, die den Zustrom verkraften müssen, und die Emigrationsländer, die einem "Brain-drain" unterworfen werden, haben sich hierauf beizeiten einzustellen.

b) Wir sind aktuell nur ungenügend auf die entstehenden Herausforderungen vorbereitet. Obwohl Deutschland de facto längst Einwanderungsland ist, existiert (noch) kein wirkliches umfassendes Migrationsgesetz. Im Gegensatz dazu treiben

---

5 In diesem Zusammenhang können beispielsweise die Vorgaben eines ROI von 15 Prozent der internationalen Finanzmärkte an Unternehmen, die zunehmend leistungsorientierteren Entlohnungssysteme oder auch die Erfahrungen mit Teilzeit- und Leiharbeit genannt werden. So enthält auch der richtungsweisende debis Tarifvertrag aus dem Jahr 1999 ein stärker leistungsorientiertes Vergütungssystem, das stärkere Impulse für Leistungsanreize aber auch deren Honorierung setzt.

die USA schon seit längerem die "intellektuelle" und "unternehmerische" Immigration an.[6]

3. Die Bedeutung materieller Güterproduktion als quantitativer Anteil am Bruttosozialprodukt und an der Erwerbstätigenstatistik wird abnehmen, während die Relevanz der Dienstleistungen steigen wird.

Die unmittelbare physische Herstellung von Gütern wird am Ende dieser Entwicklung nur noch einem sehr kleinen Teil der Bevölkerung einen Arbeitsplatz bieten können. Im vorangegangenen Kapitel wurde ein Beschäftigungsanteil von 8 Prozent bzw. langfristig unter 5 Prozent prognostiziert. Hierdurch ergeben sich insbesondere große Chancen für eine Stärkung von nicht monetisierten Tätigkeiten. Die Verknüpfung von bezahlter und unbezahlter Arbeit erzeugt insbesondere im Dienstleistungsbereich hohe Synergien.

Es erscheint offensichtlich, dass diejenigen, die sich effizienter auf die divergierenden Anforderungen einer Dienstleistungsökonomie und ihren Herausforderungen einstellen können, einen Adaptionsvorsprung besitzen, da die Qualifikationsprofile für dienstleistungs- und industriegeprägte Tätigkeiten deutlich unterschiedlich ausfallen. Vor allem zwei Entwicklungen werden jedoch zukünftige produktive Tätigkeiten angenehmer werden lassen: Erstens das Entfallen harter physischer Beanspruchung der Menschen in vielen Beschäftigungsfeldern. Zweitens scheint das in rund zwei Jahrhunderten entstandene Diktat der Maschine über den Menschen gebrochen, das möglicherweise schon vor rund 80 Jahren in den Aktivitäten der russischen "Zeitliga" gipfelte, die "*[...] mit erzieherischen Konzepten daran arbeitete, aus dem russischen Menschen einen Industriearbeiter zu machen, der 'wie eine Maschine' funktionieren sollte.*"[7] Neben den Technikern, Ingenieuren und Betriebswirten, die sich um die Effizienz von Produktionssystemen (im weitesten Sinne) kümmern, befassen sich ihre Kollegen zusammen mit Ergonomen mit den Arbeitsbedingungen der Betroffenen. Die zukünftig noch stärkere Fokussierung auf dienstleistende Tätigkeiten wird den Arbeitsbedingungen zuträglich sein können.

Dies entspricht auch den Wünschen der Arbeitenden, die die Möglichkeiten des Wandels der Industrie- zur Dienstleistungsgesellschaft nutzen können, um unter Bedingungen tätig zu werden, die besser auf ihre Bedürfnisse zugeschnitten

---

6 Vgl. hierzu beispielsweise den Beitrag von Laura D'Andrea Tyson, ehemalige Chefberaterin in ökonomischen Angelegenheiten des amerikanischen Präsidenten William Clinton, in der Business Week vom 5. Juli 1999, in dem sie genau dies unter der Überschrift "Öffnet die Tore weit für hochqualifizierte Immigranten" fordert.

7 S. Simon, G. (1999): Zeit-Geist-Wende. In: Kommune, Nr. 8, August 1999.

sind.[8] Hierzu zählen auch bessere Kombinationsmöglichkeiten von monetisierten und nicht monetisierten Tätigkeiten.

4. Der Prozess der Virtualisierung und Entmaterialisierung der Arbeitsvorgänge wird sich weiter fortsetzen und neuere Arbeitsformen, wie die der Telearbeit, die erst durch die neuen Technologien möglich sind, werden an Bedeutung gewinnen.

Damit verändern sich auch die Anforderungen an die Qualifikation der Beschäftigten bei steigendem Qualitätsanspruch. Die voranschreitende Technisierung, Rationalisierung und Virtualisierung von Arbeitsprozessen führt zu einer Abnahme manueller und Routinetätigkeiten, die durch hochtechnisierte Arbeitsplätze mit komplexeren nicht-standardisierten Aufgaben ersetzt werden. Reines Fachwissen veraltet immer schneller[9] und die konventionelle Aufteilung des Lebenszyklus in vorgelagerte Lern- und nachgelagerte Arbeits- und Ruhestandsphase muss einem integrativen Konzept des lebenslangen Lernens weichen. Methodologisches Wissen und soziale Kompetenzen treten in den Vordergrund, wobei die Vermittlung und Erhaltung von Lernfähigkeit während des gesamten Lebenszyklus im Zentrum steht.

Die Menschen des 21. Jahrhunderts, die sich den neuen und stetig wandelnden Anforderungen innerhalb einer Arbeitswelt mit komplexeren und abstrakteren Prozessen gegenüber sehen, werden noch stärker auf die Integration von Weiterbildung als festem Bestandteil ihres Arbeitsarrangements drängen. Erfahrungen, die außerhalb der bestehenden Arbeitsverträge und Erwerbsbeziehungen gemacht werden, gewinnen an Wert. Dies trifft oftmals ganz besonders auf ehrenamtliche und soziale Tätigkeiten zu, denen (auch) ein bestimmter charakterlicher Aspekt der sie verrichtenden Personen zugerechnet wird.

---

8 Man darf allerdings nicht übersehen, dass in einigen Bereichen der neuen Dienstleistungswirtschaft auch Tätigkeitsfelder entstehen, die durch eine hohe, vor allem psychische und emotionale, Belastung der Betroffenen gekennzeichnet sind. So ist z.B. die Arbeit in den rasch expandierenden Call-Centern "durch eine Mehrfachtätigkeit mit hohen mentalen Anforderungen gekennzeichnet". So schreiben die Autoren Scherrer, K. und Wieland, R. (1999): Belastungen und Beanspruchung bei der Arbeit im Call Center. In: Gesina aktuell, Nr. 2, April 1999. Und weiter: "Diese synchrone Benutzung mehrerer Sinneskanäle sowie die Bewältigung der emotionalen Belastungen [...] stellen hohe Anforderungen an Aufmerksamkeit, Konzentration und (emotionale) Selbstregulation der Beschäftigten."

9 So schätzt IBM, dass die Halbwertszeiten des Wissens aus der Schulbildung etwa 20 Jahre betragen, für die Hochschule 10 Jahre, für berufliches Fachwissen 3-5 Jahre, während Spezialkenntnisse in der EDV eine Reichweite von nur rund einem Jahr besitzen. Zudem ist davon auszugehen, dass sich diese Halbwertszeiten in den kommenden Dekaden weiterhin verkürzen werden.

Viele Anzeichen sprechen dafür, dass der Verteilungskampf der Unternehmen um das Humankapital sowie zwischen Unternehmen und Belegschaft um die Festlegung der Bildungsansprüche, -möglichkeiten und -kosten erst begonnen hat. Ob sich die Unternehmen werden durchsetzen können, die Entscheidungen über Weiterbildungsmassnahmen zu treffen, oder versuchen werden, die entstehenden Kosten stärker auf die Mitarbeiter abzuwälzen, wird sowohl von den Präferenzen der Betroffenen (Unternehmen und Mitarbeiter) als auch den zukünftigen Rahmenbedingungen abhängen. In einem für Arbeitssuchende schwierigen Umfeld wird die Tendenz bestehen, Qualifizierungsorganisation und -kosten dem Einzelnen zu überlassen. Während in einer von Konkurrenzkampf um Humankapital geprägten Situation die Zurverfügungstellung von Bildungsmaßnahmen seitens der Unternehmen einen Wettbewerbsvorteil um Arbeitskräfte darstellt.[10] Weitergehende Qualifizierungen in einem nicht monetisierten Umfeld zu suchen und dann auch zu finden und anerkannt zu bekommen, erschliesst einen neuen Flexibilisierungsgrad unseres Wirtschafts- und Gesellschaftssystems.

5. Durch die technologisch induzierte zunehmende Unabhängigkeit der einzelnen Glieder der Wertschöpfungskette voneinander wird die dezentrale, entfernungsunabhängige Leistungserbringung ermöglicht. Die Arbeitswelt virtualisiert sich in den Dimensionen Ort und Zeit.

Insbesondere flexible Arbeitszeiten, wie sie Eingang in Tarifverträge und Betriebsvereinbarungen finden, werden von den Mitarbeitern geschätzt. So bergen auch neuere Tarifverträge ein grösseres Mass an Flexibilität bei der Arbeitszeitgestaltung, also der Bestimmung über Arbeitszeitdauer sowie deren Verteilung, als in der Vergangenheit. Standen bis vor einigen Jahren stets die Arbeitsvolumina im Mittelpunkt der tariflichen Auseinandersetzungen über Arbeitszeit im Mittelpunkt, so bilden heute die Diskussionen um Lage und Aufteilung dieses

---

10 So ist beispielsweise im Tarifvertrag der debis von 1999 (ETV Ziffer 7.1) folgendes festgelegt: "Um die Beschäftigten rechtzeitig auf aktuelle und geplante Anforderungen zu qualifizieren, ermittelt der Arbeitgeber den jeweiligen Qualifikationsbedarf." Die weiter im Tarifvertrag (ETV Ziffern 7.2 und 7.3) geregelte jährliche Bildungsplanung zwischen Unternehmensführung und Betriebsrat enthält eine Beratungsklausel während die individuellen Qualifikationsmaßnahmen in einem Bildungsgespräch zwischen dem Vorgesetzten und dem Mitarbeiter behandelt werden. Damit verbleibt die Entscheidungsgewalt beim Unternehmen. Allerdings verfügen (nach ETV Ziffer 7.4) die Mitarbeiter über "einen jährlichen Mindestanspruch von 5 Arbeitstagen", wobei je nach Bildungsmaßnahme der Zeitaufwand hälftig getragen wird, die Kosten hingegen in jedem Fall beim Unternehmen verbleiben. Eine Analyse der Weiterbildungsmaßnahmen für Arbeitende wie auch eine Übersicht der relevanten Literatur findet sich in Kapitel 3 von OECD (1999): Employment Outlook. June 1999.

Volumens einen zweiten gewichtigen Schwerpunkt.[11] Dies ist sowohl auf die Wünsche der Arbeitenden zurückzuführen, die einen zusätzlichen Freiheitsgrad bei der Gestaltung ihrer Tages- und Lebensplanung schätzen, sowie auf das Interesse der Unternehmen, die in produktionsintensiven Sektoren eine Auslastung des vorhandenen Produktionskapitals über die Zeit wünschen. Die Unternehmen streben insgesamt eine höhere Korrelation zwischen den Arbeitsnachfrageschwankungen und den Zugriffsmöglichkeiten auf einen breiteren und anpassungsfähigeren Pool an Arbeitsleistungen an. Auf die nicht monetisierten Tätigkeiten wirkt sich dies allerdings erschwerend aus, da die garantierten Freiräume trotz eines möglicherweise reduzierten Gesamtumfangs an Arbeitsstunden eher geringer als größer werden. Damit wird die Organisation von mehreren Aktivitäten nebeneinander verkompliziert.

Neben den bekannten und schon weitgehend implementierten Möglichkeiten (und ausgeschöpften Vorteilen) von Gleitzeitregelungen mit meist monatlichem Freizeitausgleich sind zwei neuere Strategien bei der Ausgestaltung von Arbeitszeitregelungen festzustellen. Zum einen ist die so genannte graduelle Verrentung zu nennen, bei der die Arbeitszeit in den letzten Jahren der Erwerbstätigkeit schrittweise abgebaut wird. Sie birgt vielfältige Vorteile gegenüber der herkömmlichen plötzlichen Verrentung, die von Geneviève Reday-Mulvey als Rentenguillotine beschrieben wird, da sie die Betroffenen aus dem sozialen Umfeld der Arbeit herausreisst und ihr Leistungspotential den Unternehmen schlagartig entzieht. Diese Art des Übergangs entspricht meist nicht den Wünschen der Erwerbstätigen, die hierdurch einem erhöhten Risiko ausgesetzt sind, pathologische Erscheinungsbilder sowohl im physischen als auch psychologischen Bereich zu entwickeln.[12]

Zum anderen ergeben sich neue Organisationsmöglichkeiten aus der Idee der Altersteilzeit, die als zusätzliches Element der Arbeitsgestaltung schon seit über zehn Jahren von der Genfer Vereinigung im Rahmen des fest verankerten Forschungsprojektes "The Four Pillars", insbesondere auch als Ergänzung der bestehenden Altersvorsorgesysteme und deren Finanzierung, unterstützt wird.[13] Es hat sich gezeigt, dass echte Altersteilzeitregelungen,[14] bei der die Erwerbstätigen ei-

---

11 Siehe hierzu auch den Leitfaden "Mobilzeit" für Arbeitnehmer und Arbeitgeber des Bundesministeriums für Arbeit und Sozialordnung von Januar 1998.

12 Für eine ausführlichere Darstellung der Thematik der graduellen Verrentung siehe Delsen, L./ Reday-Mulvey, G. (1996): Gradual Retirement in the OECD Countries.

13 Die Genfer Vereinigung (www.genevaassociation.org) gibt zweimal jährlich eine Informationsschrift im Rahmen dieser Forschungstätigkeiten heraus.

14 Es soll hier unterschieden werden zwischen den beschriebenen Regelungen und solchen, die zwar teilweise auch als Altersteilzeit bezeichnet werden, wobei aber durch die Verlagerung eines Arbeitsvolumens von mehreren Jahren auf einen kürzeren

ner zeitlich eingeschränkten Arbeit nachgehen (also 15 oder 20 Wochenstunden statt 35 bis 40), oft auch den Präferenzen der älteren Arbeitnehmer entsprechen. Sie fühlen sich länger in den Arbeitsprozess eingebunden, können die sozialen Kontakte halten und erschließen eine zusätzliche Einkommensquelle zu den drei traditionellen Säulen der Alterssicherung (staatliche Altersvorsorge, Betriebsrente und private Vorsorge).

Es lässt sich mithin ein Trend feststellen, die Flexibilisierung der Arbeitszeit, die heute noch begrenzt ist, weiter auszudehnen. Sie wird, sowohl was den Umfang der zur Disposition stehenden Arbeitseinheiten als auch den Zeitrahmen betrifft, innerhalb dessen bestimmte Ausgleichsmechanismen greifen, zukünftig wachsen. Dabei ist beiden Partnern, den Unternehmen auf der einen und ihren Mitarbeitern auf der anderen Seite, daran gelegen, die neuen Möglichkeiten besser auszuschöpfen. Es wird allerdings auch hier zu einem Spannungsmoment kommen, wenn der Arbeitseinsatz weniger rigide und nicht a priori über einen längeren Zeitraum vorbestimmt wird sondern bedarfsgerecht (aus der Sicht des Unternehmens) ad hoc organisiert und abgerufen werden soll, der Arbeitende mithin die Verfügungsgewalt über die Arbeitszeit verliert. Oder um es plastischer zu formulieren: Auch wenn die Unternehmen sich oftmals die permanent verfügbaren Mitarbeiter wünschen, werden diese nur unter Zugeständnissen bereit sein, auf einen geregelten Arbeitsalltag im 7- oder 8-Stundenrhythmus einer 5-Tage-Woche zu verzichten.[15]

Inwieweit sich diese Entwicklung insgesamt positiv oder negativ auf die Organisation von nicht monetisierten Aktivitäten auswirkt, ist schwer abzusehen. Den Vorteilen, die die dezentrale, entfernungsunabhängige Leistungserbringung ermöglicht, stehen potentiell neue Einschränkungen bezüglich der frei organisierbaren Zeit gegenüber. Die Virtualisierung der Arbeitswelt in den Dimensionen Ort und Zeit schafft Arbeitsbeziehungen mit vollkommen neuem Charakter. Eine Ordnungszahl des zu erwartenden Nutzenniveaus beider Systeme – bisher und zukünftig – erscheint (zumindest zurzeit) unmöglich.

Zeitraum im wesentlichen ein vorgezogener Ruhestand (incl. des erwähnten plötzlichen Übergangs von voller Arbeitsleistung auf null) organisiert wird. Als Beispiel kann die als Altersteilzeit bezeichnete allerdings als Frühverrentung ausgestaltete Regelung des VW-Konzerns dienen.

15 Es zeigt sich nämlich, dass Erwerbspersonen relativ konservativ bei der Wahl Ihrer Arbeitszeiten sind, wenn Sie die völlige Wahlfreiheit erhalten, d.h. "die Wunsch-Stundenpläne [...] bevorzugt in den Morgenstunden beginnen und am Nachmittag enden. Bei Blockungen werden bevorzugt die Arbeitstage um das Wochenende beibehalten". S. Dollase, R. et.al. (1999): Zeitstrukturierung unter hypothetischen Bedingungen der völligen Wahlfreiheit oder: Das Flexibilisierungsparadoxon. S. 278.

6. Am Ende dieser Entwicklung wird die totale Auflösung der Dimension Zeit in vielen Arbeitsfeldern stehen.

Arbeitszeit zu organisieren und letztendlich auch zu bezahlen ist eine Hilfskonstruktion unseres Wirtschaftssystems und hängt mit den Erfahrungen der Industrialisierung zusammen, in der Produktivität als Output pro Zeiteinheit gemessen wurde. So irrelevant wie es für den Kunden ist, in welcher Zeit sein Geschäftspartner eine Problemlösung erarbeitet hat bzw. wie lange der Herstellungsprozess eines bestimmten Gutes in Anspruch nahm (Hauptsache beide werden zum vorgesehenen Zeitpunkt geliefert), so wenig wird er bereit sein, für die "zeitliche Mühe"[16] des Anbieters aufzukommen. Ihn interessiert vielmehr der ihm aus dem Produkt oder der Dienstleistung in der Zukunft erwachsende Nutzen. In der modernen Wirtschaft führt dies konsequenterweise bei allen Tätigkeiten, die nicht zeitablaufgebunden[17] sind, auf eine reine Ergebnisorientierung hinaus, die den Faktor Zeit als primäre Maßeinheit ersetzen wird. Dabei erfolgt eine Ablösung des zeitlohnorientierten Vollzeit-Arbeitnehmers durch den ergebnisorientierten "Unternehmer der eigenen Arbeitskraft". Die Pflicht des Arbeitnehmers zur Erbringung eines bestimmten in Zeiteinheiten gemessenen Arbeitsumfanges weicht der Ergebnisverantwortung auf allen Stufen und die Grenzen zwischen abhängigen Angestellten und Selbständigen verwischen zunehmend.

Erstaunlicherweise finden sich nunmehr größere Gemeinsamkeiten zwischen dem Umgang mit den neuen monetisierten und den nicht monetisierten Tätigkeiten. Da die nicht monetisierten Aktivitäten *ex definitionem* kein Hilfskonstrukt "Zeit" zur Messung eines zu bezahlenden Arbeitsumfanges benötigen, der dann in Relation zum (erwarteten) Ergebnis steht (oder zu setzen ist), haben sie sich schon immer direkter an der Problemlösung orientiert. Die Auswirkungen einer anstehenden Verschiebung der Bewertungslinien wird sich somit wesentlich geringer auswirken. Interessant ist in diesem Zusammenhang, dass viele Institutionen im nicht monetisierten Umfeld über einen hohen Erfahrungsschatz verfügen, wie "Mitarbeiter" ohne Bezahlung und doch lösungsorientiert eingesetzt, geführt und motiviert werden. Diese Erfahrungen sind und werden in einem sich wandelnden monetisierten Umfeld von großem Nutzen sein.

---

16 Im Übrigen interessiert den Kunden in der Regel die Produktionsfunktion des Herstellers eines Gutes oder einer Dienstleistung nur insoweit als die Auswirkungen auf seinen zukünftigen Nutzen hat. In der Regel sind diese beiden Faktoren jedoch unabhängig voneinander und weisen nur in bestimmten Feldern einen Zusammenhang auf, wie z.B. bei Überwachungs- und Beaufsichtigungstätigkeiten oder wenn Dienstleistungen direkt an der Person erbracht werden.

17 Zeitablaufgebundene Tätigkeiten sind Arbeiten, die eine Verfügbarkeit auf der Zeitachse voraussetzen, wie z.B. Überwachungs-, Kontroll- und Aufsichtstätigkeiten (Portier, Zöllner, Kinderbetreuer etc.) oder Auskunftsdienste und Hotlines.

7. Die Möglichkeit, durch Nutzung moderner Telekommunikations- und Informationstechnologien auch den Arbeitsort zur Disposition zu stellen, hat seit Anfang der 90er Jahre zu einer intensiven Diskussion über die Telearbeit geführt und damit den Aufbruch der Gebundenheit an feste Arbeitszeiten und insbesondere Arbeitsorte bewirkt.[18]

Stand am Anfang der Entwicklung das plakative Bild des mit einem mobilen Computer ausgestatteten Werktätigen am Strand vor Augen, so hat sich gezeigt, dass diese Art des Arbeitens meist weder den Bedürfnissen der Erwerbspersonen noch der Unternehmen entspricht. Heute wird zunehmend erkannt, dass Unternehmen auch Sozialeinheiten darstellen, die einen Nährboden für ihre Mitarbeiter und deren Tätigkeiten liefern, der über die reine Auftragserteilung und Ergebniskontrolle hinausgeht. Inwieweit sich diese Organisationen von der physischen Dimension, also dem freundlichen Händedruck und dem gemeinsamen Kaffee, werden lösen können, ist derzeit kaum abzusehen. So versucht der niederländische Finanzkonzern ING, der weltweit über 80.000 Mitarbeiter beschäftigt, durch ein interaktives Trainingsprogramm im internen Firmennetz die Unternehmenskultur allen Mitarbeitern, gleich wo sie geographisch tätig sind, zu vermitteln.

Die zunehmende Ortsungebundenheit hat jedoch einer Entwicklung Vorschub geleistet, die viele Erwerbspersonen nicht nur willkommen heißen sondern durchaus auch kritisch betrachten: den Einzug der Arbeitswelt in die Privatsphäre. Stellt die Möglichkeit für viele, insbesondere Frauen, von zu Hause aus erwerbstätig sein zu können, eine deutliche Erleichterung zur Annahme eines Arbeitsplatzes dar bzw. macht jene erst realisierbar, so fühlen sich einige doch unwohl, wenn die räumliche Trennung zwischen Beruf und Privatleben aufgehoben wird. Dabei lässt sich feststellen, dass die Resistenzen durchaus mit dem Bildungsgrad (invers) und dem Alter (oder genauer, dem Erfahrungs- und Gewöhnungszeitraum an bestimmte Arbeitsbedingungen) korrelieren. Eine neue Erwerbstätigengeneration wird ohne Frage eigene Präferenzen entwickeln und einer Durchdringung des privaten Raumes positiver gegenüberstehen.[19]

---

18 Stellvertretend sei hier erwähnt European Commission (1993): Actions for Stimulation of Transborder Telework & Research Cooperations in Europe.

19 An dieser Stelle wäre noch die zunehmende Bedeutung der unbezahlten freiwilligen Tätigkeiten zu erwähnen, die in der modernen Dienstleistungswirtschaft eine hohe Relevanz besitzen zur Bereitstellung von Tätigkeitsfeldern, zur Erzeugung von Wohlstand sowie für die Erzielung von sozialer Kohäsion. Die Verlagerung von Aktivitäten aus der monetären in die nicht-monetäre Sphäre der Wirtschaft und die stärkere Einbeziehung des Leistungsempfängers als Produktionsfaktor führen zu neuen Komplementärstrukturen, die sowohl das bezahlte Arbeitsumfeld als auch das private unbezahlte betreffen. Auch hierdurch werden die Grenzen zwischen Erwerbstätigkeit und Privatleben durchlässiger.

In der Konsequenz fallen oder zumindest verringern sich damit auch viele Barrieren zwischen monetisierter und nicht monetisierter Arbeit. Wenn die bezahlte Arbeit nicht mehr im Gegensatz zur unbezahlten Freizeit steht, sondern mehrere Engagements sich gegenseitig durchdringen, so kann eine Aufteilung nach dem traditionellen Schema nicht mehr vernünftig sein. Der Wert der Arbeit bestimmt sich dann neu und insbesondere unabhängig von einer physischen Zuordnung zum Ort, an dem sie ausgeführt wird. Möglicherweise kann die Kundenlokalität eine gewisse Ortsabhängigkeit bewahren, die als zu unterscheidendes Kriterium auch weiterhin eine wichtigere Rolle spielen kann. Aber auch hier darf nicht übersehen werden, dass die Abnehmer einer Leistung möglicherweise entweder nicht mehr einem spezifischen Ort zugeordnet werden können (siehe Leistungen die im virtuellen Raum des Internets erbracht werden) oder aber einen gewissen Freiheitsgrad aufweisen, was die Annahme einer Leistung angeht (vgl. international tätige Unternehmen, die bestimmte Dienstleistungen an einem von Ihnen definierten Ort annehmen können). Hierdurch wird auch eine Arbitrage der verschiedenen Legalsysteme möglich.

8. Durch diese Entwicklungen werden die Beschäftigungschancen zunehmend ungleicher verteilt sein und regionale sowie nationale Grenzen leichter überwunden.

Ebenso wird die Spreizung der Einkommensverteilung in Deutschland wachsen, die im Gegensatz zu den meisten OECD-Staaten in den vergangenen 20 Jahren nicht zugenommen hat.[20] Für geringer oder marktfern Qualifizierte entstehen höhere Arbeitslosigkeitsrisiken und schlechtere Entlohnungsbedingungen, für die Leistungsfähigeren dagegen aber größere Chancen.[21]

Der in den vergangenen Jahrzehnten mit durchaus unterschiedlichen Motiven und Zielsetzungen aufgegriffene Slogan "Gleicher Lohn für gleiche Arbeit" impliziert nun eher im Umkehrschluss "ungleiche Entlohnung für ungleiche Ergebnisse". Wenn das routinemässige Ausführen von Vorgängen in der Tradition ei-

---

20 Nach OECD Daten hat die Einkommensrelation in Deutschland von 1980 bis 1993 zwischen dem zweithöchsten Zehntel der Einkommensbezieher (monatliches Bruttoentgelt dauerhaft vollzeitbeschäftigter Männer) und dem untersten um rund 8 Prozent abgenommen. Im Gegensatz hierzu drifteten die Einkommensrelationen in Japan, Grossbritannien und den USA weiter deutlich auseinander, für die letzteren beiden wird sogar eine Zunahme von über 30 Prozent angegeben. Das Centre on Budget and Policy Priorities gibt für den Vergleich der US Familieneinkommen zwischen Ende der 70er und Mitte der 90er Jahre eine reale Minderung für das schwächste Fünftel um 22 Prozent und eine reale Zunahme für das oberste Fünftel um rund 30 Prozent an.

21 Vgl. hierzu (und insbesondere den Zusammenhang zwischen Arbeitslosigkeitsrisiko und Bildungsstand) auch die Ausführungen der OECD (1994): The OECD Jobs Study.

nes Produktionsfliessbandes, wo durchaus "gleiche" Tätigkeiten verrichtet werden, einem problemorientierten individuellen Bewältigen von Aufgaben weicht, die sich in ihrer Originalität weitaus deutlicher unterscheiden, dann kann eine Entlohnungsstrategie nur sehr schwer an starren und formellen Kriterien anknüpfen.

Unter den Erwerbspersonen steigt das Verständnis für diese Zusammenhänge und damit auch die Bereitschaft, unterschiedliche Einkommensregelungen und ergebnisorientierte Entlohnungen zu akzeptieren. Vor allem die gut ausgebildeten jüngeren Arbeitnehmer stehen einer stärker ergebnisorientierten Organisation sowie einer korrespondierenden Entlohnungsstruktur positiv gegenüber. Für sie ergibt sich hieraus die Chance, sowohl schneller mehr Verantwortung zu übernehmen als auch eine der persönlichen Leistungsfähigkeit angemessenere und damit als fairer empfundene Bezahlung zu erhalten. Der Abschluss einer Reihe von Tarifverträgen, die stärkere Leistungskomponenten bei der Vergütung vorsehen sind ebenso ein Beleg hierfür wie die Verbreitung von Aktien bzw. Aktienoptionsplänen unter den (vor allem leitenden) Mitarbeitern, um so eine stärkere Korrelation zwischen dem Unternehmenserfolg und den Einkommen zu erzielen.

Gleichwohl ist in diesem Bereich noch ein weiter Weg zurückzulegen bis eine vollständig ergebnisorientierte Entlohnungsstrategie die derzeit noch weitgehend an traditionellen Faktoren (wie zum Beispiel Alter, Betriebszugehörigkeit, formale Ausbildung etc.) anknüpfenden Vereinbarungen ersetzt. Es darf in diesem Zusammenhang nicht übersehen werden, dass stärker leistungs- und ergebnisorientierte Vergütungssysteme wesentlich komplexer zu handhaben sind als traditionelle Lösungen. Zudem kann es durch die immer wieder neu zu definierenden Eckpunkten und Leistungsbewertungen der Mitarbeiter zu Spannungen im Unternehmen kommen.

Nicht monetisierte Tätigkeiten haben hier einen Vorteil, da sie sich mit solchen Fragenkomplexen nicht auseinanderzusetzen haben. Völlig unabhängig sind sie jedoch nicht von dieser Entwicklung, da jede größere Veränderung in der Gesellschaft unweigerlich auch auf sie ausstrahlt. Nehmen die Einkommens- und Vermögensdistributionen in Deutschland zu, so werden nicht monetisierte Leistungen und Systeme zu ihrem Austausch insbesondere für diejenigen von stärkerer Bedeutung, die an den monetisierten Angeboten nicht ausreichend oder im gewünschten Maße teilhaben können. Man denke beispielsweise an die Tendenz, dass in einkommensstärkeren Familien die Option, Personal für Kinderbetreuung oder als Haushaltshilfen einzustellen, deutlich stärker in Anspruch genommen wird als in einkommensschwächeren. Dort werden diese Tätigkeiten entweder selbst verrichtet oder an ein anderes Mitglied der Familie (bei Kinderbetreuung sind oft die Großeltern eingebunden) ohne Entgelt zu entrichten abgegeben.

9. Die zahlenmäßige Dominanz der jüngeren Erwerbstätigen wird im Verhältnis zu den älteren Arbeitnehmern und Selbständigen abnehmen.[22]

Hierdurch verschiebt sich die Balance bei der Ausgestaltung von Arbeitsplätzen und der Organisation von Tätigkeiten zugunsten der Anforderungen älterer Menschen. Der Arbeitsrhythmus wird sich zunehmend an den Ansprüchen dieser Gruppe orientieren (müssen) und damit das Primat der Jugend auf den Arbeitsmärkten brechen.

In den vergangenen Jahrzehnten haben sich die durchschnittlichen Arbeitszeiten in den meisten frühindustrialisierten Staaten zurückentwickelt. So fielen sie nach OECD-Angaben beispielsweise in Deutschland von jährlich 1868 Stunden im Jahr 1973 auf 1724 Stunden in 1983 und 1580 Stunden 1998. Dies hat nicht nur zu einer Verkürzung der Präsenzzeiten der Arbeitnehmer in den Betrieben geführt sondern auch zu einer Verdichtung der Arbeitsleistung. Ein Teil der verzeichneten Produktivitätszuwächse ist hierauf zurückzuführen. Nun entsprechen diese Verdichtungen der Arbeitsleistung nicht immer den Wünschen (und in einigen Fällen auch nicht der physischen oder psychischen Dauerbelastbarkeit) von älteren Arbeitnehmern. Es ist daher durchaus möglich, dass in diesem Bereich eine Umkehrung des Trends der sich verkürzenden Arbeitszeiten entsteht, weil die schnell wachsende Gruppe der Erwerbspersonen über 50 Jahre eine neue Priorität setzt und eine Entzerrung der Arbeitszeit gegenüber einer Ausdehnung der Freizeit präferiert.

Auch der technische Fortschritt und die damit einhergehende Virtualisierung der Arbeitswelt eröffnen älteren Menschen und anderen Personen mit eingeschränkter physischer Leistungsfähigkeit und Mobilität neue Beschäftigungschancen. In dem Maße wie sich Arbeit von der Erbringung körperlicher Anstrengung löst und ortsunabhängiger erbringen lässt, können diese Gruppen leichter eingebunden werden.[23]

10. Die Organisationsstrukturen der Unternehmen werden sich diesen Entwicklungen anpassen müssen und neue Formen der Arbeitsgestaltung implementieren, die den sich wandelnden Gegebenheiten und den Wünschen der Erwerbstätigen besser entsprechen.

---

22 So soll nach den meisten für Deutschland verfügbaren Bevölkerungsprognosen die Relation der über 60jährigen zu den 20-59jährigen von heute rund 35 Prozent auf 55 Prozent in 2020 und 70 Prozent in 2030 ansteigen. Gleichzeitig wird das Durchschnittsalter in Deutschland von heute 40 Jahren auf dann 48 Jahren zunehmen.

23 Wieland, R. (1999): Arbeitswelt 2000 – Kreativ, motiviert, flexibel. Gibt in seinen Untersuchungen zu den zukünftigen Einflussfaktoren auf die Arbeitswelt an, dass die zu erwartenden physischen Belastungen seitens der Mitarbeiter den Faktor mit dem geringsten Bedeutungspotential für die Zukunft darstellen.

An den Auskünften, die Betriebsräte zu ihrer Arbeit der vergangenen Jahre geben, lässt sich dieses Phänomen des Wandels der Organisationsstrukturen deutlich ablesen. Nach Angaben des Wirtschafts- und Sozialwissenschaftlichen Instituts in der Hans-Böckler-Stiftung haben sich rund Zweidrittel von ihnen mit Fragen der schlanken Produktion (lean management) und Personalabbau auseinandersetzen müssen. Jeweils über die Hälfte geben neben dem höheren Leistungsdruck auf die Belegschaft an, dass neue Arbeitszeitformen und Änderungen der Arbeitsorganisation die internen betrieblichen Entwicklungen besonders bestimmen.

Es deutet vieles darauf hin, dass die atypischen Arbeitsbeziehungen von heute die typischen Arbeitsweisen von morgen sein werden.[24] Die stärkere Ergebnisorientierung führt zu einer Auflösung des patriarchalischen Gesellschafts- und Unternehmenssystems mit seiner Senioritätstradition. In dem Maße wie Ergebnisse im Vordergrund stehen, werden ehemals diskriminierende Elemente irrelevant. Hieraus ergeben sich bessere Berufsperspektiven für Frauen, da die Arbeitswelt geschlechterneutraler wird, sowie für die Jungen, die durch überdurchschnittliche Leistungserbringung früher verantwortungsvollere Positionen besetzen können und für Ausländer, die sich geringeren Hemmschwellen bei Einstellungen gegenüber sehen.

Arbeiten nun die Älteren länger, verschwimmen die Grenzen zwischen Arbeit und Freizeit sowie zwischen den einzelnen Lebensabschnitten zunehmend, setzt sich die Globalisierung weiter durch und addiert man zu diesen zeitlichen und räumlichen Effekten noch die anderen angesprochenen Faktoren des Wandels, so erscheint der Fortbestand der aktuellen Organisationssysteme eher unwahrscheinlich. Netzwerke, Kerngruppen oder atmende Organisationen mögen am Ende der Entwicklung der Auflösung von Hierarchien und der Atomisierung von Unternehmensstrukturen stehen.

Diese Veränderungen betreffen selbstverständlich auch die Gewerkschaften als Arbeitnehmervertretungen, die sich darauf einstellen werden müssen, ihren Mitgliedern im Rahmen der neuen Arbeitsbedingungen attraktive Leistungen zu bieten und deren sich wandelnden Interessen weiterhin zu wahren. Wie schwer sich diese Institutionen mit dem derzeitigen Wandel arrangieren, zeigen der seit Jahren sinkende Organisationsgrad, der von 41 Prozent in 1991 auf nur noch 32

---

24 Die Kommission für Zukunftsfragen der Freistaaten Bayern und Sachsen hat in diesem Zusammenhang in ihrem 1997 veröffentlichten Bericht zur "Erwerbstätigkeit und Arbeitslosigkeit in Deutschland" vom Ende des Normalarbeitsverhältnisses geschrieben. Auch wenn man heute eher von einer Erosion dieses Typus der Arbeitsbeziehung spricht, hat sich an dem Befund des Rückgangs jedoch nichts geändert.

Prozent in 1998 zusammengeschrumpft ist,[25] und die Nachwuchssorgen, die die Gewerkschaften plagen. Es wird für die zukünftige Entwicklung des in Deutschland bestehenden Korporatismus von wesentlicher Bedeutung sein, welche modifizierte Rolle die Arbeitnehmervertretungen im Konzert der neuen Dienstleistungswirtschaft spielen will und kann, da hieraus direkte Rückwirkungen auf die Organisationskultur entstehen. Die Arbeitgebervertretungen zeigen sich bei dieser Entwicklung bisher als organisatorisch robuster. Sollte die Erosion auf Gewerkschaftsseite weiter anhalten, so könnte man sich die Frage stellen, wer denn den Arbeitgeberverbänden am Ende am Verhandlungstisch gegenüber sitzen wird/soll.

Auch die Institutionen, die nicht monetisierte Arbeit organisieren, werden sich mit dieser Entwicklung auseinandersetzen müssen, da das potentielle Arbeitskräftepotential auch hier eine massgebliche Rolle spielt. Ihr Stellenwert wird jedoch in unserer Gesellschaft weiter wachsen, da zunehmend die Bedeutung von nicht monetisierten Tätigkeiten für die Kreation unseres Wohlstandes erkannt wird. So wird, wie die Erfahrungen auf nationaler und internationaler Ebene in den letzten Jahren zeigen, zunehmend versucht, soziale und karitative Einrichtungen, Stiftungen, Interessensverbände oder andere Nicht-Regierungs-Organisationen (NGOs) in einen gesellschaftlichen Meinungsbildungsprozess einzubinden.

Fazit

Die nicht monetisierten/monetarisierten Tätigkeiten werden in Zukunft an Bedeutung gewinnen. Sie werden sich aber auch mit den kommenden Entwicklungen unserer Wirtschafts- und Gesellschaftssysteme arrangieren müssen. Dabei prägt die Transformation zur Dienstleistungsgesellschaft die Handlungsspielräume, die wachsende Globalisierung und Europäisierung betonen externe Einflussfaktoren, die sich wandelnde Arbeitswelt verlangt von uns die Aufgabe unserer überkommenen Vorstellungen, die demographische Entwicklung verändert unsere Population und der technische Fortschritt wird uns (weiterhin) in mannigfaltiger Form positiv überraschen aber auch enttäuschen. Das Beharrungsvermögen, das wir an den Tag legen, wird sich messen müssen mit der Dynamik, die wir im System entfalten können.

---

25 Nach Angaben des Instituts der Deutschen Wirtschaft sank die Anzahl der Mitglieder in den vier Gewerkschaften DGB, DAG, DBB und CGB von 13,8 Mio. 1991 auf 10,3 Mio. 1998.

Es werden wohl nicht die Größten und die Schnellsten gewinnen. Ebenso brauchen wir nicht das Ende des Geldes einläuten. Aber diejenigen, die sich rechtzeitig mit den Anpassungsprozessen in monetisierter und nicht monetisierter/monetarisierter Sphäre auseinandersetzen, haben doch einen deutlichen Vorteil. Soll nachhaltige Prosperität zur zentralen Größe der Wirtschaftspolitik gemacht werden, wird sie sich umfassend mit den oben genannten Themen auseinandersetzen müssen. Das Management von Humankapital und das Zurverfügungstellen von Arbeitsstrukturen und Organisationseinheiten, die den neuen Anforderungen Rechnung tragen, wird wesentlich aufwendiger werden. Dies vor allem deswegen, weil wir so viel mehr Freiheitsgrade zu organisieren haben. Dies ist unsere zukünftige Chance, unserer Vorteil. Es ist aber auch die Herausforderung, die sich unsere Gesellschaft zu stellen. Ohne eine effiziente Einbindung von nicht monetisierten/monetarisierten Tätigkeiten als unabdingbare Komplemente zu monetisierten Systemen wird dies nicht möglich sein. Diese Prozesse gilt es voranzutreiben. Aber möglichst so, dass sie kompatibel sind mit den Zielsetzungen unserer Gesellschaft und der betroffenen Menschen.

Risiko und Nachhaltigkeit

Walter R. Stahel

⇒ Versicherte Schäden sind sichtbarer Teil der Umweltkatastrophenkosten und unversicherter Schaden wird zum Großteil auf Allgemeinheit überwälzt.
⇒ Prämien steigen mit Anzahl der Umweltkatastrophen – Internalisierung der Umweltkosten über Umweg.

Risiko und Nachhaltigkeit sind zwei eng miteinander verflochtene Konzepte, die Ähnlichkeiten, Unterschiede und Überlappungen aufweisen. Eine auf Nachhaltigkeit abzielende Politik könnte durch das Begreifen des Risikomanagements als Abwägung von Risiken und Chancen entscheidend gefördert werden. Das könnte sich in Bezug auf neue Technologien als lebensnotwendig erweisen, um von den dadurch ermöglichten Quantensprüngen zu profitieren.

Bis zum 11. September 2001 blieben 'Worst-Case-Szenarien' aus Risikostudien weitgehend ausgeklammert. Das bedeutete, dass Staaten in ihrem Risikomanagement oft nicht die optimalen Prioritäten setzten, keine Vorbeugungsmaßnahmen trafen und die größten Katastrophen unbewusst in Kauf nahmen. Die Ereignisse jenes Tages führten zu der Einsicht, dass Risikoabschätzung ein gesellschaftliches bzw. moralisches und nicht ein technologisches Problem ist. Zudem machten sie klar, dass Schadensverhütung und Vermeidung von Umweltbelastungen ein nicht unerheblicher Beitrag zu einer auf Nachhaltigkeit gegründeten Welt sein können. Ein besseres Verständnis der wechselseitigen Auswirkungen und Einflüsse von Risikomanagement und Nachhaltigkeit könnte für die Gesellschaft von allergrößtem Nutzen sein.

Ein Blick auf die Entstehungsgeschichte des Konzepts der Nachhaltigkeit mag sich als hilfreich erweisen, um dessen Potenzial und Grenzen zu erkennen, aber auch um zu eruieren, wie Risikomanagement zur Gestaltung einer durch Nachhaltigkeit geprägten Gesellschaft beitragen könnte.

Die historischen Ansätze einer nachhaltigen Gesellschaft

Das Konzept der Nachhaltigkeit entfaltete sich auf Grundlage einer Reihe technischer und sozioökonomischer Problemstellungen, die man als die fünf Ansätze der Nachhaltigkeit bezeichnen könnte:

1. Die Naturerhaltung bzw. Aufrechterhaltung des ökologischen Systems, das ein Leben auf dem Planeten ermöglicht. Diese Säule, deren Grundstein vor 200 Jahren von Jean-Jacques Rousseau gelegt wurde, enthält sowohl globale Elemente (z.B. die globalen Gemeinschaftsgüter wie die Ozeane, die Atmosphäre oder die biologische Vielfalt) als auch regionale Aspekte (z.B. Trinkwasser oder das Tragevermögen der Natur in Bezug auf Populationen und deren Lebensstil).

2. Gesundheit und Sicherheit bzw. die Substitution von Giftstoffen. Die in diesem Zusammenhang relevanten Substanzen werden in Mikrogramm gemessen, hier geht es um Qualität: um die Gesundheit von Mensch und Tier, die aufgrund anthropogener Aktivitäten und des damit einhergehenden Ausstoßes schädlicher Substanzen, wie DDT, Quecksilber oder Thalidomid, um nur einige zu nennen, zunehmend gefährdet ist. Diese Säule besteht im Wesentlichen seit dem Zweiten Weltkrieg, nachdem man das in Amerika eingesetzte DDT in der Arktis im Blut von Eisbären wieder gefunden hat, wenngleich Fragen dieser Art seit mehr als 100 Jahren im Blickpunkt des Risikomanagements stehen.

3. Reduzierte Ressourcenflüsse bei gleichzeitig erhöhter Ressourcenproduktivität. Die hier behandelten Fragen betreffen Materialien, die in Megatonnen gemessen werden, hier geht es also um Quantität. Vorrangiges Ziel dabei ist die Verhinderung einer möglichen Versäuerung von Boden und Wasser durch Umweltbelastungen und eines etwa aus der Emission von Treibhausgasen, wie CO_2, resultierenden Klimawandels, da dies für das Leben auf der Erde eine ernste Gefahr wäre. Diese Säule ist ein Produkt der 1980er und 1990er Jahre.

Die 'Suche nach einer nachhaltigen Gesellschaft' bedarf indes eines breiteren Ansatzes, bei dem auch nicht-technische, soziokulturelle Aspekte Berücksichtigung finden.

4. Soziale Ökologie, der Stoff, aus dem die gesellschaftlichen Strukturen bestehen: Hier stellen sich etwa Fragen nach Demokratie, Frieden und Menschenrechten, nach Beschäftigung, sozialer Integration und Sicherheit.

5. Kulturelle Ökologie: Dieser Bereich umfasst die Themen Bildung und Wissen, Fragen der Ethik, Religion und Kultur sowie die Werte des nationalen Erbes auf individueller, korporativer und staatlicher Ebene. Auf hauptsächlich soziokulturellen Werten beruht auch das Vorbeugungsprinzip. In der Erklärung von Rio als ein Schlüsselprinzip genannt, hat es bislang jedoch kaum praktische Anwendung gefunden.

Für das 'Überleben' der Menschheit innerhalb des natürlichen Ökosystems – dessen Teil der Mensch ist – ist jeder dieser Ansätze zu berücksichtigen. Daher hat es keinen Sinn, nach Prioritäten zu suchen oder gar darüber zu spekulieren, welcher denn am ehesten entbehrlich sei: Der Verlust auch nur eines einzigen hätte für die Gesellschaft fatale Folgen.

Historische Belege nachhaltigen Denkens, etwa die Lebensregel der amerikanischen Urbevölkerung – 'Tue alles im Hinblick darauf, dass es einen positiven Widerhall bei den nächsten sieben Generationen findet' – oder die einst in Preußen bestehenden Vorschriften für eine nachhaltige Forstwirtschaft – beides mindestens 200 Jahre alt –, finden sich in auf überlieferten Werten gegründeten Gemeinschaften, kennzeichnen also eine soziokulturelle, nicht technologische Ökologie: Versorgung auf möglichst effiziente Weise, unter Anwendung der innerhalb des Kulturkreises bewährten Methoden.

Eine ganzheitliche Vision einer nachhaltigen Gesellschaft lag auch jener Organisation zugrunde, die in den frühen 1970er Jahren dem Begriff 'Nachhaltigkeit' praktische Bedeutung verlieh, nämlich den Woodlands-Konferenzen und Mitchell-Price Wettbewerben in Houston, Texas.

Implikationen der fünf Ansätze

Die beiden ersten Ansätze, Naturerhaltung sowie Sicherheit und Gesundheit, wurden von Nationalstaaten und Behörden durch eine Politik von 'Command and Control' – 'Befehl und Kontrolle' – gefördert und stark beeinflusst. Darin erfolgreich, wurde diese Politik in der Folge auch auf den dritten Ansatz, die Ressourcenproduktivität, angewandt, der sich von den ersten beiden Ansätzen jedoch auf fundamentale Weise unterscheidet.

Der erste Unterschied vom dritten Ansatz ergibt sich dadurch, dass Ressourcenproduktivität in erster Linie das Ergebnis von Innovation und kreativen Lösungsansätzen ist, die nicht gesetzlich verordnet werden können. Neue wissenschaftliche Disziplinen, etwa die *Life Sciences*, ermöglichen Steigerungen in der Ressourcenproduktivität in der Größenordnung von Faktor 30.000 – ein Quantensprung im Vergleich zu den alten Domänen der Elektromechanik, in denen selbst eine Steigerung um den Faktor zehn außer Reichweite scheint! Das bedeutet, dass das Konzept des Risikomanagements, die Ausbalancierung von Risiken und Chancen, zu einem unabdingbaren Element des dritten Ansatzes wird.

Zudem kommen im Bereich des dritten Ansatzes die enormen Unterschiede zwischen Industriegesellschaften und weniger entwickelten Nationen zum Tragen. 80 Prozent aller Ressourcen werden von den 20 Prozent der Bevölkerung konsumiert, die in den Industrienationen leben, während die große Mehrheit von 80 Prozent – die Bevölkerung der weniger entwickelten Länder – sich mit den restlichen 20 Prozent begnügen muss.

Obwohl daher die Verantwortung für die Lösung des Ressourcenproblems bei den Industrienationen liegt, müssen innovative und kreative Beiträge zur Erhöhung der Ressourcenproduktivität aus den weniger entwickelten Ländern gestattet und gefördert werden – auch auf wissenschaftlichen Gebieten, die in Europa weniger populär sind, etwa den *Life Sciences.*

Der zweite Unterschied zwischen den ersten drei Ansätzen und den zwei letzten ist, dass Maßnahmen bezüglich der ersten drei Ansätze hauptsächlich auf den wirtschaftlichen und technologischen Fortschritt abzielen, während nun die Bedürfnisse der Menschen ebenso wichtig wie jene der Umwelt sind. Das Gebot des sparsamen Umgangs mit den Ressourcen im Hinblick auf die kommenden Generationen muss auch finanzielle Aspekte berücksichtigen. Pensionssysteme und eine langfristige Schuldenpolitik, die die Kosten der jetzigen Generation auf die Folgegenerationen überwälzen, stellen eine klare Verletzung des Prinzips der Nachhaltigkeit dar. Zudem darf der erweiterte Begriff einer nachhaltigen Gesellschaft, der auch Themen wie Vollbeschäftigung, sinnvolle Arbeit und Lebensqualität einbezieht, nicht aus den Augen verloren werden.

Die Frage, die sich hier stellt ist, ob es der auf Rechtsvorschriften und Sanktionen gegründeten modernen Gesellschaft gelingen kann, Nachhaltigkeit auch in Bereichen zu schaffen, in denen Vorbeugung die effizienteste (bzw. einzige) Strategie ist – wie in Bezug auf die globalen Gemeinschaftsgüter – ohne Opfer des 'Gefangenendilemmas' zu werden, das besagt, dass es dem Einzelnen besser ergeht als den Mithäftlingen, wenn er rücksichtslos seinen Vorteil sucht, obwohl es für die Gefangenen insgesamt besser wäre, würden sie miteinander kooperieren.

Die Problemstellung

Der in den Industrieländern praktizierten Form des Wirtschaftens mangelt es an Nachhaltigkeit hinsichtlich des Pro-Kopf-Verbrauchs von materiellen Gütern. Eine Entmaterialisierung der Ökonomie bedürfte der Abkehr von einer Produktionsweise, deren Erfolg sich im Durchsatz und dessen Tauschwert bemisst und der Hinwendung zu einer Dienstleistungsgesellschaft, in der Erfolg im Reichtum (Güterbestand) und dessen Gebrauchswert gemessen wird. Ein sorgsamer Umgang mit den vorhandenen Gütern, neue Strategien der Unternehmens- und Industrieplanung sowie verschiedene wirtschaftspolitische Maßnahmen könnten sowohl zu mehr Nachhaltigkeit als auch zur Erhöhung der internationalen Wettbewerbsfähigkeit dank gesteigerter Ressourcenproduktivität führen. Der Begriff 'Dienstleistungsgesellschaft' meint hier eine Wirtschaftsweise, deren Wertschöpfung weitgehend in Form von Dienstleistungen erfolgt und bei der der Großteil der verrichteten Arbeiten Dienstleistungen sind [Giarini und Stahel (1989/1993)].

Die Notwendigkeit eines Kurswechsels kann auch an Hand der Praxis dargelegt werden:

– Das 'Akkumulations-Prinzip' im Bereich des zweiten Ansatzes: Seit Paracelsus wissen wir, dass die unterschiedliche Wirkungsweise von Gift und Medizin von der Dosierung abhängt. Viele Umweltprobleme werden durch Akkumulation, etwa von CO_2, Schwermetallen oder nichtlöslichen Chemikalien im Grundwasser, erzeugt. Gefahren dieser Art kann nur dadurch begegnet werden, dass das Prinzip der Vorbeugung in Kraft gesetzt wird, bevor die kritische Schwelle erreicht ist, im Regelfall also, bevor es wissenschaftliche Beweise für die Gefahr gibt.

– Der Zeitdruck als Hinderungsgrund für Schadensverhütung: Die Katastrophenserie der vergangenen Jahrzehnte – von der Explosion der 'Challenger' über den Reaktorunfall in Tschernobyl bis zum Untergang der Fähre 'Herald of Free Enterprise' oder dem Absturz des russischen Flugzeuges mit Urlauberkindern an der Grenze zur Schweiz – kann durchwegs auf Zeitdruck zurückgeführt werden. Der einfachste Weg, Derartiges in Hinkunft zu verhindern, wäre eine Verlangsamung des Güterkonsums und der Übergang zu einer adäquaten Wirtschaftsweise ohne die Wettbewerbsfähigkeit der Wirtschaft zu untergraben.

– Der finanzielle Druck als Hinderungsgrund für Schadensverhütung: In der bestehenden Wirtschaftsordnung verlangt es dem Betreiber eines Bohrturms, mit dem täglich 1,5 Millionen Dollar an Einkommen erwirtschaftet werden, einiges an Mut ab, diesen stillegen zu lassen oder auch nur eine etwas höhere Geldsumme in Sicherheitsvorkehrungen zu investieren, auch wenn er wüsste, dass sich dadurch eine Katastrophe (wie im Fall der Explosion der 'Piper-Alpha' in der Nordsee Anfang der neunziger Jahre) verhindern ließe. Eine Methode der Schadensverhütung wäre die Entwicklung pannensicherer und mit automatischen Reparaturvorrichtungen ausgestatteter Technologien, was theoretisch ja möglich ist (z.B. durch eingebaute Entkoppelungsmechanismen). Einen wichtigen Beitrag hierzu kann auch die Gesetzgebung leisten, etwa durch Einführung einer erweiterten Produkthaftung 'von der Wiege zurück zur Wiege', wie es nun in Europa im Elektro- und Elektronikbereich oder im Kraftfahrzeugbereich geschieht. Der finanzielle Druck (mit potenziell katastrophalen Folgen) macht sich heute in weiten Bereichen der Infrastruktur bemerkbar: In den USA stürzt täglich, zumeist in Folge schlechter Wartung, eine Straßenbrücke ein, und bei durchschnittlich 19 Chemieunfällen täglich entweichen rund 180 Tonnen Chemikalien. Eine ähnliche Entwicklung ist auch für Europa absehbar – aus dem einfachen Grund, weil wegen des wachsenden Umfangs und zunehmenden Alters der Infrastruktur die Instandhaltung immer mehr Mittel erfordert, deren Bewilligung angesichts knapper Budgets und Budgetkürzungsmaßnahmen seitens des Staates wenig wahrscheinlich ist.

– Die unzulängliche Qualifikation von Arbeitskräften in Betrieb und Instandhaltung: Erst kürzlich wurde in der Schweiz als in einem der ersten Industrieländer ein neuer Beruf, der des Wartungsarbeiters, eingeführt. Doch es gibt, nicht zuletzt aus finanziellen Gründen, noch immer eine viel zu hohe Zahl von ungenügend ausgebildeten Kräften, die hoch komplexe Technologien, die ihrerseits von hoch qualifizierten Spezialisten entwickelt und produziert wurden, bedienen, was oft unweigerlich zur Katastrophe führt (wie etwa bei Hoechst im Jahr 1993 oder beim Zusammenstoß zweier Züge der Schweizer Bahn auf der Gotthard-Route im selben Jahr, als an einem Sonntag nur ein in Ausbildung stehender Mitarbeiter Dienst versah). In solchen Fällen könnte die Anwendung des Vorsichtsprinzips tatsächlich die zweckmäßigste Lösung sein, wie François Ewald ganz richtig festhielt (Ewald).

– Größenvorteile und Risikonachteile: Im Hinblick auf das Management von sehr großen Risiken muss auch die Kohärenz zwischen Größenvorteilen im Bereich der Mikroökonomie und den Risikonachteilen in der Makroökonomie berücksichtigt werden. Um einen allfälligen Geschäftsvorteil zu ziehen, werden zunehmend katastrophale Risiken in Kauf genommen. So lange die letzte und zudem kostenlose Haftung beim Staat liegt (und das ist dort der Fall, wo es keine unbeschränkte Haftpflichtversicherung gibt), hat die Wirtschaft wenig Grund, alternative Technologien zur Abfallvermeidung und integrierten Schadensverhütung über den Gesamtzyklus eines Produkts zu entwickeln.

Mögliche Lösungen

Die im Laufe der letzten 200 Jahre in den Industrieländern gewachsene Wirtschaftsform beruht auf der Optimierung des Produktionsprozesses mit dem Ziel der Stückkostensenkung und Überwindung der Güterknappheit, beginnend bei Lebensmitteln über Wohnraum bis hin zu Dauergütern. Besonderes Augenmerk wird der Entwicklung effizienterer Prozesstechnologien und der Verbesserung der Qualität der Endprodukte geschenkt.

Vieles deutet darauf hin, dass diese Form des Wirtschaftens nicht mehr in der Lage ist, unsere Bedürfnisse zu befriedigen:

(a) Der Anteil der Güter, die direkt nach Verlassen der Produktionsstätten zu Abfall werden, beträgt in manchen Sektoren, etwa in der Landwirtschaft oder der Elektronikindustrie, 30 Prozent;

(b) in vielen Wohlstandsgesellschaften entspricht das Volumen der entsorgten Güter beinahe jenem der verkauften Güter, was eher ein Zeichen für Substitution von Reichtum als für Reichtumsvermehrung ist;

(c) der technologische Fortschritt richtet sich noch immer auf Produktionsprozesse statt auf die Nutzung von Gütern und Systemen;

(d) in vielen Bereichen ist die aus dem Versagen eines Systems resultierende Effizienzsteigerung vergleichbar mit jener, die auf Innovation beruht (z.B. Erhöhung der Sicherheit infolge von Verkehrsstaus gegenüber der Ausstattung von Fahrzeugen mit Airbags).

Der Weg zu einer nachhaltigeren Gesellschaft führt über die Entkopplung von ökonomischem Erfolg und Volumen der verarbeiteten Ressourcen. Eine Möglichkeit hierzu wäre der Übergang zu einer Dienstleistungsgesellschaft, in der eher die vorhandenen Güter und deren Nutzung denn die Ressourcenflüsse zählen [Giarini und Stahel, 1992].

Es gibt noch weitere Möglichkeiten, wie eine auf Nachhaltigkeit abzielende Industriepolitik Prinzipien des Risikomanagements einbeziehen könnte:
– Die Einführung des Faktors 'Zeit' in die Wirtschaftsgesetzgebung;
– die Entwicklung und Anwendung von Methoden zur Messung der nachhaltigen Wettbewerbsfähigkeit über längere Zeiträume hinweg, z.B. GPO oder ISEW anstelle des BIP[1];
– die Festlegung und gesetzliche Verankerung der Mindestqualität von Gütern in Bezug auf die Lebensdauer durch Vorschreibung einer lebenslangen Gewährleistung (z.B. in Übereinstimmung mit den in den EU-Sicherheitsrichtlinien festgelegten zehn Jahren) und Aufhebung des derzeit geltenden Verbots des Einsatzes gebrauchter Komponenten in neuen Produkten;
– gezielte Förderungen im Bereich Forschung und Entwicklung sowie Ausbildung und Schulung im Bereich Vorbeugung und Vorsicht statt in Prozesstechnologien: Langzeitverhalten von Materialien, Komponenten und Gütern (Verschleiß gegenüber Ermüdung), technisches Risikomanagement, industrielles Design für systemisches Denken, Methoden der Verbreitung nachhaltigen Denkens im Hinblick auf die soziokulturelle Ökologie.
– Steigerung der Eigenverantwortung von Wirtschaftsunternehmen;
– durch Produkthaftung 'von einer Wiege zur nächsten';
– durch Ersetzen von technischen Pflichtstandards durch verpflichtende marktwirtschaftliche Sicherheitsnetze und damit Versicherbarkeit von Risiken als Hauptkriterium für eine ökonomische Wahl zwischen technologischen Optionen;
– durch Beseitigung von Subventionen und Anreizen für Betriebe mit Größenvorteilen, die oft versteckte Risiken enthalten;

---

1 GPI General Progress Indicator (Allgemeiner Fortschrittsindikator) (USA), ISEW Index of Sustainable Economic Welfare (Index für nachhaltigen ökonomischen Wohlstand (Europa), BIP (Bruttoinlandsprodukt). Nähere Ausführungen zu GPI und ISEW finden sich in [van Dieren (1995)]

– Gestaltung der Wirtschaftspolitik als Lokomotive für Wettbewerbsfähigkeit: eine der Wirtschaftsentwicklung zuvorkommende Neuausrichtung der Wirtschaftspolitik zur Förderung von Innovationen in Richtung Nachhaltigkeit;

– Nachhaltigkeit als ganzheitliches Prinzip; die Erfordernis der Ganzheitlichkeit in der Gesetzgebung erweist sich jedoch als Hindernis für die Problemlösung (z.B. Besteuerung des Ressourcenkonsums zur Finanzierung von Pensionen und Arbeitslosigkeit). Hier kommen sektorale Bestimmungen zum Tragen;

– Einführung selbstregulierender Steuerschleifen in der Ökonomie: Besteuerung von Ressourcenkonsum und Abfall statt von Arbeit und damit Belohnung aller auf Suffizienz und Effizienz abzielender Lösungen (unter gleichzeitiger Eliminierung der Diskriminierung von freiwilliger Arbeit, Nachbarschaftshilfe und 'unproduktiver Arbeit').

Die gegenwärtig praktizierte Wirtschafts- und Unternehmenspolitik bietet nur geringe Anreize und *Know-how* in Bezug auf die Entwicklung und praktische Anwendung von Nachhaltigkeitsstrategien beziehungsweise Ressourcenproduktivität. Eine Gesellschaft, die 'die Umwelt schützt', indem sie Millionen von gebrauchsfähigen Kraftfahrzeugen ersetzt ('Zerstöre und produziere neu'), sobald 'sauberere Technologien' vorhanden sind (zum Beispiel unverbleites Benzin, Magermotoren, Katalysatoren) und sich auf die Behauptung der Industrie stützt, dass existierende Motoren nicht verbessert oder konvertiert werden können, handelt nicht effektiv, weder in Bezug auf technische Entwicklungen noch auf die Umwelt. Sie geht überdies von kurzsichtigen Annahmen aus (ein Gegenbeispiel lieferten eine Handvoll Schweizer Mechaniker, die die Motoren ihrer historischen Junkers 52-Flotte auf unverbleites Benzin umstellten).

Im Fall einer zwingenden oder freiwilligen Produktrücknahme wird das neue ökonomische Ziel die Gewinnmaximierung auf Basis der Wiederverwendung von Komponenten und Produkten, das an die Stelle der Praxis der Kostenminimierung durch Recycling und Entsorgung tritt. Bisweilen wird es erforderlich sein, dass die Produzenten einen Eigentumsvorbehalt (etwa durch Leasing bzw. Vermietung oder den Verkauf von Resultaten anstelle von Gütern) geltend machen, um die Rückführung der Produkte nach jedem Zyklus sicherzustellen. Ein hervorragendes Beispiel dieser Art des *Asset-Managements* (weil Rohstoffe gleich Vermögen sind) ist die von Xerox neben der Strategie des technologischen *Life-Cycle Design* entwickelte Marketingstrategie, die den Verkauf von Kundenzufriedenheit zum Inhalt hat.

Den Produzenten langlebiger Güter steht eine Reihe innovativer technischer und Marketing-Strategien zur Verfügung, um nachhaltige und ökonomisch lebensfähige Lösungen 'von der Wiege zurück zur Wiege' ausfindig zu machen und zu optimieren und so langfristig Kundenzufriedenheit zu sichern. Dazu bedarf es allerdings auch einer Neudefinition von Qualität als langfristige Optimierung des Systems sowie einer damit einhergehenden verschärften Produkthaftung. Die Dienstleistungsgesellschaft hält also auch neue Risiken bereit!

Wohlstand ohne Ressourcenkonsum? Die neuen Risiken der Dienstleistungsgesellschaft

Verständlicherweise ist die Schaffung von Wohlstand ohne Ressourcenverbrauch für die industrielle Produktion, die 'Flussökonomie', kein vorrangiges Ziel, führte dies doch zum 'ökonomischen Desaster' (gemessen am Volumen des Ressourcendurchflusses). Hier liegt für vorausblickende Unternehmer also ein beträchtliches, bislang unangetastetes Potenzial an technischer Innovation und ökonomischen Aktivitäten vor, das es zu erkennen und erfolgreich zu nutzen gilt. Der Schlüssel zum 'Wohlstand ohne Ressourcenkonsum' liegt in der Dienstleistungsgesellschaft: Wenn ein Kunde einen vereinbarten Betrag pro Einheit einer Dienstleistung bezahlt (und die Leistung gleich der Kundenzufriedenheit ist), stellt das für den Anbieter einen ökonomischen Anreiz dar, die Ressourcenflüsse zu reduzieren, was seinen Gewinn gleich doppelt steigert: zum einen durch Kostensenkung für Material und Energie und zum anderen durch Senkung der Kosten für Abfallbeseitigung. Als Beispiele hierfür seien die *Life-Cycle Design*-Programme für Kopiermaschinen von Xerox, das Geleiseschleif-Service von Speno, die von Du Pont angebotene Rücknahme und Wiederverwertung von Nylonteppichen sowie ganz allgemein die Wiederverwertung von Gütern genannt.

Der Hauptnutzen, der sich aus der Schaffung von Wohlstand ohne Ressourcenkonsum ziehen lässt, besteht in einer langfristig höheren Wettbewerbsfähigkeit dank reduzierter Kosten und in einer gesteigerten Produktqualität und Kundentreue, zusätzlich zu einem 'grüneren' Image des Unternehmens; das Hauptrisiko ist die erhöhte Unsicherheit aufgrund der Einbeziehung des Faktors 'Zeit' in die ökonomische Berechnung. Letzteres ist freilich durch Anwendung entsprechender Strategien, etwa eines Bausteinsystems zur Gewährleistung von Interoperabilität und Kompatibilität zwischen Produktfamilien, der Standardisierung von Komponenten zwecks einfacherer Wiederverwendung, Wiederverarbeitung und Recycling oder dadurch, dass die Produkte mit Vorrichtungen zur Verhütung von Schäden und Missbrauch versehen werden, erheblich zu reduzieren.

Suffizienz ist *eine* Strategie zur Erreichung von Nachhaltigkeit und Wohlstand ohne Ressourcenkonsum. Man führe sich die in Hotels gängige Praxis vor Augen: Die den Gästen offerierte Möglichkeit, durch mehrmalige Verwendung eines Handtuchs 'die Umwelt zu schonen', führt tatsächlich zu einer Senkung des Verbrauchs von Wasser, Waschmitteln und Waschmaschinen. Aber sie erlaubt auch die Senkung der Wäschereikosten und erhöht die Nutzungsdauer von Handtüchern und Waschmaschinen, steigert also die Gewinnspanne. Null-Optionen bzw. Suffizienz gehören zu den ökologisch effizientesten Lösungen und ermöglichen gleichzeitig die größten Einsparungen.

Systemlösungen und die gemeinschaftliche Nutzung von Gütern sind ebenfalls äußerst zweckmäßige Strategien zur Effizienzsteigerung im Ressourcenkonsum. Derselbe Gebrauchswert kann durch intensivere Nutzung einer stark verringerten Anzahl von Gütern erzielt, eine höhere Ressourcenproduktivität je Einheit einer Dienstleistung erreicht werden, wenn mehrere Personen bestimmte Güter gemeinschaftlich nutzen. Beispiele einer solchen Praxis sind neben öffentlichen Einrichtungen wie Leuchttürmen, Straßen, Konzertsälen und Eisenbahnen etwa der von der Lufthansa eingerichtete Kfz-Pool für das Flugpersonal, das von Mercedes für Lastkraftwagen entwickelte *Charter Way*-Konzept oder Textil-Mietservices, z.B. für Uniformen, Handtücher oder Spitalsbettwäsche.

Die gemeinschaftliche Nutzung von Gütern ist in einer (Geld-)Wirtschaft in Form von Mietservices und dem Verkauf von Dienstleistungen statt von Gütern (Wäschereien und chemische Reinigung), aber auch innerhalb von Gemeinschaften (in nicht-monetärer Form) durch Verleih und Gemeinschaftsnutzung möglich. Ersteres ist gesetzlich geregelt, letzteres basiert auf Gemeinschaftlichkeit und Fürsorge, setzt also auf Werte – Vertrauen und Toleranz –, die in einer Gemeinschaft vorhanden und Bestandteil der soziokulturellen Ökologie sind. Und weil hier sowohl Werte der Gesellschaft (Gesetze) als auch der Gemeinschaft (Vertrauen) beteiligt sind, sind manche mit der gemeinschaftlichen Nutzung immaterieller und materieller Güter verbundene Aspekte anfällig für Fehlinterpretationen (Misstrauen führt zu einer Steigerung von individuellem Konsum, zu Konflikten und Versagen).

Die gemeinschaftliche Nutzung immaterieller Güter hat zwei Hauptvorteile: Anders als im Fall materieller Güter kann ein großer Personenkreis gleichzeitig Nutzen aus ihnen ziehen, und immaterielle Güter sind *per definitionem* nichtstofflich. Der technologische Sprung von analogen zu digitalen beziehungsweise virtuellen Gütern wird die gemeinschaftliche Nutzung weiter steigern, selbst wenn der Hauptgrund dieser Entwicklung die Steigerung der Wettbewerbsfähigkeit und nicht Umweltbewusstsein ist. Die Verlängerung der Lebensdauer analoger (mechanischer) Produkte hat eine Regionalisierung der Ökonomie zur Folge, während digitale bzw. virtuelle Güter es den Produzenten ermöglichen, global präsent zu sein, indem sie Lösungen anbieten (etwa die technologische Aufrüstung von Geräten), die im *Do-it-yourself*-Verfahren durchgeführt werden können. Dies gestattet den Produzenten den direkten Zugang zum Kunden und eliminiert Wiederverkäufer und Vertriebskosten. Der bevorstehende Wechsel zum digitalen Fernsehen, das durch langlebige Hardware in Verbindung mit Aufrüstungsmöglichkeiten durch Software charakterisiert ist, ist ein Beispiel für diese Entwicklung, die auch durch die Richtlinie der Europäischen Union zur Rücknahme von elektronischen Waren gefördert wurde.

Die Schaffung von Wohlstand mit reduziertem Ressourceneinsatz ist weiters möglich durch die Ersetzung von Wegwerfprodukten durch wartungsfreie Dauergüter, die höchste Qualität liefern. Moderne Beispiele sind etwa CDs und Superkondensatoren (und in naher Zukunft wieder aufladbare Mikro-Brennstoffzellen), die an die Stelle von Batterien in Elektrogeräten treten. CDs spielen auch eine Rolle bei der Einkommensverschiebung vom Produzenten zum Wiederverkäufer (Secondhand-Verkäufe und Verleihstellen), wenn nämlich der Produzent nicht selbst Anbieter von Dienstleistungen wird (zum Beispiel durch den Verkauf von Musik anstelle von CDs), wozu es eines strukturellen Wandels – von der Ebene der globalen Produktion hin zu lokalen Verleihservices – bedürfte.

Zur Erhöhung der Ressourcenproduktivität tragen auch die längere Nutzung von Gütern infolge erhöhter Lebensdauer und das entmaterialisierte Produkt-Design bei, die allerdings der Förderung bedürfen, da sie der Logik der linearen Ökonomie widersprechen. Die Verdoppelung der nützlichen Lebensdauer eines Produkts führt dazu, dass das Volumen der benötigten Ressourcen und des anfallenden Abfalls, aber auch der Ressourcenkonsum aller damit verbundener Serviceleistungen (Vertrieb, Werbung, Abtransport und Entsorgung von Abfall) um die Hälfte reduziert wird. Da damit oft eine Substitution von Energie durch Arbeitskraft und von global operierenden Betrieben durch örtliche Produktionsstätten einhergeht, leistet sie zudem auch einen Beitrag zur sozialen Ökologie. Ökonomischer Erfolg stellt sich ein durch Begreifen der Logik, die der auf Dienstleistungen beruhenden 'Seeökonomie' innewohnt: Nutzungsoptimierung verlangt nach Nähe zum Kunden, mithin nach einer Regionalisierung der Ökonomie. Da der neue Brennpunkt ökonomischer Optimierung (die Vermögenswerte) die auf dem Markt vorhandenen Güter sind, werden diese Güter zu den neuen 'Rohstoffminen'. Diese können nicht ökonomisch zentralisiert werden – eine effiziente Dienstleistungsökonomie muss eine dezentralisierte Struktur (Service-Center, Wiederverarbeitungs- und Kleinbetriebe) aufweisen. Idealerweise sind diese Service-Center rund um die Uhr zugänglich, ähnlich der Notfallabteilung eines Krankenhauses.

Vorteile für den Nutzer-Konsumenten

'Service ist der ultimative Luxus' lautet ein Werbeslogan der Marriott Hotelgruppe. Der Übergang zu einer Dienstleistungsökonomie (zum Beispiel Miete statt Kauf eines Produkts) trifft nachfrageseitig auf nur wenige Akzeptanzprobleme.

Der zum Konsumenten mutierte Nutzer erlangt in der Nutzung von Gütern hohe Flexibilität (etwas, das ihm als Eigentümer verwehrt bliebe) sowie garantierte Zufriedenheit zu einem fixen Preis pro Serviceeinheit. Auch ist damit kein Statusverlust verbunden: Die Vermarktungsstrategien der industriellen Produktion haben die falsche Vorstellung geweckt, dass der Wert eines Statussymbols an das Eigentum daran geknüpft sei, während er in Wirklichkeit immer auf Mietbasis beruht. Jemand, der hinter dem Steuer eines roten Ferrari sitzt, wird immer die Aufmerksamkeit der Umstehenden auf sich ziehen, gleich, ob er diesen Wagen nun gekauft, gemietet oder gestohlen hat. Ökonomischen Sinn hat der Eigentumstitel nur im Hinblick auf eine Wertsteigerung, die in der Regel seltene Güter, etwa antike Möbel, Oldtimer oder Immobilien, betrifft.

Auch in ökologischer Hinsicht macht Eigentum nur für jemanden Sinn, der an Vermögensverwaltung interessiert ist. In vielen Ländern lebt ein wachsender Bevölkerungsanteil geistig in einer Multi-Options-Gesellschaft: Diese Menschen sind nicht bereit, sich mittel- oder langfristig zu binden, sei es an Güter oder an andere Menschen [Gross]. Stets sind sie auf der Suche nach neuen Spielsachen – und sie können sie sich leisten. Die Bedürfnisse dieser Menschen zu befriedigen ohne Mülllawinen zu produzieren, vermag nur eine Dienstleistungsgesellschaft – eben dadurch, dass sie Resultate und Dienstleistungen statt Güter, und Flexibilität in der Nutzung statt Sklaverei durch Eigentum verkauft.

Auf einem besseren (wissenschaftlichen) Problemverständnis beruhende Suffizienzlösungen führen nicht nur zu einer Reduktion der Ressourcenflüsse, sondern auch der Kosten: Die Pflügung während der Nachtstunden etwa verringert den Unkrautbestand und damit die Ausgaben für Herbizide um 90 Prozent. Wieder aufgearbeitete Produkte sind im Durchschnitt um 40 Prozent billiger als vergleichbare neue Produkte. Die gemeinschaftliche Nutzung von Gütern bedeutet eben auch das gemeinschaftliche Tragen der Kosten. Allerdings fordern Suffizienz- und Effizienzlösungen vom Nutzer-Konsumenten oft eine geänderte Einstellung zu Gütern und/oder Menschen – Wissen und Gemeinschaftsgefühl treten an die Stelle des Ressourcenkonsums.

Innovation und Unternehmenspolitik im Dienste der Nachhaltigkeit als die Schlüssel zu einer höheren Ressourcenproduktivität

Zu einem fundamentalen Wechsel der Akteure und Problemstellungen kommt es, wenn die Entwicklung der Gesellschaft von der Säule 'Gesundheit und Sicherheit' zu jener der 'Ressourcenproduktivität' verläuft. In der Vergangenheit waren es Biologen und Chemiker, die im Auftrag von Nationalstaaten mit der Methode von Befehl und Überwachung die Naturerhaltung und Toxizitätsverringerung vorantrieben. Heute obliegt es Ingenieuren und Industrieplanern, Marketingexperten und Geschäftsleuten, durch Innovationen die Ressourcenproduktivität um bis zu Faktor zehn zu erhöhen. 'Innovation, die von den Unternehmen ausgeht' und 'Unternehmenspolitik zur Förderung der Nachhaltigkeit' werden zu den Schlüsselstrategien nicht nur auf dem Weg zu einer nachhaltigen Gesellschaft, sondern auch zu einer erhöhten Wettbewerbsfähigkeit!

Dies geht einher mit einem grundsätzlichen Wandel im politischen Denken – weg von der Vorstellung 'Ökologie oder Ökonomie' (bzw. 'Staat oder Unternehmen') hin zu 'Ökologie mit Ökonomie' (und 'Staat mit Unternehmen'). Die beste Art, wie eine neue Wirtschaftspolitik die Nachhaltigkeit fördern kann, ist die Beseitigung von Hürden, die Innovationen in diesem Bereich behindern und die Schaffung von Anreizen, die sie befördern. Es ist noch immer Aufgabe des Staates, Sicherheitsschranken einzuziehen, um Menschen und Umwelt zu schützen. Doch sollte er diesen Schutz nicht selbst gewähren, ebenso wenig, wie er für Schäden aufkommen sollte; vielmehr sollte er die Schaffung von Sicherheitsnetzen dem freien Markt überlassen, etwa durch die Einführung einer Pflichtversicherung (z.B. Umwelt- oder Produkthaftpflicht)[2]!

Der Staat sollte die Ziele, nicht aber die Strategien zur Erreichung einer höheren Ressourcenproduktivität definieren. Dabei hätte er jedoch zu gewährleisten, dass Innovation belohnt und gefördert, Schwindel, auch im Zusammenhang mit den Sicherheitsnetzen, aber bestraft wird. Dies führte zu schlankeren Strukturen und erhöhter Effizienz des Staates. Das Prinzip der 'Versicherbarkeit von Risiken' brächte automatisch das Vorsichtsprinzip in die ökonomischen Mechanismen ein, das die Wahl zwischen möglichen Technologien, gegenwärtigen wie zukünftigen, erlaubte.

Bezugsgrößen für Nachhaltigkeit

Erfahrungsgemäß kann die Effizienz bestehender Methoden zur Steigerung der Ressourcenproduktivität um bis zu Faktor vier gesteigert werden (z.B. Wasserverbrauch durch Tropfbewässerung in Israel, die Verwendung von Herbiziden durch Eisenbahngesellschaften). Um eine Erhöhung über den Faktor vier hinaus

---

2 'Sicherheitsnetze des freien Marktes' sind ökonomische Akteure, die sich dafür verbürgen können, dass Ansprüche aus mit Innovationen verbundenen Schäden nicht vom Staat befriedigt werden müssen: Pools, wie etwa die P&I Clubs in der Schifffahrt, Versicherungsgesellschaften (einschließlich Captive Versicherer und Rückversicherer) oder die 'Berufsgenossenschaften' in Deutschland. Derartige Anprüche können aus der Umwelt- oder der Produkthaftung, der Arbeitsunfallversicherung etc. entstehen.

zu erreichen, bedarf es innovativer Strategien für neue Lösungen, die die Probleme auf System- statt auf Produktebene angehen, die von einem neuen Verständnis der zugrunde liegenden Bedürfnisse ausgehen oder aber neue Technologien einsetzen [Stahel 1995].

In der Tat wohnt vielen traditionellen Lösungen ein hohes Maß an Nachhaltigkeit inne: Ein österreichischer Tischler, der Holz aus der Region zur Möbel- und Spielzeugproduktion für den regionalen Markt verwendet, der kaputte Gegenstände repariert und im Winter seine Werkstatt mit Holzabfällen beheizt, wird kaum in der Lage sein, die Nachhaltigkeit seiner Tätigkeit auch nur um den Faktor vier zu erhöhen. Dasselbe gilt für eine walisische Brauerei, die ihre Rohstoffe von Bauern der Region kauft und die lokalen Pubs mit Bier beliefert. Der Umstand, dass diese Unternehmen die ökologische Effizienz schwerlich werden steigern können, bedeutet nicht, dass sie sich einer nicht-nachhaltigen Produktionsweise befleißigten – im Gegenteil! Doch er zeigt die Notwendigkeit, Bezugsgrößen einzuführen, um Prioritäten und Zielsetzungen einer höheren Ressourcenproduktivität zu definieren.

Dies ist einfach in Bereichen, in denen der Maßstab der Mensch ist, wie etwa im Bereich der Mobilität. 'Nachhaltige Mobilität' kann definiert werden als die Art und Weise der Fortbewegung, die es einer Person ermöglicht, schneller und unter weniger Energieeinsatz vorwärts zu kommen als zu Fuß, also etwa mit dem Rad in der horizontalen und dem Lift in der vertikalen Ebene. Dass Verbesserungen in der Fahrzeugindustrie jemals dem menschlichen Maßstab gerecht werden können, ist jedoch relativ unwahrscheinlich. Anders in anderen Bereichen, etwa bei der Kaffeezubereitung mit verschiedenen Kaffeemaschinen: Hier ist die optimale Bezugsgröße die Qualität des erreichten Resultats. Im Zuge des letzten, von den EU-Verbraucherorganisationen durchgeführten Kaffeetests wurde eines der besten Resultate von der Bialetti-Espressomaschine erzielt; dabei handelt es sich um ein frühes, in den dreißiger Jahren entworfenes und erstmals produziertes Öko-Erzeugnis, das noch immer im Handel ist – gemeinsam mit hunderten anderen Kaffeemaschinenmodellen, die allesamt teurer, moderner und materialintensiver sind. Bezugsgrößen können also auch herangezogen werden, um ökologisch ausgereifte Lösungen ausfindig zu machen.

Ähnlichkeiten, Unterschiede und Überlappungen der zwei Konzepte

Ähnlichkeiten

Der gemeinsame Nenner der beiden Konzepte Risikomanagement und Nachhaltigkeit besteht darin, dass sie kulturelle Konstrukte sind: Risiko ist ein auf Sicherheit beruhendes Konstrukt, Nachhaltigkeit ist ein auf Lebensqualität beruhendes Konstrukt.

Beide Konzepte gründen sich auf Vorbeugungsstrategien: Im Fall des Risikomanagements ist diese die Schadensverhütung, im Fall der Nachhaltigkeitspolitik das Vorsichtsprinzip.

Diese mentale Grundlage des Vorsichtsprinzips führt oft zu einem Konflikt mit der Realität, stehen doch die Konzepte von Risiko und Nachhaltigkeit sowohl in der Praxis als auch in der Theorie in Widerspruch zur modernen Wirtschaftwissenschaft: Verkehrsunfälle, um nur ein Beispiel zu nennen, führen zu einer Steigerung des BIP, weil Personen- und Sachschäden zusätzliche ökonomische Aktivitäten zur Folge haben, die ohne die Unfälle nicht stattgefunden hätten. Und doch wird niemand behaupten, dass die Lebensqualität einer Gesellschaft mit der Unfallhäufigkeit steigt. Unfallverhütung durch Risikomanagement erhöht daher die Nachhaltigkeit (eine geringere Zahl zerstörter Fahrzeuge verbessert die ökologische Situation durch Schonung von Ressourcen und Abfallvermeidung, weniger Ausgaben für medizinische Behandlung und neue Autos bedeuten ökonomische Einsparungen, und soziale Härten als Ergebnis von Unfällen werden vermieden).

Wie in dem von Orio Giarini und Patrick Liedtke verfassten Kapitel näher ausgeführt, wird die Tatsache, dass erfolgreiche Vorbeugungsmaßnahmen es einer Gesellschaft ermöglichen, den bestehenden sozialen (Gesundheit) und ökonomischen (funktionierende Güter und technische Systeme) Wohlstand zu erhalten, in der modernen Wirtschaftswissenschaft nicht berücksichtigt. Diese misst den Ausstoß (Bruttoinlandsprodukt), nicht jedoch den Reichtum (der Gesamtbestand verfügbarer Güter).

Unterschiede

In seinen Zielsetzungen lässt das Risikomanagement seinen Ursprung in der Produktion erkennen, es verfolgt daher in erster Linie die Wohlstandsoptimierung, während es der Nachhaltigkeit, deren originäres Anliegen die Naturerhaltung war, hauptsächlich um Schadensminimierung geht. Risikomanagement ist die Kunst der Abwägung von Risiken und Möglichkeiten mit dem Ziel, größtmöglichen Allgemeinwohlstand zu schaffen, Nachhaltigkeit strebt nach Herstellung einer *Triple-Win-Situation* – in ökologischer, sozialer und ökonomischer Hinsicht – mit einem möglichst niedrigen Gesamtverlust.

Jede Art von Unternehmungen trägt das Potenzial für Ereignisse und Folgen, die Chancen auf Nutzen und Gefahren für den Erfolg in sich bergen. Daher wird

Risikomanagement heute als die Aufgabe gesehen, sich sowohl mit den positiven als auch den negativen Aspekten von Risiko zu befassen.

Nachhaltigkeit ist stark von Sicherheitsbewusstsein geprägt und zwar insofern, als Konsequenzen als ausschließlich negative erachtet werden. Daher besteht das Hauptanliegen von Nachhaltigkeitspolitik nach wie vor in der Verhinderung und Milderung schädlicher Auswirkungen auf Natur und Umwelt.

Sowohl der Einzelne als auch Unternehmen sind von Gesetzes wegen für verursachte Schäden haftbar. Aus diesem Grund wird Risikomanagement ständig praktiziert, bewusst oder unbewusst. Wann immer man eine Straße überquert, ein Auto lenkt oder einen Vertrag unterschreibt, wägt man – zumeist unbewusst – die Risiken und Chancen ab.

Im Bereich der Nachhaltigkeit ist die Haftungsfrage moralischer Natur. Die Abholzung der Regenwälder und die Ausdünnung der Ozonschicht sind ein Verlust von immateriellem Reichtum als Resultat der industriellen Aktivitäten der Menschen, wobei sich die Beteiligten der Folgen oft nicht bewusst sind.

Die Triebfeder von Risikomanagement ist die Haftung und Verantwortung für Schäden, die Dritte erleiden und die vor Gericht eingeklagt werden können, der Stachel für Nachhaltigkeit ist das auf kulturellen Werten von Individuen und Gemeinschaften beruhende Verantwortungsgefühl, das – noch – keiner Rechtssprechung unterworfen ist.

Unsicherheit, Gefahren, Risiken und Risikomanagement

Frank Knight, einer der Großmeister des Risikomanagements, definierte den Unterschied zwischen Risiko und Unsicherheit 1921 wie folgt:

'Wenn man nicht sicher weiß, was geschehen wird, aber die Verteilung der Ergebnisse möglicher Handlungen kennt, ist das Risiko. Weiß man aber nicht einmal das, dann ist das Unsicherheit.'

Der Beginn des dritten Jahrtausends hat der Welt einmal mehr die Unsicherheit als Grundlage menschlichen Lebens sowie die grausame Natur vieler Risiken in Erinnerung gerufen. Deren Auftreten erfolgt plötzlich und ihre Konsequenzen sind nicht vorhersehbar – es ist das Undenkbare, das sich an Orten ereignet, an denen man es am wenigsten erwartet hätte, ganz gemäß Murphys Gesetz, demzufolge alles, was schief gehen kann, auch einmal schief geht.

Gegen Ende des 20. Jahrhunderts herrschte unter Risikoexperten die Ansicht, dass die Natur der Hauptverursacher vieler Katastrophen sei, da die größten wirtschaftlichen Verluste der jüngeren Vergangenheit aufgrund von Erdbeben, Wirbelstürmen und Fluten entstanden waren. Dieser Standpunkt musste sich am 11.

September 2001 eines Anderen belehren lassen: Der 'Angriff auf Amerika' war eine von Menschen in terroristischer Absicht herbeigeführte Katastrophe.

Im Jahr 2003 kam es dann einerseits zum Wiederaufleben längst überwunden geglaubter Gefahren – Seuchen wie SARS – und andererseits zum Auftreten neuer Risiken im Zusammenhang mit der Eroberung neuer Sphären, etwa der Weltraumtechnologie.

Anfang 2003 verstummte die Raumsonde 'Pioneer 10' endgültig. Gestartet am 2. März 1972, war ihre Mission zunächst auf 21 Monate angelegt. Am 31. März 1997, 25 Jahre nach dem Start, galt ihre Mission offiziell als beendet. Doch noch bis zum 22. Januar 2003 sandte die 'Pioneer 10', aus einer Entfernung von ungefähr acht Milliarden Meilen jenseits des Randes unseres Sonnensystems, Signale aus. Im selben Monat, da die unerwartete Erfolgsstory der 'Pioneer 10' ein relatives Ende fand, kam es beim Wiedereintritt der Raumfähre 'Columbia' in die Atmosphäre über Texas zur Explosion.

Kaum ein Beispiel ist besser zur Illustration der Unvorhersagbarkeit von Chancen und Risiken geeignet als die Raumfahrt. Die Chancen, einschließlich der Gründe für unerwartet erfolgreiche Missionen, sind schwer auszumachen, und ebenso schwer zu begreifen sind die Risiken, die sich plötzlich und ohne Vorwarnung einstellen können.

Was die Dinge noch komplizierter macht ist der Umstand, dass Risiken selten allein kommen und ständig neue Gestalt annehmen. Anpassungsfähigkeit, Beweglichkeit und Redundanz werden daher zu Schlüsselstrategien bei der Suche nach Möglichkeiten der Schadensverhütung.

Ziele des Risikomanagements im Laufe der Jahrhunderte

Wie François Ewald gezeigt hat, haben wir uns im Laufe der Jahrhunderte zu einer 'Versicherungsgesellschaft' entwickelt (Ewald, 1989):

- Das 19. Jahrhundert war geprägt durch den Ruf nach der sozialen Absicherung von Arbeitern,
- das zwanzigste Jahrhundert war geprägt durch die Entwicklung des auf der Theorie der Risikominimierung und Schadensvermeidung beruhenden Risikomanagements, das stark von Technologie, dann von Investitionen und schließlich von der Abschätzung technologischer Konsequenzen geprägt ist,
- das 21. Jahrhundert wird laut Ewald stark durch die Anwendung des 'Vorbeugungsprinzips' geprägt sein.

Nun wäre es höchst unzutreffend, das Vorbeugungsprinzip als Synonym für die Beibehaltung des Status quo zu verstehen! Die moderne Form des Risikomanagements hat nicht nur den Umfang der 'Unfälle', die es in Betracht ziehen muss, erweitert, sondern sie ist sich auch dessen bewusst, dass in Abwägung von Risiken und Chancen die Risikovermeidung das größte Risiko überhaupt sein kann!

Der 'Risikomarkt'

Das Versicherungswesen kennt üblicherweise drei Hauptbereiche: Risikoabschätzung, Risikohandhabung und Risikofinanzierung:

● Die Risikoabschätzung unterscheidet in erster Linie zwischen Risikowahrnehmung, Risikoerkennung, Risikoanalyse und Risikoauswertung.

● Sodann eröffnen Risikomanagement und Risikokontrolle bezüglich der ausgemachten Risiken die Optionen Ignorierung, Vermeidung und Minimierung.

● Individuen und Wirtschaftssubjekte können ihre Risiken durch Risikofinanzierung minimieren, wobei ihnen die Optionen offen stehen, das Risiko zu tragen, zu teilen oder zu übertragen; bei der Risikoübertragung kommt den Versicherungen eine Schlüsselrolle zu.

Doch hier muss betont werden, dass die Risikoabschätzung nicht allein durch eine 'Risikoaktion' objektiv determiniert ist, sondern dass hier mindestens ebenso sehr der antizipierte Gewinn eine Rolle spielt. Der 'Profit unbekannter Risiken' wird oft erst im Nachhinein erkannt, wie etwa im Fall Columbus und Amerika. In anderen Fällen werden Risiken angesichts des ihnen innewohnenden Profitpotenzials bewusst in Kauf genommen, wie etwa im Wildwassersport, bei der Großwildjagd oder im Glücksspiel. Dabei handeln die Akteure in vollem Bewusstsein, weil sie der Überzeugung sind, dass der Ausgang der Risikosituation von ihnen bis zu einem gewissen Grad gesteuert werden kann.

Die Integration von Gesellschaft und Technologie zeitigt einige grundlegende Auswirkungen: Sie löst die Verbindung zwischen dem, der ein Risiko auf sich nimmt und dem Risiko selbst und führt zur inhärenten Verwundbarkeit von Technologie.

Das Titanic Syndrom

Die 'Titanic', das erste 'unsinkbare' Schiff der Geschichte, überstand nicht einmal ihre Jungfernfahrt, weil der Kapitän sie tatsächlich für unsinkbar hielt. Das war vom Erbauer wohl verkündet worden, doch war es nicht wörtlich gemeint: Unsinkbar war die 'Titanic' unter der Annahme, dass der 'Nutzer' (also der Kapitän) sich verhalten würde, wie er es immer tat. Aber am 15. April 1912 lief das Schiff auf einen Eisberg auf, 1.513 Menschen starben und Lloyds bezahlte 1.400.000 Pfund (in der damaligen Währung) an Versicherungsleistungen. Dies konnte den Bankrott der 'White Star Line', des Eigentümers der 'Titanic', freilich nicht verhindern.

Als moderne Erscheinungsform des 'Titanic-Syndroms' kann das ABS, das Antiblockiersystem, oder auch der Allradantrieb angesehen werden. Diese Entwicklungen stellen gleichsam 'Nutzen-Mißbrauch-Anreize' dar, die dem Fall der 'Titanic' vergleichbar sind. Die Erfindung des ABS ermöglicht eine Verkürzung des Bremsweges bei uneingeschränkter Steuerbarkeit. Bei Einführung dieses Systems ging man davon aus, dass die so gebotene zusätzliche Sicherheit die Zahl der Verkehrsunfälle vermindern würde, und dementsprechend senkten die Versicherungen die Prämien für mit ABS ausgestattete Fahrzeuge. Doch nur wenige Jahre später sahen sich die deutschen Versicherer gezwungen, dieses Angebot rückgängig zu machen, da in den Unfallstatistiken kein signifikanter Unterschied zwischen mit ABS ausgestatteten Fahrzeugen und konventionellen Bremssystemen auszumachen war.

Eine Versicherung kann denselben Effekt haben wie der technologische Fortschritt. Jemand, der gegen Überschwemmung versichert ist, kann sein Haus näher am Flussufer errichten, ist ihm doch die Abgeltung allfälliger Schäden gewiss.

Die zunehmende Verwundbarkeit durch technologischen Fortschritt

Die Erforschung neuer Technologien wie auch die Technologiepolitik werden von mehreren Faktoren angetrieben, etwa der Erhöhung der Wettbewerbsfähigkeit und der Möglichkeit der Patentierung der gewonnenen Erkenntnisse. Flexibilität und Redundanz der Technologie gehören in der Regel nicht dazu.

Während der letzten hundert Jahre sind technologische Entwicklungen immer effizienter und sicherer, zugleich aber auch viel verwundbarer geworden. Diese Verwundbarkeit schafft Unsicherheit, was bedeutet, dass sie eigentätig zu Tage treten bzw. durch Missbrauch und Terrorismus ausgebeutet werden kann.

Sehr komplex ist der Themenbereich Risikomanagement und Technologie, wenn wir die systemischen Folgen etwa von Emissionen in die Atmosphäre und deren Auswirkung auf das Klima einbeziehen. Eine kürzlich veröffentlichte EU-Studie enthielt eine klare Botschaft an die Politik. Die Forschungs- und Technologiepolitik muss sich an zwei Faktoren orientieren, die gegenwärtig kaum Beachtung finden: dem wahrgenommenen Umfang des Problems (Risikowahrnehmung) und der Fähigkeit zu reagieren (Risikokontrolle). Die Praxis einer solchen Politik auch in Bezug auf bestehende Einrichtungen und Technologien sollte gewährleisten, dass Panikreaktionen vermieden werden können und den auf Sicherheit gerichteten Lösungen der Vorzug gegeben wird.

Naturkatastrophen

Wie in den Schweizer Alpen Ortschaften angelegt werden bzw. welchen Verlauf Lawinen nehmen, hängt von der Lage von Lawinenschutzwäldern ab, die eine in Richtung Berggipfel zulaufende, dreieckige Form haben. Dies belegt, dass nicht jede Lawine eine unvorhersehbare *Natur*katastrophe ist. Sicherlich kann es in Ausnahmejahren zu Katastrophen kommen, die zum Zusammenprall von Mensch und seinen technologischen Errungenschaften führen, aber eine auf vergangenen Ereignissen basierende Risikowahrnehmung und -einschätzung kann erfolgreiche Kontrollmaßnahmen in Bezug auf ein bestimmtes Ziel in Gang setzen.

Phänomene wie der Treibhauseffekt oder das Ozonloch könnten Natur und Umwelt dauerhaft verändern. Müssen sie deshalb als Teil der veränderten Art von Risiken angesehen werden, für die die beste Strategie eine Änderung unseres Verhaltens wäre? Oder muss der Mensch einen aussichtslosen Kampf führen in dem Versuch, die Natur zu bezwingen?

Ein möglicher Klimawandel ist gleichfalls eine aus der Industrialisierung der Gesellschaft resultierende Katastrophe, die zum Zusammenbruch der Lebensgrundlagen des Menschen führen könnte. Aber auch andere Ereignisse, wie Vulkanausbrüche oder Meteoritenschauer, haben in der Vergangenheit zu einem dauerhaften Wandel der Atmosphäre geführt, der sowohl für das Klima wie auch für lebende Organismen negative Effekte hatte.

Mit der Natur leben könnte also bedeuten, dass sich die Menschen an die wechselnden Naturbedingungen anpassen müssen; dies legt auch eine Analyse der weltweit größten Katastrophen nahe (UN-Abteilung für humanitäre Angelegenheiten, 1994), die die Risiken der Natur für den Menschen aufzeigt:

• Die Auflistung von Katastrophen hinsichtlich der verursachten Schäden ergibt folgende Rangordnung: Überschwemmungen, Tropenstürme, Dürren und Erdbeben.

• Die Auflistung von Katastrophen hinsichtlich der menschlichen Opfer zeigt eine andere Rangordnung: Dürren, Überschwemmungen, Epidemien, Tropenstürme und Erdbeben.

An den Folgen von Dürre – dem Mangel von Wasser – sterben um 25 Prozent mehr Menschen als infolge von Überschwemmungen. Und in Gestalt von Epidemien fordert die Natur mehr Menschenleben als in irgendeiner anderen Erscheinungsform.

Eine Rangordnung von Naturkatastrophen hängt daher in hohem Maße von den einbezogenen Faktoren ab (Zahl der Todesopfer, wirtschaftliche Schäden, durch Versicherung gedeckte Verluste). Und Risikowahrnehmung – das Verstehen von Risiken – ist der Schlüsselfaktor bei der Definition des Risikomanagements als einer Strategie zur Erhöhung des allgemeinen Wohlergehens und der Lebensqualität.

Die Bedeutung der verborgenen Teile des Risiko-Eisbergs

Was sich hinter Naturkatastrophen wirklich verbirgt, ist nicht eine wissenschaftlich korrekte Unterscheidung zwischen 'anthropogenen' und 'naturbedingten' Risiken, denn die meisten Naturkatastrophen haben gewisse zerstörerische Auswirkungen auf die Technologie und vice versa (kombinierte Natur-/Technologieereignisse) (Showalter et al., 1994).

Um abschätzen zu können, ob vorbeugende Maßnahmen gerechtfertigt sind, muss man die Kosten-Nutzenrechnung in der Schadensverhütung kennen. Die Berechnung dieses Verhältnisses setzt die Kenntnis der Gesamtkosten einer Katastrophe, die wir den 'Katastrophen-Eisberg' nennen, voraus. Die versicherten sichtbaren Kosten machen in der Mehrzahl der Fälle einen geringen Teil der der Wirtschaft erwachsenden Kosten aus, es sind die Gesamtkosten, die man kennen muss.

Abb. 4 zeigt das Verhältnis zwischen den aus einer Katastrophe erwachsenden Kosten (d.h. gedeckte Verluste im Verhältnis zu wirtschaftlichen Schäden) und den Ausgaben, die für die Verhinderung erforderlich gewesen wären. Sie stützt sich auf eine Serie Aufsehen erregender Katastrophen der vergangenen Jahre.

Vorbeugung ist vor allem eine Frage der Vorausplanung (bzw. des vorausblickenden Engagements) oder in den Worten von John Kletz: "Risikomanagement ist kein zusätzlicher Anstrich"[3].

---

3 John Kletz am 16. Januar 1989 an der ETH Zürich: 'A life-cycle engineering approach' (Bernold, 1990)

Abb. 4: Kosten der Schadensvorbeugung im Vergleich zu den aus Schäden entstanden Kosten

JAHR	SCHADENSFALL	KOSTEN DER WIEDERHER-STELLUNG	VORBEU-GUNGSKOSTEN
1976	Explosion des Seveso-Reaktors	US$ 150 Mio.	< US$ 10.000
1981	Einsturz einer Fußgän-gerbrücke beim Hyatt Regency Hotel Kansas City	US$ 90 Mio.	< US$ 1.000
1984	Unfall bei Union Carbide Bhopal, Indien	>US$ 200Mio.	<US$ 50.000
1986	Brandkatastrophe Schweizerhalle	US$ 60 Mio.	<US$ 100.000
1987	Flutschäden an der Gotthard-Straßenbrücke Wassen	150 Prozent der ursprünglichen Baukosten	1 Prozent der ur-sprünglichen Bau-kosten

Quelle: Zürcher Versicherungsgesellschaft: Katastrophenschäden – ein Problem nur für Versicherer? Symposium Interlaken 1987.

Nähme man die Einsichten des Risikomanagements ernst, verliefe unser wirt-schaftliches Gebaren oftmals langsamer und nachhaltiger, etwa dank der Ent-wicklung adaptierbarer, langlebiger Systeme auf Modulbasis, die in der Ent-wurfs- und Planungsphase ständig optimiert werden könnten.

VI. Soziale und menschliche Verantwortung

Grundrecht auf Nahrung

Michael Windfuhr und Maartje van Galen

⇒ Nahrungsmittelmangel ist oftmals Armutsproblem.
⇒ Oftmals herrscht Vernachlässigung der Landbevölkerung.

1. Einleitung

Ein kurzer Überblick über Entwicklungstendenzen in der Ernährungssicherheit und die Hauptgründe von Unterernährung

Aktuelle Tendenzen in der Verbreitung von Hunger und Unterernährung

1996 gelobten die auf dem Welternährungsgipfel von Rom versammelten Vertreter der führenden Nationen, den Kampf gegen den Hunger aufzunehmen: Bis zum Jahr 2015 sollte die Zahl der Unterernährten in den Entwicklungsländern um die Hälfte reduziert werden (als Bezugsgröße wurde der Zeitraum 1990-1992 festgelegt). Allen Versicherungen zum Trotz kann von einer politischen Umsetzung dieses Ziels, das durch Verankerung in der von den Vereinten Nationen verabschiedeten Millenium-Deklaration bekräftigt wurde, nicht die Rede sein – die Zahl der derzeit an chronischer Unterernährung leidenden Menschen wird auf über 840 Millionen geschätzt (davon 11 Millionen in den Industrieländern, 30 Millionen in den Reformstaaten und 799 Millionen in den Entwicklungsländern). Dabei wären weltweit genügend Ressourcen (Nahrung, Bildung, Geld usw.) vorhanden, um das Problem von Hunger und Unterernährung nachhaltig zu beseitigen.

Als Schlüsselvariable für die Messung und Beurteilung der Welternährungssituation gilt der Lebensmittelverbrauch, gemessen in kcal/Person/Tag, wobei die kritische Grenze bei 2.200 Kalorien pro Person und Tag liegt. Insgesamt gesehen ist es gelungen, diese Werte von durchschnittlich 2.360 kcal Mitte der 60er Jahre auf 2.800 kcal derzeit zu erhöhen. In Westeuropa und Nordamerika beträgt die täglich pro Person verfügbare Lebensmittelmenge ca. 3.500 kcal, in den Ländern Afrikas hingegen nur 2.300 kcal.

Das bedeutet, dass Unterernährung in den Entwicklungsländern nicht in erster Linie auf einen Lebensmittelmangel zurückzuführen ist, obwohl es dieses Problem in einigen Ländern gibt. Ihr Hauptgrund liegt vielmehr darin, dass sich die

Menschen Lebensmittel aufgrund von Armut nicht leisten können. Armut aber ist oft Folge des Ausschlusses vom Zugang zu den produktiven Ressourcen, wie Grund und Boden, Krediten usw. Dazu kommt, dass ländliche Regionen von der Zentralregierung in der Regel vernachlässigt werden. So, wie die bi- und multinationalen Zuwendungen für die Entwicklung des landwirtschaftlichen Sektors in den letzten zehn Jahren drastisch gekürzt wurden, gingen auch die innerstaatlichen Stützungsmaßnahmen für Agrarregionen zurück. Naturkatastrophen, wie Überflutungen, Erdbeben und Wirbelstürme, sowie Kriege und Bürgerunruhen tragen das Ihre dazu bei, dass viele Menschen ohne Einkommen und folglich ohne Nahrung sind.

Hauptbetroffene und wichtigste Gründe für Mangelernährung

Der überwiegende Teil der weltweit an Unterernährung leidenden Menschen lebt in Asien (61 Prozent), gefolgt von Subsahara-Afrika mit 24 Prozent, das den höchsten prozentualen Anteil von Hungernden an der Gesamtbevölkerung aufweist. Aufgrund des rapiden Bevölkerungswachstums in dieser Region ist die Gesamtzahl der Unterernährten drastisch, nämlich auf 196 Millionen Menschen, gestiegen. Der Pro-Kopf-Konsum von Nahrung beträgt 2.200 kcal/Person/Tag.

Für diese alarmierenden Zahlen sind in erster Linie bewaffnete Konflikte verantwortlich. Die häufigen gewaltsamen Zusammenstöße zwischen den Anhängern diverser *Warlords* und Politiker und die damit verbundene Zerstörung der traditionellen Marktstrukturen treiben die bäuerliche Bevölkerung in die Flucht und berauben sie so ihrer Versorgungsquellen. Diese lokalen Auseinandersetzungen sind in den seltensten Fällen einem Ressourcenmangel geschuldet, eher handelt es sich dabei um Machtkämpfe zwischen Stammesführern und ihren Anhängern, die die verfügbaren Ressourcen gerade vernichten. Eines der diesbezüglich am ärgsten in Mitleidenschaft gezogenen Länder Subsahara-Afrikas ist die Demokratische Republik Kongo, in der die Zahl der Unterernährten auf dramatische 36 Millionen Menschen gestiegen ist. Der anhaltende Bürgerkrieg hat die Produktion zum Erliegen gebracht und über zwei Millionen Binnenflüchtlinge hervorgebracht. Die wenigen Lebensmittel, die noch produziert werden, kommen in erster Linie den Soldaten zugute oder werden gegen Waffen getauscht.

Krieg und Dürren sind nur zwei der für Hunger und Unterernährung in Afrika verantwortlichen Faktoren. Ein weiterer Grund ist die Vernachlässigung der ländlichen Bevölkerung durch die Zentralregierung, die oft kein Interesse hat, in die Agrarproduktion zu investieren; das betrifft insbesondere die hauptsächlich von Frauen bewerkstelligte Lebensmittelproduktion: Frauen ist der Zugang zu Krediten, zum Erwerb von Grund und Boden etc. in der Regel verwehrt. Und die rasche Öffnung der Märkte in Folge struktureller Anpassungsprogramme haben afrikanische Kleinbauern der scharfen Konkurrenz seitens einer subventionierten Agrarproduktion aus Europa und den USA ausgesetzt, auch das Fischfanggewerbe leidet unter diesem Umstand.

Innerhalb Asiens sind Indien und Bangladesch die Länder mit der höchsten Zahl von Hungernden und Unterernährten. Mit 233 Millionen Hungernden weist Indien eine der höchsten Hungerraten weltweit auf. Obwohl die Nahrungsmittelproduktion imstande wäre, die gesamte Bevölkerung zu ernähren, liegt in diesem Land die tägliche Energieversorgung bei 2.430 kcal. Derzeit verzeichnet Indien einen Getreideüberschuss von 60 Millionen Tonnen, womit es sogar die EU übertrifft. Grund für dieses scheinbar paradoxe Phänomen – das Nebeneinander von hohen Überschüssen und Hunger – ist die soziale Ausgrenzung. Die Zahl der landlosen Bevölkerung wird allein in Indien auf ca. 160 Millionen geschätzt, wobei die Mehrzahl dieser Menschen diversen Formen von Diskriminierung (als Kastenlose, Landlose usw.) ausgesetzt ist. Diese Menschen in die Lage zu versetzen, ein eigenes Einkommen zu erwirtschaften, ist denn auch die Hauptherausforderung bei der Bekämpfung von Hunger und Mangelernährung in Indien, aber auch in der gesamten südasiatischen Region. Dass in Indien Hunger weniger eine Folge unzulänglicher Produktion als vielmehr ungerechter Verteilung ist, lässt sich auch an der Tatsache ersehen, dass dem enormen Bevölkerungsanteil, der unter Hunger leidet, eine nicht unbeträchtliche Zahl an Übergewichtigen gegenübersteht. Während etwa 50 Prozent der Kinder unter fünf Jahren in ländlichen Regionen unterernährt sind, nimmt aufgrund geänderter Lebensweisen und Ernährungsgewohnheiten in den Städten das Problem der Überernährung überhand.

Ein ähnliches Bild bietet sich in Bangladesch, wo 40 Millionen Menschen an Unterernährung leiden. Zudem wird dieses dicht besiedelte Land immer wieder durch verheerende Überschwemmungen heimgesucht – ein Problem, das aufgrund der Entwaldung des Himalayagebies und des Klimawandels noch verschärft wird. Die Hauptleidtragenden sind die ärmsten Teile der Landbevölkerung, die in den am meisten gefährdeten Regionen leben und deren Getreide im Zuge von Fluten immer wieder vernichtet wird.

Andere Weltregionen sind ebenfalls von Hunger und Unterernährung betroffen, wenn auch in weniger drastischem Ausmaß. Im Nahen Osten haben Afghanistan und der Irak den höchsten Anstieg an Unterernährten zu verzeichnen, in Afghanistan liegt deren Prozentsatz bei 70 Prozent. Jahre der Unsicherheit und kriegerischen Auseinandersetzungen sowie drei aufeinander folgende extreme Dürreperioden haben 14,9 Millionen Menschen an den Rand der Existenz gebracht. Krieg hat nicht nur die Vernichtung landwirtschaftlicher Anbauflächen und Lebensmittel zur Folge, infolge von Belagerung und Blockade kommt es auch zu einer Unterbrechung der Lebensmittelverteilung. Auch im Irak lebt in

Folge der in den letzten Jahren verzeichneten Dürren, der Wirtschaftssanktionen und des gegen dieses Land geführten Krieges ein großer Bevölkerungsanteil unter nahezu unerträglichen Bedingungen. 27 Prozent der Bevölkerung bzw. 5,9 Millionen Menschen sind von Unterernährung betroffen.

Für den hohen Anstieg der Unterernährung in Lateinamerika gibt es mehrere Ursachen, etwa die Wirtschaftskrise in Argentinien, den dramatischen Verfall der Kaffeepreise und die extrem ungleiche Verteilung des Nationaleinkommens, was vor allem auf Guatemala und Brasilien zutrifft. In Argentinien ist die jüngste Wirtschaftkrise für die Ausbreitung von Hunger verantwortlich. In diesem ehedem reichen Land sind mittlerweile 25 Prozent der Bevölkerung gefährdet. Den höchsten Anteil unterernährter Menschen in Lateinamerika weist Brasilien mit geschätzten 40 bis 50 Millionen Betroffenen auf, der Großteil davon, nämlich 35 Millionen, sind Angehörige der landlosen Bevölkerung. Obwohl eine der stärksten Volkswirtschaften und einer der größten Agrarexporteure, ist es Brasilien nicht gelungen, das Hungerproblem in den ländlichen Regionen zu bewältigen. Als positives Signal kann das von dem neu gewählten Präsidenten Lula da Silva ins Leben gerufene 'Null Hunger'-Programm gewertet werden, das die Bekämpfung des Hungers zur Hauptaufgabe seiner Regierung erklärt hat.

Aus all dem geht hervor, dass Hunger und Unterernährung zumeist nicht Folge einer Lebensmittelknappheit oder Mangelproduktion, sondern des fehlenden Zugangs der betroffenen Bevölkerung und Gruppen zu den produktiven Ressourcen und anderen Einkommensquellen sind. Nach wie vor handelt es sich dabei in erster Linie um ein Problem der ländlichen Bevölkerung, die laut einer vom Internationalen Fonds für Agrikulturelle Entwicklung (IFAD) im Jahr 2001 erstellten Studie 75 Prozent aller an Hunger und Unterernährung Leidenden ausmacht.

Was diesen Menschen fehlt, sind verantwortungsvolle Regierungen, die den ärmsten Teilen der Bevölkerung Perspektiven bieten und die ökonomischen Voraussetzungen dafür schaffen, dass ländliche Regionen und Kleinproduzenten nicht länger benachteiligt sind, die also Entwicklung besonders gefährdeter Bevölkerungsgruppen unterstützen und fördern. Die Bekämpfung von Hunger und Unterernährung vom Standpunkt der Menschenrechte würde es den Menschen gestatten, die Regierung zur Verantwortung zu ziehen.

2. Freiwillige Richtlinien zur Umsetzung des Rechts auf angemessene Nahrung: Bekräftigung der Forderung nach einem gesetzlichen Regelwerk

Im Juni 2002 endete der Welternährungsgipfel: Fünf Jahre danach (WEG+5) mit der Annahme einer äußerst dürftigen Abschlusserklärung, als deren einziger Pluspunkt die in Artikel 10 festgehaltene Forderung an die FAO zu vermerken ist, binnen zwei Jahren "Richtlinien zu entwickeln, um die Anstrengungen der Mitgliedstaaten zur schrittweisen Verwirklichung des Rechts auf angemessene Ernährung im Zusammenhang mit nationaler Ernährungssicherheit zu unterstützen". Die Vertreter der Nichtregierungs- und Zivilgesellschaftsorganisationen (NRO/CSO) brachten ihre kollektive Enttäuschung über das geringe Engagement der Staaten zum Ausdruck, schlossen sich aber dennoch der mit der Ausarbeitung dieser Richtlinien beauftragten 'Intergovernmental Working Group' an, da die alarmierenden Zahlen der von Hunger und Unterernährung Bedrohten das Aufgreifen jedes auch noch so mageren konkreten Ergebnisses dringend geboten erscheinen lassen. Das langsame Tempo, mit dem die Zahl der Hungernden zurückgeht, veranlasste die Fraktion der NRO/CSO zur Feststellung, dass "nur eine grundsätzlich andere, auf die Achtung der Menschenwürde und die Sicherung der Einkommensgrundlage von Gemeinschaften gegründete Politik den Hunger überwinden und spürbare Verbesserungen herbeiführen" kann.

Den jüngst von der FAO veröffentlichten Statistiken ist zu entnehmen, dass sich die Zahl der an Hunger und Unterernährung leidenden Menschen seit 1996 weltweit um 40 Millionen erhöht hat, einzig China hat eine gegenläufige Tendenz zu verzeichnen. Am dramatischsten gestaltet sich die Entwicklung in den Ländern Afrikas, doch unter den Betroffenen sind auch Bewohner entwickelter Staaten. Und der Umstand, dass das Einkommensgefälle zwischen arm und reich immer größer wird, bedeutet eine zusätzliche Verschärfung der Lage der am meisten gefährdeten Gruppen. Das ist ein Skandal angesichts der Tatsache, dass die verfügbaren Ressourcen (Nahrung, Boden, Saatgut, Bildung und finanzielle Mittel) ausreichen würden, um Hunger und Unterernährung zu beseitigen. Über genügend Nahrungsmittel, mitunter auch über Rohstoffe, verfügen selbst solche Staaten, deren Bevölkerung unzureichend ernährt wird. Der ausbleibende Fortschritt bzw. die sich oft noch verschlimmernde Situation sollte Regierungen und internationale Organisationen dazu bewegen, den Kampf gegen den Hunger an oberste Stelle zu setzen und die derzeit von ihnen verfolgte Entwicklungspolitik zu überdenken. Die Analyse der Gründe für diese untragbare Situation ist nämlich alles andere als eine Bestätigung bislang geübter Praktiken.

Auf einem gemeinsam von der FIAN, einer internationalen Menschenrechtsorganisation für das Recht, sich zu ernähren, dem deutschen Evangelischen Entwicklungsdienstes (EED), dem Weltbündnis für Ernährung und Menschenrechte (WANAHR) und dem Institut Jacques Maritain im deutschen Mühlheim veranstalteten Seminar trafen Vertreter von Nichtregierungs- und Zivilgesellschaftsorganisationen zusammen, um einen Beitrag zu den Richtlinien vorzubereiten und über eine gemeinsame Strategie zur Einflussnahme auf deren künftige Gestalt zu beraten. Ein Vorbereitungskomitee wurde mit der Verfassung eines 'Gemeinsamen Nord-Süd-Beitrags' beauftragt, der um die Unterstützung von Zivilgesellschaftsorganisationen wirbt und als Grundlage für die weitere Vorgangsweise dienen soll. Überdies verfasste das Komitee einen Anhang zu dem Beitrag, der als Vorschlag für die inhaltliche und formale Gestaltung der zukünftigen Richtlinien gedacht ist.

Aktivitäten im Anschluss an den WEG+5

Im November fasste der FAO-Rat den formellen Beschluss zur Einsetzung der 'Intergovernmental Working Group' (IGWG) für die Erstellung der freiwilligen Richtlinien zur Umsetzung des Rechts auf angemessene Ernährung und setzte drei Arbeitstreffen an. Das erste, der Anhörung der Positionen aller Beteiligten gewidmete, Treffen fand im März 2003 statt, bei dieser Gelegenheit präsentierte das Bündnis der NRO/CSO den erwähnten 'Gemeinsamen Nord-Süd-Beitrag' und den Anhang; bei der für Ende Oktober 2003 geplanten zweiten Zusammenkunft sollen Gemeinsamkeiten und Unterschiede diskutiert werden, und im Frühjahr 2004 schließlich soll ein Entwurf der Richtlinien vorliegen, der im Rahmen der regulären Konferenz des FAO-Ausschusses für Welternährungssicherheit im September 2004 diskutiert und verabschiedet werden soll.

Die von den Teilnehmern eingebrachten schriftlichen Beiträge sowie die im März 2003 von der Arbeitsgruppe gefassten Beschlüsse bilden die Grundlage eines vom Sekretariat der IGWG im Juni erstellten Erstentwurfs der Richtlinien; dieser soll nach Überarbeitung durch das Büro auf dem zweiten Arbeitstreffen präsentiert werden. In den Monaten August und September hatten die Teilnehmer Gelegenheit, diesen mit Kommentaren zu versehen. Alle an einer Mitarbeit interessierten NRO/CSO sind eingeladen, mit dem NRO/CSO-Bündnis, das mit der Koordination der Anträge für den Gesamtprozess betraut wurde, in Verbindung zu treten (Sekretariatsadresse s. Ende des Artikels).

Der Nutzen von Richtlinien bei der Umsetzung des Rechts auf angemessene Ernährung

Noch handelt es sich bei den freiwilligen Richtlinien nicht um ein rechtlich bindendes Dokument für die Umsetzung des Rechts auf angemessene Ernährung, die von sämtlichen an ihrem Zustandekommen Beteiligten angestrebt wird, dennoch kommt ihnen nicht unerhebliche Bedeutung zu:

Erstens führt bereits der Prozess ihrer Erarbeitung zu einem besseren Verständnis der Gründe von Hunger und Unterernährung;

zweitens werden in ihnen rechtliche Instrumente und Verfahren und politische Maßnahmen zur Verwirklichung des Rechts auf angemessene Ernährung produktiv aufeinander bezogen, sodass sie die Voraussetzung für auf den Menschenrechten basierende Lösungen zur Eindämmung von Hunger und Unterernährung und der Sicherung einer zufrieden stellenden Ernährungssituation schaffen können;

drittens werden sie die auf nationaler und internationaler Ebene erforderliche Schlüssigkeit und Konsequenz von staatlichen Entscheidungen sowie von Aktivitäten internationaler Organisationen auf dem Gebiet der Ernährungssicherheit erhöhen.

Schließlich wird mit den Richtlinien nach ihrer Verabschiedung das erste Dokument vorliegen, das die Zustimmung der Mitgliedsstaaten des Paktes über wirtschaftliche, soziale und kulturelle Rechte gefunden hat, und dies macht sie zu Wegweisern bei der Erarbeitung weiterer, konkreterer Richtlinien in Bezug auf die Umsetzung anderer in diesem geforderter Rechte.

Die Richtlinien können in Zukunft als Referenzdokument bei der Unterstützung, Ergänzung oder Korrektur staatlicher Anstrengungen herangezogen werden und die Bewertung von Entscheidungen von Regierungen, internationalen Organisationen und anderen Handlungsträgern erleichtern. Den CSO geben sie ein Mittel an die Hand, um die verschiedenen Akteure zur Wahrnehmung ihrer Verpflichtungen und Verantwortung anzuhalten; sie erlauben es, weltweit Fälle auszumachen, in denen die Nicht-Erfüllung der Richtlinien zu einer erhöhten Gefährdung von Individuen und Gruppen führt. Das Grundproblem bei der Umsetzung des Rechts auf Nahrung auf nationaler Ebene ist zumeist nicht Nahrungsmangel, sondern unzureichende Einkommen oder der fehlende Zugang zu den produktiven Ressourcen. Welche Teile der Bevölkerung in sozioökonomischer Hinsicht gefährdet bzw. von Unterernährung bedroht sind, ist den Regierungen vieler Länder oft nicht bewusst, daher verfügen sie auch nicht über entsprechende Strategien, um die Probleme in den Griff zu bekommen; bisweilen fehlt auch die Bereitschaft, angestammte Rechte anzutasten bzw. unpopuläre Maßnahmen zu ergreifen. Schließlich stehen Regierungen oft vor dem Dilemma der Gewährleistung leistbarer Lebensmittel für die in Armut lebende städtische Bevölkerung einerseits und der Sicherung einer Einkommensbasis für die Kleinbauern andererseits.

Hauptbetroffene und gesetzliches Rahmenwerk

Auch wenn von Hunger und Unterernährung viele Bevölkerungsgruppen betroffen sein können und sich die Situation von Land zu Land unterscheidet, ist festzuhalten, dass annähernd 80 Prozent der Leidtragenden in ländlichen Gebieten leben. Daher muss als wichtigste Aufgabe die Bekämpfung der Landarmut angesehen werden. Die in entwicklungpolitischer Hinsicht einzig sinnvolle Lösung bestünde darin, Kleinbauern die Möglichkeit zur Schaffung einer eigenständigen Einkommensbasis zu geben. Dies wäre auch ein Weg, um die Landflucht einzudämmen und um nachhaltiges Wirtschaftswachstum in Gang zu setzen. Doch dazu müsste in erster Linie der Diskriminierung der weiblichen Landbevölkerung beim Zugang zum Bodenerwerb und zu Krediten ein Ende gesetzt werden, wobei aber auch die vielen anderen gefährdeten Gruppen nicht vernachlässigt werden dürfen.

Angesichts der von Land zu Land höchst unterschiedlichen Situation und der Vielzahl von Gründen, aus denen bestimmte Gruppen innerhalb eines Landes gefährdet sind, müssen die in den Richtlinien empfohlenen politischen und rechtlichen Maßnahmen der besonderen Situation des jeweiligen Landes angepasst werden, ihr Wortlaut wird daher dementsprechend allgemein zu halten sein. Jedes Land sollte nachdrücklich dazu aufgefordert werden, eine eigene Strategie unter Einbeziehung politischer, institutioneller, juristischer und ökonomischer Aspekte auszuarbeiten, die auf einer exakten Analyse der Gründe für Hunger und Mangelernährung beruht. Eine sinnvolle Politik setzt eine profunde Kenntnis der landwirtschaftlichen, ökologischen, sozialen und ökonomischen Gegebenheiten voraus, zudem sind bei der Schaffung eines entsprechenden gesetzlichen Rahmens die jeweiligen institutionellen, finanziellen und humanen Ressourcen zu berücksichtigen.

Verpflichtungen nach innen und nach außen

Neben der Verantwortung von Nationalstaaten gilt das Hauptaugenmerk der Nichtregierungs- und Zivilgesellschaftorganisationen auch den internationalen Verhältnissen, da die Möglichkeiten und Fähigkeiten von Staaten zur Umsetzung ökonomischer, sozialer und kultureller Rechte durch diese zunehmend beeinflusst werden. Im Namen der Zivilgesellschaft sollten Regierungen den ihnen zur Verfügung stehenden Handlungsspielraum verstärkt für den Kampf gegen den Hunger und für die Erfüllung ihrer Verpflichtungen bezüglich der Umsetzung des Rechts auf angemessene Nahrung und anderer Menschenrechte nützen. Ein Thema der Richtlinien sollte daher auch der Einfluss sein, den die Politik eines Landes oder einer Gruppe auf die Umsetzung des Rechts auf Nahrung in anderen Ländern haben kann, außerdem sollten sie auf die Tatsache hinweisen, dass Ländern unter diesem Recht auch Verpflichtungen nach außen erwachsen. Direkt oder indirekt subventionierte Lebensmittelexporte etwa bedrohen viele Kleinbauern in ihrer Existenz, sie sind daher abzuschaffen. In ihrer Eigenschaft als Mitglieder von internationalen Organisationen müssten die Regierungen sicherstellen, dass in den dort erarbeiteten Prinzipien, Konventionen, Normen und politischen Maßnahmen das Recht auf angemessene Nahrung berücksichtigt wird und auf konsequente Weise zu seiner Umsetzung beitragen.

Der Generationenvertrag: Arbeit und Pension

Hans Rürup und Jochen G. Jagob

⇒ Verlängerung der Lebensarbeitszeit ist notwendig.
⇒ Staatliches Rentensystem stellt Grundlage zur Vermeidung von Altersarmut dar.

1. Einleitung

Innerhalb der letzten Jahrzehnte konnte in allen OECD Mitgliedsstaaten beobachtet werden, dass wachsende Anteile des Bruttoinlandsproduktes (BIP) für die sozialen Sicherungssysteme aufgebracht werden. Zur gleichen Zeit vollzog sich in den Staaten Mittel- und Osteuropas ein politischer und ökonomischer Wandel erheblichen Ausmaßes. Dieser ökonomische und politische Übergang von einer sozialistischen Planwirtschaft zu einer Marktwirtschaft hatte in diesen Ländern eine erhebliche Auswirkung auf die Sozialpolitik. Aus diesem Grunde wurde der Reform der Sozialsysteme ein hoher Grad an Aufmerksamkeit zuteil. Die Sozialversicherungen umfassen grundsätzlich die Alterssicherung, eine Absicherung gegen Einkommensverluste aufgrund von Arbeitslosigkeit und als Folge von Erkrankungen und deren Behandlung. Da sich die nationalen Arbeitsmarktregulierungen und die nationalen Gesundheitssysteme bezüglich ihrer institutionellen Ausgestaltung stark unterscheiden, ist ein Vergleich sehr schwierig. Es wäre vielmehr notwendig alle institutionellen Details hinsichtlich ihrer Anreizwirkungen genauer zu betrachten. Diese Untersuchung beschränkt sich auf die verschiedenen, aber ähnlichen Alterssicherungssysteme, deren Ausgangslage der Rentensysteme und Probleme im Gegensatz zur Arbeitslosenversicherung oder dem Gesundheitssystem in den OECD Staaten und den Ländern Mittel- und Osteuropas oftmals gleichen.[1] Aber die Rentenpolitik kann nicht isoliert betrachtet werden. Die gesamte wirtschaftliche Lage sowie insbesondere die Lage auf dem Arbeits-

---

1 Eine weitere Beschränkung wurde vorgenommen, indem nur die OECD Staaten und die Länder Mittel- und Osteuropas betrachtet werden. Dies bedeutet nicht, dass es in den Schwellen- und Entwicklungsländern keinen Bedarf an Sozialpolitik gibt. Jedoch gibt es einen entscheidenden Unterschied in der gesamten ökonomischen Entwicklung, die zu einer unterschiedlichen Situation führt. Sozialpolitik in Entwicklungsländern bedarf deshalb zuerst einer vollständigen wirtschaftlichen Entwicklung.

markt muss berücksichtigt werden. Die Unterschiede der nationalen Rentensysteme und ihrer spezifischen Reaktionen auf sich wandelnde Umstände wird im Folgenden in einem allgemeinem Lösungsansatz zur Bewältigung der Rentenproblematik gezeigt, der diese Systeme in der Zukunft nachhaltig sichern wird.

Im Anschluss daran werden die Problembereiche aufgezeigt, die einen Reformbedarf haben.

2. Die Ausgangslage

2.1 Die verschiedenen Rentensysteme

Das Ziel jedes Rentensystems ist, die Bereitstellung eines Einkommens im Alter, obwohl keine aktive Teilnahme am Arbeitsleben mehr stattfindet. Die Funktion des Einkommenstransfers kann prinzipiell durch zwei unterschiedliche Finanzierungsverfahren erfüllt werden.

In einem Umlageverfahren, welches bei nahezu allen staatlichen Rentensystemen – zumindest zu einem überwiegenden Anteil – zur Finanzierung der Rentenleistungen angewendet wird, bezahlt die arbeitende Generation die Renten der nicht erwerbstätigen Generationen, die bereits im Ruhestand sind. Das System ist vom Grundprinzip so konzipiert, dass es in jeder Periode die Bedingung eines ausgeglichenen Budget erfüllt, d.h. in jeder Periode entsprechen die Einnahmen den Ausgaben. Ein Umlageverfahren verursacht demnach aus theoretischer Sicht kein Defizit, da ein Ausgleich des Budgets durch steigende Beiträge oder sinkende Leistungen gewährleistet wird.[2][3] Durch die Beitragszahlungen der Erwerbstätigen, erwerben diese einen Anspruch auf eine Rentenzahlung, wenn sie in den (Alters-)Ruhestand eintreten. Dieser Zusammenhang wird häufig als implizite Verschuldung bezeichnet. Von einer Verschuldung spricht man, weil der Beitragszahlung heute eine Rentenzahlung morgen gegenübersteht. Im Ge-

---

2 Hierbei muss man unterscheiden, ob es sich um ein System mit einem konstanten Beitragssatz handelt. In diesem Fall sinken die Leistungen, da der Beitragssatz in jeder Periode den selben fixen Wert annimmt. Handelt es sich jedoch um ein System mit einem konstanten Leistungsniveau, muss der Beitragssatz steigen.

3 Tatsächlich werden in allen Rentensystemen Zuschüsse aus dem Staatshaushalt geleistet. Das Ziel dieser Maßnahme ist es in der Regel, den Beitragssatz bzw. die Leistungen konstant zu halten, ohne dass ein Defizit entsteht. Da die Zuschüsse aus dem Staatshaushalt steuerfinanziert sind, ist nahezu jedes Alterssicherungssystem zu einem Teil ein steuerfinanziertes System. Die Steuerfinanzierung hat zur Folge, dass die Einnahmen der Rentenversicherung auf mehr Schultern verteilt wird.

gensatz steht die explizite Verschuldung. Sie stellt lediglich den Anspruch auf einen Anteil des zukünftigen Bruttoinlandsproduktes dar.

Im Gegensatz dazu werden Rentensysteme durch ein Kapitaldeckungsverfahren von jedem Versicherten in der Erwerbsphase Beiträge erhoben, die zu einem Kapitalstock akkumuliert werden, dessen Verzehr plus Verzinsung ihm im Ruhestand als Rente ausgezahlt wird.

In einem umlagefinanzierten Alterssicherungssystem wird demnach jeder Generation eine staatliche Rente als Ausgleich dafür versprochen, dass sie die Renten ihrer Vorgängergeneration bezahlt hat. Da die Rentenzahlungen nicht durch einen realen Kapitalstock abgedeckt werden und nur auf den Zahlungen der gegenwärtigen Beschäftigten beruht, verursacht ein Umlageverfahren eine Verschuldung, die aber infolge einer fehlenden Verbriefung – trotz des persönlichen Anspruches auf Rentenzahlung – in sehr unterschiedlichem Maße getilgt werden kann.

Neben der Unterscheidung in ein kapitalgedecktes oder umlagefinanziertes Rentensystem unterscheiden sich die Rentensysteme bezüglich der Ziele, die durch die Sozialpolitik verfolgt werden. Im Grundsatz gibt es zwei verschiedene Prinzipien der Rentenpolitik: Auf der einen Seite kann die staatliche Rentenpolitik als Mittel zur Vermeidung von Altersarmut angesehen werden. Dieses Ziel wird durch ein Grundsicherungssystem erreicht, indem lediglich eine Rentenzahlung erfolgt, mit der die Grundbedürfnisse im Alter abgedeckt werden. Die Rentenhöhe wird durch einen festgelegten Prozentsatz des durchschnittlichen Lohneinkommens bestimmt, der in der Regel mit der Armutsgrenze übereinstimmt, die von der OECD und anderen internationalen Organisationen vorgegeben wird. In einem solchen System müssen alle Bedürfnisse eines Individuums, die über das Mindestniveau, das Altersarmut vermeiden soll, hinausgehen, durch private Ersparnisse finanziert werden. Diese Systeme sind in der Regel steuerfinanziert, was bedeutet, dass die Anzahl der Beitragszahler über die gesamte Bevölkerung verteilt ist. In einem solchen System tragen sogar die Rentner selbst zur Finanzierung ihrer Renten bei, z.B. durch indirekte Steuern wie die Mehrwertsteuer. Da unter spezifischen Bedingungen jeder einen Anspruch auf eine Grundrente hat, deren Höhe unabhängig davon ist, ob oder wie viel sie/er dazu beigetragen hat, besitzen diese Systeme einen hohen Grad an Umverteilung.[4] Da die Leistungen fix und unabhängig von der Höhe der Beitragszahlungen sind, gibt es in diesen Systemen eine Umverteilung von den Individuen mit einem ho-

---

4 Die Bedingungen, dafür eine Rente zu erhalten, sind in der Regel die Staatsangehörigkeit oder eine festgelegte Dauer des Aufenthaltes in dem jeweiligen Land. Allerdings wird in den meisten Fällen auch die Dauer der Erwerbstätigkeit und somit die Dauer der Beitragsleistung bei der Leistungsgewährung berücksichtigt.

hen Arbeitseinkommen zu denjenigen mit einem niedrigen Arbeitseinkommen innerhalb einer Generation.[5] [6]

Auf der anderen Seite ist es möglich, dass das Ziel der Rentenpolitik die Aufrechterhaltung eines vergleichbaren Lebensstandards nach dem Renteneintritt wie vor dem Renteneintritt ist. Solch ein System wird üblicher Weise durch Beiträge finanziert. Auch wenn ein ausschließlich beitragsfinanziertes System in keinem Land der Welt vorzufinden ist, da sämtliche Rentensysteme durch Zuschüsse aus dem steuerfinanzierten Staatshaushalt (mit-) finanziert werden, kommt den Beiträgen in diesen Systemen dennoch eine wesentliche Bedeutung zu. Sie stellen die Grundlage der Rentenhöhe des einzelnen Versicherten dar. Im Gegensatz zu einem System, das durch Steuern finanziert wird, werden hier durch die Beitragszahlungen Ansprüche auf eine Rentenleistung erworben. Die Leistungen hängen deshalb zu einem hohen Grad von den Beiträgen ab, die während der Erwerbsphase geleistet wurden. Da jeder, der ein höheres Arbeitseinkommen erzielt, auch einen höheren Beitrag entrichten muss, erhält er im Alter auch eine höhere Rentenleistung als derjenige, der ein niedrigeres Einkommen erzielt. Der Versicherte bleibt somit auch im Ruhestand auf der selben Stufe der Einkommenspyramide wie in der Erwerbsphase. In solchen Systemen ist der Grad der Umverteilung innerhalb einer Generation vergleichsweise gering. Da das System durch Beiträge finanziert wird, die einem bestimmten Prozentsatz des Arbeitseinkommens entsprechen, hängen die Einnahmen dieses Systems zu einem hohen Grad von der Anzahl der Beschäftigten ab.[7] Ein Umlageverfahren kann unterschieden werden in ein System, das dem Prinzip der Armutsvermeidung folgt oder einem System, das eine Lebensstandardsicherung zum Ziel hat (Bismarck). Trotz verschiedener Unterschiede haben alle Umlageverfahren etwas gemeinsam. Die Einnahmen solcher Systeme sind vom Einkommen abhängig. Sie vertrauen demnach in hohem Maße auf die Stabilität und Ergiebigkeit der nationalen Lohn- und Erwerbseinkommen. Die finanzielle Stabilität eines Umlageverfahrens hängt

---

5 Solche Systeme werden häufig mit dem Namen Lord Beveridge in Verbindung gebracht, der einen Entwurf für ein Sozialsystem, das auf dem Prinzip der Armutsvermeidung beruhte, entwickelte. Jedoch hängen auch in solchen Systemen die Leistungen häufig von eine Mindestbeitragsdauer ab.

6 Rentensysteme, die nach dieser Art funktionieren, sind im Vereinigten Königreich, Dänemark und den Niederlanden anzutreffen.

7 Diese Form der Rentenpolitik wird im allgemeinen mit dem Namen Bismarck in Verbindung gebracht. Obwohl das Rentensystem in Deutschland, wie es von Bismarck eingeführt wurde, zunächst als kapitalgedecktes System konzipiert war. Von diesem ursprünglichen Design ist lediglich die Beitragsabhängigkeit der Leistungen übrig geblieben, ansonsten handelt es sich bei Bismarck-System ebenfalls um umlagefinanzierte Alterssicherungssysteme. Die Rentensystem in Frankreich, Italien und Deutschland sind in hohem Maße nach diesen Prinzipien ausgerichtet.

letztlich von einem ausgewogenen Verhältnis zwischen der Anzahl der Rentner und der Anzahl der Erwerbstätigen ab. Jede Veränderung dieses Verhältnisses kann zu einer erheblichen Belastungsverschiebung zwischen den Generationen führen. Der demographische Wandel, wie er sich in nahezu allen OECD Ländern abzeichnet, hat genau eine solche Belastungsverschiebung zur Folge. Die Auswirkungen dieser veränderten Rahmenbedingungen auf die umlagefinanzierten Rentensysteme werden im nächsten Abschnitt genauer untersucht.

2.2 Die Probleme der Alterssicherung

Es gibt zwei Hauptursachen zur Beeinflussung des Verhältnisses zwischen der arbeitenden und der Rentnergeneration: Der demographische Wandel und die Frühverrentung. Beide Ursachen und ihre Auswirkungen auf die Rentensysteme werden im Folgenden genauer betrachtet, um die angemessenen Ergebnisse über die nötigen Reformen, die durchgeführt werden müssen, zu erhalten.

Der demographische Wandel

Vergleicht man die demographische Entwicklung in den verschiedenen OECD-Ländern und in den Ländern Mittel- und Osteuropas, kann man eine ähnliche Tendenz im zukünftigen Bevölkerungsaufbau erkennen. Die Entwicklung kann dadurch zusammengefasst werden, dass es einen Anstieg der Lebenserwartung und fallende Geburtenraten geben wird. Das Ergebnis dieser Entwicklung ist im Durchschnitt eine Alterung der Gesellschaft. Aus dieser Entwicklung ergibt sich eine unmittelbare Auswirkung auf die umlagefinanzierten Rentensysteme in diesen Ländern.

Die Einnahmen aus Beiträgen innerhalb eines umlagefinanzierten Rentensystems hängt von der Anzahl der Beschäftigten ab. Der demographische Effekt der sinkenden Geburtenraten führt zu einer geringeren Beschäftigtenzahl und somit in der Tendenz zu niedrigeren Einnahmen für das Rentensystem. Gleichzeitig hängen die Ausgaben in einem umlagefinanzierten Rentensystems immer auch von der Anzahl der Rentenempfänger ab. Betrachtet man sowohl die Einnahmenseite als auch die Ausgabenseite eines umlagefinanzierten Rentensystems, dann lässt sich – wie Rürup und Liedtke [1998] zeigen – die Schlussfolgerung ziehen, dass die finanzielle Stabilität eines solchen Alterssicherungssystems in entscheidendem Maße vom Verhältnis zwischen der Anzahl der Rentenempfänger zu der Anzahl der Beitragszahler, d.h. der erwerbstätigen Generation, abhängt. In Deutschland stehen derzeit 30 Mio. abhängig Beschäftigten, die im Kern der Anzahl der Beitragszahler entsprechen[8], 20 Mio. Rentenempfänger gegenüber.[9] Unter der gegebenen demographischen Entwicklung wird sich in der Zukunft eine noch ungünstigere Konstellation ergeben, da es aufgrund der niedrigen Geburtenzahlen weniger abhängig Beschäftigte geben wird und aufgrund der steigenden Lebenserwartung und dem Renteneintritt der geburtenstarken Jahrgänge ein Anstieg der Rentenempfänger zu erwarten ist.

Die Konsequenz dieser Entwicklung in einem umlagefinanzierten Alterssicherungssystem ist, dass entweder die Beiträge steigen müssen, um das gegebene Leistungsniveau aufrechterhalten zu können oder die Leistungen sinken müssen, wenn man einen konstanten Beitragssatz beibehalten möchte.

Sowohl die steigenden Beiträge[10] als auch sinkende Leistungen sind politisch und ökonomisch schwer zu vermitteln. Dies gilt insbesondere für den Anstieg der Beiträge, da jeder Anstieg des Beitragssatzes zu einer Verteuerung des Faktors Arbeit führt und bei einem gegebenen Leistungsniveau Verzerrungen auf dem Arbeitsmarkt verursachen wird. Die Verzerrungen auf dem Arbeitsmarkt können sich entweder durch ein sinkendes Arbeitsangebot oder durch eine Ausweichreaktion in die Schattenwirtschaft äußern. Ein Sinken der Rentenleistungen hingegen ist deshalb unerwünscht, weil dadurch das Ziel der Alterssicherung gefährdet bzw. der Vertrauensschutz möglicherweise verletzt wird. Dies spielt deshalb eine wesentliche Rolle, weil die Rentenempfänger auf eine plötzliche Veränderung der Leistungsniveaus nicht mehr reagieren können. Darüber hinaus spricht aber noch ein wesentlich bedeutsamerer Faktor gegen die politische Durchsetzbarkeit von Rentenkürzungen. Die steigende Anzahl der Rentenempfänger führt dazu, dass sie auch einen steigenden Anteil am Wählerpotenzial einnehmen werden. Jede Regierung, die Einschnitte bei den Rentenleistungen vornimmt, riskiert damit zwangsläufig auch ihre Wiederwahl.

---

8 Ausgenommen sind hiervon im deutschen System der gesetzlichen Rentenversicherung die Beamten, da sie über ein eigenständiges Alterssicherungssystem verfügen.

9 Einschränkend muss hier erwähnt werden, dass das Verhältnis zwischen der Anzahl der Beitragszahler und der Anzahl der Rentenempfänger nicht nur eine Folge der demographischen Gegebenheiten ist, sondern immer auch von der Beschäftigungssituation abhängt. Eine Verbesserung der Situation auf dem Arbeitsmarkt, die durch eine höhere Beschäftigung gekennzeichnet ist, hat demnach einen entlastenden Effekt, da in diesem Fall die Anzahl der Beitragszahler erhöht werden würde Die Folge wären höhere Beitragseinnahmen für das System der gesetzlichen Alterssicherung. Jedoch ist dieser entlastende Effekt –zumindest in einem teilhabeäquivalenten System – nur von kurzfristiger Natur, da den höheren Beitragseinnahmen heute, höher Rentenansprüche und damit höheren Ausgabe morgen gegenüberstehen.

10 Im Folgenden wird der Ausdruck Beiträge als die Einnahmequelle des Rentensystems verwendet. Hierbei soll jedoch der Fall eingeschlossen sein, dass eine Finanzierung auch über Steuern möglich ist.

Dennoch stehen die gesetzlichen Rentensysteme vor dem Problem der Alterung. Diese Alterung verursacht, sofern die bisherige Rentenpolitik beibehalten wird, Kosten für die gesetzlichen Rentensysteme und diese Kosten werden zur Zeit in der Hauptsache von den Erwerbstätigen in der Form von erhöhten Abgaben getragen. Jegliche Reformbemühungen können diese Kosten auch nicht beseitigen. Da das Problem der Alterung der Gesellschaft durch keine Rentenreform verändert werden kann, gilt es die Systeme derart zu modifizieren, dass die Belastungen, die aus dem demographischen Wandel resultieren, nicht einseitig verteilt werden.

Betrachtet man die derzeitige Lage der gesetzlichen Alterssicherungssysteme in den Mitgliedsstaaten der OECD lässt sich der Schluss ziehen, dass der demographische Wandel zu einer Belastungsverschiebung auf die jungen und zukünftigen Generationen. Das Ausmaß der Belastungsverschiebung kann durch Generationenbilanzen, die internen Renditen oder die impliziten Steuersätze eines Umlageverfahrens gemessen werden. Alle drei Maße zeigen eine erhebliche Belastung auf, die hauptsächlich von den zukünftigen Generationen ausgeglichen werden muss. Im Vergleich liegt die interne Verzinsung der umlagefinanzierten Rentensysteme deutlich unter der Kapitalmarktverzinsung, wobei der Trend aufgrund der gegebenen demographischen Entwicklung in die Richtung geht, dass sich diese Differenz in der Zukunft noch erhöhen wird. Dies bedeutet, dass sich die in den Rentensystemen Versicherte besser stellen würden, wenn sie ihre Beiträge als Ersparnisse auf dem Kapitalmarkt angelegt hätten.

Zu einem ähnlichen Ergebnis kommt man auch, wenn man das Verfahren der Generationenbilanzen anwendet. Eine Generationenbilanz ergibt sich aus der Differenz zwischen den durchschnittlichen Beitragszahlungen und den durchschnittlichen Rentenleistungen einer Generation. Ein positiver Wert dieser Differenz bedeutet, dass ein Mitglied dieser Generation im Durchschnitt mehr in das Rentensystem einzahlt, als es später an Leistungen erhält. Eine Generationenbilanz mit dem Wert Null bedeutet, dass die Mitglieder dieser Generation im Durchschnitt Rentenleistungen erhalten, die genau den Beitragszahlungen, die sie geleistet haben, entsprechen. Die zukünftigen Generationen werden als Ergebnis aufgrund der demographischen Entwicklung in einem umlagefinanzierten Alterssicherungssystem eine höhere Belastung ihrer Arbeitseinkommen erfahren als die heute lebenden Generationen.

Setzt man diese Differenz zwischen Beitragszahlungen und Rentenleistungen ins Verhältnis zum Einkommen erhält man das dritte Messverfahren bezüglich der intergenerativen Belastungsverteilung, welches als impliziter Steuersatz bezeichnet wird.[11] Im Gegensatz zu einer tatsächlichen Steuer resultiert die implizite Steuer innerhalb eines Rentensystems indirekt aus der Differenz zwischen den Beiträgen und den Rentenleistungen, die aufgrund der demographischen Entwicklung immer größer wird. Zusammenfassend bedeutet dies, dass die zukünftigen Generationen und damit der Faktor Arbeit immer stärker belastet wird.

Die Rentenpolitik kann aber nur begrenzt Einfluss auf die demographische Entwicklung und somit den Alterungsprozess der Gesellschaft nehmen. Vielmehr ist dies die Verantwortung der Familien- und Bildungspolitik, durch die Anreize geschafft werden können, die auf das Reproduktionsverhalten Einfluss nehmen kann. Im Speziellen bedeutet dies, dass die Entscheidung ein Kind zu bekommen attraktiver gemacht werden muss, indem die direkten Kosten, Kinder zu erziehen reduziert werden, aber auch die indirekten Kosten, die aus dem Lohnverzicht während der Erziehungszeit entstehen, durch verbesserte Wiedereinstiegschancen in das Erwerbsleben und durch eine Anrechnung der Erziehungszeit auf die Rentenansprüche gesenkt werden. Der Rentenpolitik bleibt deshalb nur die Aufgabe, die Kosten der Alterung sinnvoll auf alle beteiligten Generationen zu verteilen. Das aktuell vorrangige Ziel einer Reformpolitik muss es deshalb sein, den Faktor Arbeit langfristig von diesen Kosten zu entlasten, ohne allzu tiefe Einschnitte in den Rentenleistungen vorzunehmen. Denn eine weitere Verteuerung des Faktors Arbeit wird zwangsläufig zu einer Verringerung der Beschäftigungsquoten führen und dadurch einen negativen Effekt auf das Wirtschaftswachstum ausüben.

Die Belastung des Faktors Arbeit durch die gesetzlichen Rentensysteme spielt einen wesentlichen Faktor beim Zusammenspiel zwischen dem Arbeitsmarkt und dem Rentensystem. Die Entwicklung der letzten Jahre zeigt, dass in nahezu allen Ländern der OECD die Tendenz zu erkennen ist, dass der Übergang vom Erwerbsleben in den Ruhestand immer früher gesucht wird. Für diese Entwicklung mag es viele Gründe geben, die es zu klären gibt, aber einen wesentlichen Grund zur Verteuerung darstellt.

2.3 Frühverrentung

Neben der demographischen Entwicklung ist die Frühverrentung der zweite zentrale Grund für das sich verschlechternde Verhältnis von Beitragszahlern zu Leistungsempfängern. Obwohl es in jedem Rentensystem ein festgelegtes gesetzliches Renteneintrittsalter gibt, zeichnet sich in fast jedem OECD Mitgliedsstaat die

---

11 Für Deutschland wurde eine Berechnung der impliziten Steuersätze von Thum und von Weizsäcker [2000] vorgenommen.

Tendenz ab, dass zu einem erheblich niedrigeren Alter in den Ruhestand gegangen wird. Im gleichen Beobachtungszeitraum sank die Arbeitsmarktbeteiligung der Alterskohorte zwischen 60 und 64 Jahre in den meisten OECD Staaten. Im Vergleich zu allen anderen Altersstufen über 20 Jahre, besitzt diese Altersstufe die niedrigste Arbeitsmarktbeteiligungsrate. Sollte aber eine Maßnahme ergriffen werden, die einen Anstieg des durchschnittlichen Rentenalters auf einen Wert, der näher am gesetzlichen Renteneintrittsalter liegt, zur Folge hat, muss hierbei berücksichtigt werden, dass es verschiedene Kanäle für die Frühverrentung gibt.

Die wohl häufigste Art, vorzeitig in den Ruhestand zu gehen, ist die Erwerbsunfähigkeit bzw. die Invalidität. Aber die Erwerbsunfähigkeitsrente wird in der Regel nur aufgrund von erheblichen gesundheitlichen Problemen, die eine Fortsetzung der Erwerbstätigkeit unmöglich machen oder zumindest stark einschränken, gewährt. Aber die Erwerbsunfähigkeit ist üblicher Weise kein Problem, dass ausschließlich ältere Generationen betrifft. Sie ist mehr oder weniger zufällig auf jede Altersstufe verteilt.[12] Die Erwerbsunfähigkeit kann demnach eine Erklärung für die Abweichung zwischen dem tatsächlichen und dem gesetzlichen Renteneintrittsalter sein nicht jedoch für die niedrige Arbeitsmarktbeteiligung der Alterskohorte 60-64.

Neben der Erwerbsunfähigkeit bieten die meisten Rentensysteme aber auch die Möglichkeit innerhalb bestimmter Altersgrenzen vor dem gesetzlichen Renteneintrittsalter in den Ruhestand zu gehen. In der Regel ist die Frühverrentung mit einer proportionalen Senkung der Leistungen verbunden. Aber trotz dieser Leistungsabsenkung verbleibt häufig ein Anreiz zum Austritt aus der Erwerbsbevölkerung zu einem frühzeitigen Zeitpunkt. Die Anreize für die Frühverrentung sind mit Blick auf die demographische Entwicklung, ein Teil der Problematik, denen die gesetzlichen Rentensysteme ausgesetzt sind. Wie Siddiqui [1997] in einer empirischen Untersuchung für das deutsche Rentensystem gezeigt hat, führte erst die Einführung der Möglichkeit vor dem gesetzlichen Renteneintrittsalter in den Ruhestand zu gehen, zu der beobachtbaren Entwicklung. Das Fehlen der versicherungstechnischen Äquivalenz macht es für die Individuen rational, zu versuchen so viele Leistungen zu erhalten wie es möglich ist. Eine Möglichkeit diese Situation zu erreichen ist durch die Frühverrentung. Überraschender Weise wurde aber von Riphahn und Schmidt [1999] und Siddiqui [1997] herausgefunden, dass eine hohe Arbeitslosigkeit keinen Anreiz, vorzeitig in den Ruhestand einzutreten, darstellt. Im Gegenteil in einer solchen Situation erwarten die Indivi-

---

12 Dies gilt zumindest für Verletzungen bzw. Unfälle. Soweit andere gesundheitliche Problem betroffen sind, die zu einem hohen Ausmaß mit der Art der Arbeit und den Arbeitsbedingungen verbunden sind, ist die Wahrscheinlichkeit, dass der Arbeitnehmer ein chronische Krankheit bekommt, umso höher je älter der Arbeitnehmer ist.

duen ein niedrigeres Einkommen und versuchen in der Beschäftigungssituation zu verbleiben. Dies gilt jedoch nur für den Teil der Erwerbsbevölkerung, die eine Arbeitsstelle besitzen. Für den Teil der Bevölkerung, die von Arbeitslosigkeit betroffen ist, stellt der Übergang in den Ruhestand tatsächlich eine attraktive Alternative dar, da insbesondere für Arbeitslose der höheren Altersklassen die Chancen für den Wiedereinstieg in eine Beschäftigung sehr gering ist. Genau dies ist der Grund weshalb es auch keinen Zusammenhang zwischen der Frühverrentung und dem Einstieg von jungen Generationen in das Erwerbsleben gibt. Darüber hinaus werden betriebliche Frühverrentungsmaßnahmen auch nicht dazu genutzt, ältere Arbeitnehmer gegen jüngere einzutauschen. Sie stellen in den häufigsten Fällen lediglich einen Weg des Beschäftigungsabbaus der Betriebe dar. Die Frühverrentung aufgrund von Arbeitslosigkeit stellt deshalb eine Verschiebung der Kosten der Arbeitslosigkeit von der Arbeitslosenversicherung zur Rentenversicherung dar.

Die Tendenz der Frühverrentung ist zum Teil eine Folge der demographischen Entwicklung, zum größten Teil ist sie jedoch eine Folge der institutionellen Regelungen, die einen vorzeitigen Eintritt in den Ruhestand ermöglichen. Eine Reform der Rentensysteme ist deshalb um eine Stabilität herzustellen mehr als notwendig. Die Optionen für eine solche Reform, die mehr oder weniger tief greifend sein muss, werden im nächsten Kapitel genauer erörtert.

Optionen für eine nachhaltige Rentenreform

Eine nachhaltige Änderung der Rentensysteme bedeutet deshalb eine angemessene Reaktion auf diese Veränderungen. Ein nachhaltiges Rentensystem muss deshalb die Bedürfnisse der Bevölkerung erfüllen, indem es eine Transparenz und ein ausgewogenes Verhältnis zwischen Beiträgen und Leistungen gewährleistet.

Allerdings ist jede Reformoption durch ihre Realisierbarkeit beschränkt. Eine Reform des Rentensystems muss deshalb den Status quo berücksichtigen und die Kosten eines Übergangs zu einem neuen System so gering wie möglich halten. Dies bedeutet – zumindest zu einem gewissen Grad – eine Veränderung des Systems selbst.

3.1 Reformen innerhalb des umlagefinanzierten Systems

Die Diskussion über eine Reform des umlagefinanzierten Rentensystems wurde hauptsächlich auf die Frage eines Übergangs zu einem kapitalgedeckten System konzentriert. Insbesondere Feldstein [1996] favorisierte ein privates kapitalgedecktes System. Da in einem Kapitaldeckungsverfahren jedes Individuum während der Beschäftigungsphase einen Kapitalstock akkumuliert, der dann für die Rentenauszahlungen benutzt wird, ist ein solches System vom demographischen Wandel weit weniger betroffen als ein Umlageverfahren. Jedoch sollten solche Vorschläge immer mit Vorsicht genossen werden, da es ernsthafte Gründe gibt, weshalb ein solcher Übergang nicht die endgültige Lösung ist. Ein Wechsel von einem Umlageverfahren zu einem Kapitaldeckungsverfahren kann zwar dazu führen, dass einige Probleme in der Alterssicherung gelöst werden, es kann aber im Gegenzug auch neue Probleme erschaffen.

Der offensichtlichste Grund, weshalb eine solcher Wechsel unmöglich ist, sind die Übergangskosten. Die arbeitenden Generationen sind somit bei einem Übergang von einer Doppelbelastung betroffen, da sie sowohl für ihre eigenen Renten aufkommen müssen als auch für die Renten der Vorgängergeneration[13] Die vorliegenden theoretischen Untersuchungen insbesondere von Breyer [1989], Brunner [1996], Brunner [1994] und Fenge [1995] zeigen, dass ein Übergang von einem Umlage- zu einem Kapitaldeckungsverfahren, bei dem nicht mindestens eine Generation schlechter gestellt wird als im umlagefinanzierten System, nicht möglich ist. Darüber hinaus zeigen alle empirischen Untersuchungen, die ein solches Übergangsszenario thematisieren, dass ein solcher Übergang immer Kosten nach sich ziehen wird. Die Kosten des Übergangs sind demnach als sicher anzusehen, wogegen die positiven Effekte wie zum Beispiel ein höheres Wachstum eines kapitalgedeckten Systems hinsichtlich ihrer Realisierung unsicher sind.

Die Argumente, die ein staatlich organisiertes Rentensystem rechtfertigen, wurden aus ökonomischer Sicht von Diamond [1977] ausgeführt. Die Möglichkeit zur Umverteilung und die Möglichkeit Risiko auf viele Schultern zu verteilen sind die hauptsächlichen Gründe für einen staatlichen Eingriff.[14] Die Auswirkung der Risikodiversifikation ist eine Reduzierung der Kosten, die durch ein individuelles Risiko entstehen, indem man die Kosten dieses individuellen Risikos auf die gesamte Gesellschaft verteilt. Dadurch werden die Kosten des Risikos für den Einzelnen reduziert, wenn das Risiko zufällig in der Gesellschaft verteilt ist.[15] In

---

13 Der Begriff Doppelbelastung bedeutet nicht, dass diese Generationen doppelt so viel zahlen muss wie im Fall ohne Übergang. Er bedeutet nur, dass sie ihren eigenen Kapitalstock aufbauen müssen und die Kompensationen zahlen müssen.

14 Besonders die Umverteilung ist abhängig von einem Pflichtsystem. Aus ökonomischer Sicht ist es nicht denkbar, dass auf freiwilliger Basis Umverteilung möglich ist.

15 Unter einer zufälligen Verteilung des Risikos versteht man in diesem Zusammenhang, dass dieses Risiko prinzipiell jeden betrifft, die Eintrittswahrscheinlichkeit des Schadensfall für den einzelnen jedoch sehr gering ist. Für den Fall der Langlebigkeit bedeutet dies, dass der Fall, dass man länger lebt, als es durch die durchschnittliche

einem Rentensystem sind die Risiken, die versichert werden, das Risiko der Altersarmut und das Risiko der Langlebigkeit. Während das erste Risiko mehr oder weniger für die Umverteilung relevant ist, handelt es sich bei dem Risiko der Langlebigkeit um ein typisches Versicherungsproblem, das sowohl in einem Umlage- als auch in einem Kapitaldeckungsverfahren gelöst werden kann, wenn die Langlebigkeit vorhersagbar ist. Sobald die Langlebigkeit nicht mehr vorhersagbar ist und mit einem hohen Maß an Unsicherheit verbunden ist, ist ein kapitalgedecktes System von beschränkter Effektivität. In einer solchen Situation kann ein Umlageverfahren das Risiko besser entschärfen. Deshalb sollte ein Rentensystem immer ein umlagefinanziertes (Sub-)System enthalten.

Um die Nachhaltigkeit in der Alterssicherung zu erreichen, sollte in einem ersten Schritt einer Reform das bestehende umlagefinanzierte System modifiziert werden, wie dies auch die Europäische Kommission [2001] ausführt:

"The essential feature of parametric reforms is that they aim to maintain the basic structure of the existing system while attempting, through changes in parameters, to influence the costs, financing or incentive structures of the scheme in order to adjust it to foreseen circumstances."

Dies bedeutet in erster Linie, dass die Umlagesysteme in ihrer bestehenden Form erhalten werden sollen. Aber Änderungen sind notwendig, um auf die sich verändernden Rahmenbedingungen, denen Rentensysteme ausgesetzt sind, zu reagieren. Eine erste Maßnahme, die in diese Richtung wirkt, ist eine Reduzierung der Frühverrentung.[16] Eine Möglichkeit dieses Ziel zu erreichen ist eine graduelle Anhebung des gesetzlichen Renteneintrittsalters und damit eine Verlängerung der Lebensarbeitszeit. Allein diese Maßnahme würde in den meisten Alterssicherungssystem bereits zu einer deutlichen Entlastung führen. Wie bereits ausgeführt wurde, setzt sich der demographische Wandel aus den zwei Effekten der geringen Geburtenraten und der steigenden Langlebigkeit zusammen. Da ein Anstieg des gesetzlichen Renteneintrittsalters die Rentenbezugsdauer reduziert, führt er auch zu einer Milderung des Effektes der steigenden Lebenserwartung. Selbst wenn eine solche Maßnahme nicht besonders populär ist, so ist sie doch äußerst notwendig. Eine solche Maßnahme der Erhöhung des Renteneintrittalters muss jedoch mit einem Anreiz zur Weiterbildung gekoppelt sein. Denn die de-

---

Lebensdauer vorgegeben ist, für einzelnen sehr unwahrscheinlich ist, dies aber prinzipiell jedem passieren kann.

16 In diesem Zusammenhang wird unter Frühverrentung nicht die Erwerbsunfähigkeitsrente verstanden. Die Erwerbsunfähigkeit zu vermeiden bedeutet in erster Linie den Gesundheitszustand der Beschäftigten zu verbessern und Arbeitsschutzmaßnahmen zu erhöhen. Aber all diese Maßnahmen sind zum größten Teil nicht im Einflussbereich der institutionellen Regelungen der Rentensysteme.

mographische Entwicklung hat nicht nur den Effekt, dass sie in der Zukunft einen wachsenden Anteil der Rentner an der Gesamtbevölkerung beschert sondern auch aufgrund des sinkenden Anteils der jungen Bevölkerung eine Verringerung des Arbeitsangebots. Das Schrumpfen der Bevölkerung im erwerbsfähigen Alter kann nur dadurch kompensiert werden, dass auch ältere Arbeitnehmer weiter in der Beschäftigung bleiben. Damit dies ermöglicht wird, muss jedoch das vorhandene Humankapital immer auf einem aktuellen Stand gehalten werden. Genau dies ist durch fortwährende Weiterbildungsmaßnahmen möglich.

Es sind einige Möglichkeiten denkbar, wie man ältere Arbeitnehmer länger im Arbeitsprozess halten kann. Eine Möglichkeit ist die Anhebung des allgemeinen Renteneintrittsalters. Der Effekt dieser Maßnahme wäre, dass die Arbeitnehmer länger in Vollbeschäftigung bleiben müssen als heute der Fall ist. Eine andere Möglichkeit, der Abnahme der Erwerbsbevölkerung, die ein Resultat der niedrigen Geburtenraten ist, entgegen zu steuern, ist die Einführung von Teilzeitarbeitsprogrammen für ältere Erwerbstätige.[17] Beide Alternativen müssen durch fortwährende Weiterbildungsmaßnahmen ergänzt werden. Darüber hinaus ist es denkbar, für Rentner die Möglichkeit zu verbessern, zusätzlich zu ihrer Rente und einem möglicherweise vorhandenen Vermögen ein weiteres Einkommen zu erzielen. Diese Form des Arbeitseinkommens kann bis zu einer bestimmten Grenze von der Einkommenssteuerpflicht befreit sein[18]. Dabei sollte jedoch berücksichtigt werden, dass die Einkommenssteuerbefreiung nur für geringfügige Beschäftigungsformen gelten darf, die eine bestimmt Wochenarbeitszeit und eine fest gelegte Einkommenshöhe nicht überschreiten darf. In Übereinstimmung mit dem drei Säulen Modell der Alterssicherung, welches von der Weltbank [1994] entwickelt wurde und das sich aus einer Umlagefinanzierten, einer Kapitalgedeckten Säule und den privaten Ersparnissen als dritte Säule zusammensetzt, wird diese Maßnahme der Befreiung geringfügiger Beschäftigungsformen für Rentner häufig als vierte Säule der Alterssicherung bezeichnet[19].

---

17 Hierzu muss jedoch angeführt werden, dass solche Programme mit unterschiedlichem Erfolg durchgeführt wurden. Während sie in einigen Ländern sehr erfolgreich waren, sind sie in Deutschland und Österreich nicht im gleichen Ausmaß angenommen worden. Dennoch kann eine solche Maßnahme in der Zukunft einen positiven Effekt erzielen, wenn man sich die Abnahme der Erwerbsbevölkerung in der Zukunft vor Augen führt.

18 Dies kann analog zu den 630,- DM Jobs, wie sie in Deutschland lange Zeit existierten, gesehen werden. Die Befreiung von der Einkommenssteuer dieser geringfügigen Beschäftigungsformen ist deshalb notwendig, da eine Besteuerung dieser Einkommen zur Folge hätte, dass der Anreiz einer solchen Beschäftigung nachzugehen deutlich gesenkt werden würde.

19 Jedoch ist diese Form der geringfügigen Beschäftigung nicht zu verwechseln mit der Altersteilzeit.

Der Versuch, das tatsächliche Renteneintrittsalter zu erhöhen, indem das gesetzliche Renteneintrittsalter erhöht wird, muss durch zusätzliche Maßnahmen begleitet werden. Wie Siddiqui [1997] in einer empirischen Untersuchung über das Renteneintrittsverhalten in Deutschland herausgefunden hat, führte die Einräumung der Möglichkeit, vor dem 65. Lebensjahr in den Ruhestand zu gehen, zu einer Nutzung dieser Möglichkeit den Arbeitsmarkt zu verlassen. Im Jahr 1992 trat in Deutschland eine Rentenreform in Kraft, deren Inhalt die Einführung von Abschlägen beim Renteneintritt vor dem 65. Lebensjahr in der Höhe von 0,3 Prozentpunkten pro Monat vorzeitiger in Anspruchnahme war. Diese Änderung in der Frühverrentungsregelung hat nach Siddiqui [1997] zur Folge, dass die meisten Menschen sich entscheiden, später in den Ruhestand zu gehen, als dies vor der Reform der Fall gewesen ist. Dennoch ist das durchschnittliche Renteneintrittsalter in Deutschland deutlich niedriger als das gesetzliche. Wobei die Möglichkeit einer flexiblen Ruhestandsentscheidung nicht das Problem ist, da es den Individuen einen größeren Entscheidungsspielraum gemäß ihrer Präferenzen gibt. Jedes Individuum, das sich entscheidet vor dem gesetzlichen Renteneintrittsalter in den Ruhestand zu gehen, muss mit der Situation konfrontiert sein, dass diese Entscheidung mit einer spürbaren Verringerung der Leistungen verbunden ist.

Wie die Europäische Kommission [2001] ausgeführt hat, sollte einiges Augenmerk auch auf den erwünschten Effekt, dass die Einnahmen auf der einen Seite erhöht werden und die Ausgaben auf der anderen Seite verringert werden. Wie eine Untersuchung von Breyer und Kifmann [2001] zeigt, ist die Entlastung nur von kurzfristiger Natur. Da die Menschen länger leben und mehr Beiträge zahlen müssen, würden sie nach bisherigem Recht auch höhere Rentenanwartschaften erlangen, die nach dem Eintritt in den Ruhestand erfüllt werden müssen. Der Effekt eines steigenden Renteneintrittsalters – durch eine Erhöhung der Abschläge bei einem vorzeitigen Eintritt in den Ruhestand – würde sogar dazu führen, dass höhere Ausgaben als vor der Änderung nach einer bestimmten Zeitverzögerung die Folge wären, in dem die Lage vorerst entspannt war, wenn das System nicht an die neue Situation angepasst werden würde. Es ist deshalb notwendig die Rentenberechnung an die neue Regelung anzupassen.

In einem ersten Schritt einer Reform, die eine Nachhaltigkeit zum Ziel hat, muss berücksichtigt werden, dass ein vollständiger Übergang zu einem Kapitaldeckungsverfahren nicht die erwünschte Lösung ist. Die Übergangskosten sind der Grund weshalb diese Lösung nicht erwünscht ist. Die Ziele der Sozialpolitik, die aus Einkommensumverteilung und Risikoverteilung bestehen, sind ein zusätzliches Argument für ein umlagefinanziertes System. Nichtsdestotrotz muss ein solches System mit den sich verändernden sozialen und ökonomischen Umständen zurechtkommen. Eine Anpassung des Systems an diese Umstände wird deshalb notwendig. Ein hohes Maß an Aufmerksamkeit sollte deshalb der Frühverrentung gewidmet werden, welche die finanzielle Stabilität gefährdet. Im nächsten Abschnitt werden Reformen, die eine stärkere Systemveränderung zur Folge haben, betrachtet.

3.2 Systemwechsel

Die Existenz von Risiko wird in der Regel als die Quelle von Versicherungsnachfrage angesehen. Jede Versicherung funktioniert in der Form, dass sie Kosten eines individuellen Risikos auf eine größere Menge von Leuten verteilt. Eine obligatorische Versicherung schafft es ein bestimmtes Risiko auf eine besonders große Menge von Leuten zu verteilen.[20] Die individuellen Kosten des Risikos werden dadurch für das Individuum minimiert, indem sie auf die gesamte Gesellschaft verteilt werden.

Die beiden Finanzierungsverfahren des Umlageverfahrens oder des Kapitalrechnungsverfahrens verfügen über spezifische Vor- und Nachteile. Da das Umlageverfahren auf die Stabilität und Ergiebigkeit der nationalen Lohn- bzw. Erwerbseinkommen vertraut, sind seine Vorteile eine

– weitgehende Inflationssicherheit,
– hohe Elastizität bei Einführung und Ausweitung,[21]
– arbeitsmarkt- und verteilungspolitischen Instrumentalisierbarkeit sowie
– eine Frauenfreundlichkeit aufgrund der Nichtberücksichtigung der im Vergleich zu den Männern deutlich höheren Restlebenserwartung.

Die unstrittigen Nachteile sind die Sensibilität gegenüber Beschäftigungsschwankungen und insbesondere demographisch bedingten Verschiebungen der Beitragszahler/Leistungsempfänger-Relation. In einer alternden Gesellschaft kommt es zu einer strukturellen "Schlechterbehandlung" der nachkommenden Generationen.

Im Vergleich dazu vertraut das Kapitaldeckungsverfahren auf die Stabilität und Ergiebigkeit der nationalen und internationalen Kapitaleinkommen bzw. Kapitalmärkte. Es kann im Gegensatz zum Umlageverfahren exportiert werden und daher – über die internationale Anlage der Beiträge – auch ausländische Wertschöpfung zur Finanzierung der nationalen Renten heranziehen. Dies macht die-

---

20 Im Extremfall auf die gesamte Bevölkerung eines Landes.
21 Dies wurde insbesondere bei der deutschen Wiedervereinigung sichtbar, als die Rentner der neuen Bundesländer vergleichsweise problemlos in die gesetzliche Rentenversicherung der Bundesrepublik Deutschland übernommen werden konnten.

ses Verfahren unabhängiger von der nationalen Beschäftigungssituation und nationalen Bevölkerungsveränderungen und erlaubt in Grenzen auch eine Vorfinanzierung zukünftiger demographischer Belastungen.

Die wichtigsten Nachteile dieses Finanzierungsverfahrens bestehen in der Sensibilität gegenüber nationalen und internationalen Kapitalmarktkrisen (wobei allerdings das Kohortenrisiko nicht der Volatilität der Märkte entspricht) und nur geringen Möglichkeiten, Elemente des sozialen Ausgleichs zu berücksichtigen.

Es hat sich die übereinstimmende Meinung durchgesetzt, dass ein nachhaltiges Rentensystem durch beide Finanzierungsformen gekennzeichnet sein muss, in dem die Rentenleistungen auf der einen Seite auf der Entwicklung der nationalen Lohn- und Erwerbseinkommen, d.h. dem Produktionsfaktor Arbeit, und auf deren Seite auch auf den nationalen und internationalen Kapitaleinkommen, d.h. dem Produktionsfaktor Kapital, basieren. Ein solches Hybridsystem ermöglicht es die Risiken, die in den verschiedenen Systemen herrschen, zu mischen und somit gegeneinander auszugleichen.

Ein weiteres Argument für eine Mischung zwischen einem umlagefinanzierten System und einem kapitalgedeckten wurde von Sinn [1999a] und Sinn [1999b] präsentiert. Es basiert auf dem demographischen Effekt sinkender Geburtenraten und der Substituierbarkeit der Produktionsfaktoren Kapital und Arbeit. Das Argument kann in der Form zusammengefasst werden, dass in einer Welt, in der aufgrund einer abnehmenden Erwerbsbevölkerung weniger Humankapital vorhanden ist, dieses fehlende Humankapital durch Realkapital ersetzt werden sollte. Die Kapitaldeckung des Rentensystems ist eine Möglichkeit, diesen Zustand zu erreichen. Darüber hinaus wird durch diese Maßnahme aufgrund der höheren Ausstattung mit Kapital die Produktivität des Faktors Arbeit erhöht und deshalb auch ein positiver auf das Wirtschaftswachstum erzielt.

Da und wenn die Nachhaltigkeit das Politikziel der Rentenreform ist, dann ist ein Hybridsystem bestehend aus einem umlagefinanzierten Teil und einem kapitalgedeckten Teil die wohl beste Antwort auf die Probleme, die mit dem demographischen Wandel verbunden sind. Aber die Kapitaldeckung kann darüber hinaus auch dazu führen einen weiteren Effekt zu bewirken, der das individuelle Verhalten betrifft. Abschließend muss noch eine Frage beantwortet werden. Wie die Kapitaldeckung innerhalb der institutionellen Gestalt organisiert werden soll. Es gibt generell drei Möglichkeiten.

Die erste Lösung wäre eine freiwillige Entscheidung der Menschen darüber, ausreichende Vermögensbestände anzuhäufen, die als Alterseinkommen dienen können. Diese Ersparnisse können vom Staat durch zweckgebundene Transfers gefördert werden. Die Individuen können dann zwischen verschiedenen institutionellen Anbietern von Leibrentenverträgen oder Produkten zur Ersparnisbildung, die der Alterssicherung dienen, wählen, die jedoch einer staatlichen Kontrolle unterliegen und dadurch einem erhöhtem Maß an Transparenz. Ein solches System stimmt im Großen und Ganzen mit den Regelungen der Rentenreform 2000 in Deutschland überein.

Eine zweite Möglichkeit der Kapitaldeckung besteht in Zwangsersparnissen, wie sie durch die letzte Rentenreform in Schweden eingeführt wurden. In einem solchen System wird ein fixer Anteil der Beiträge in Pensionsfonds angelegt. Die Menschen haben dann die Wahl zwischen verschiedenen Pensionsfonds, die privat organisiert sind, aber unter staatlicher Aufsicht arbeiten. Es muss aber auch möglich sein, den Pensionsfonds zu wechseln, wenn dies erwünscht ist.

Eine dritte Möglichkeit der Kapitaldeckung ist ein Betriebsrentensystem. In einem solchen System ist es notwendig mögliche Fehlanreize zu vermeiden. Es ist notwendig sicherzustellen, dass die Ersparnisse im Betriebsrentensystem für den Arbeitnehmer transportabel sind, wenn sie sich dazu entscheiden den Arbeitsplatz zu wechseln. Ansonsten würde ein solches Betriebsrentensystem die Mobilität des Faktors Arbeit verhindern. Unerwünschte Effekte wären die Folge, indem die Arbeitnehmer in einem Betrieb verbleiben müssen, damit sie nicht ihre Rentenansprüche verlieren. Dieses Mobilitätshemmnis hat jedoch Ineffizienzen auf dem Arbeitsmarkt zur Folge. Solch ein System, welches eine Kapitaldeckung durch Betriebsrenten vorsieht, hat sich seit einiger Zeit in der Schweiz etabliert.

Letztendlich ist es jedoch schwer möglich eine optimale Lösung bezüglich der Organisation der Kapitaldeckung zu finden. Es ist vielmehr nötig, dass das jeweilige System zum gegebenen System passt und die Lücken, die durch den demographischen Wandel entstehen, schließt.

Ein weiterer Effekt der Kapitaldeckung ist eine Senkung der Lohnnebenkosten, indem die Beitragssätze zum gesetzlichen Rentensystem niedriger gehalten werden können als bei einem rein umlagefinanzierten System. Die Senkung der Lohnnebenkosten wiederum führt zu positiven Impulsen auf dem Arbeitsmarkt, da der Faktor Arbeit billiger wird.

Zusammenfassend lässt sich festhalten, dass ein Systemwechsel durchgeführt werden muss. Eine Kapitaldeckung wird notwendig, da das Realkapital das fehlende Humankapital als direkte Folge der sinkenden Erwerbsbevölkerung substituiert. Daneben funktioniert diese Hybridsystem dahingehend, dass es die jeweiligen Risiken der beiden Systeme gegeneinander ausgleicht. Die Entscheidung darüber, wie das kapitalgedeckte Element organisiert werden soll, hängt vom bestehenden System ab. Generell gibt es keine Musterlösung um eine optimale Situation zu erreichen. Vielmehr gibt es verschiedene Ansätze, die zum gleichen Ergebnis führen.

4. Schlußbemerkung

Nachdem die Weltbank [1994] ihren allgemein bekannten Bericht zur Reform der staatlichen Rentensysteme veröffentlicht hat, wurde das drei Säulen System zu einem vielzitierten Lösungsansatz. Das drei Säulen System besteht aus einer kleinen umlagefinanzierten Säule, einer kapitalgedeckten Säule und staatlich unterstützten Ersparnissen als dritte Säule. Obwohl die grundlegende Idee der Mischung eines Umlagesystems und eines kapitalgedeckten Systems als Lösungsansatz sehr überzeugend ist, gibt es hierzu einige Anmerkungen zu machen.

Der Entwurf einer Rentenreform muss immer mit der Ausgangslage beginnen. Entsprechend dieser Situation muss ein Konzept entwickelt werden, das mittel- und langfristig die finanzielle Stabilität des Systems garantiert und deren Herstellung zu den geringsten Kosten ermöglicht werden kann. Die meisten Rentensysteme in Europa und Nordamerika hängen von einer umlagefinanzierten Säule ab, da es eine Rechtfertigung für ein staatliches System ist. Es ermöglicht ein Umverteilung und eine intra- und intergenerative Risikostreuung. Eine kapitalgedeckte Säule erfüllt hingegen die Aufgabe die Lücken, die durch die demographische Entwicklung entstehen, zu füllen. Aber die umlagefinanzierte Säule muss in ihrer Grundstruktur erhalten bleiben. Daneben spielt aber auch die Transparenz eine wichtige Rolle in der Gestaltung einer Rentenreform. Eine Möglichkeit diese Transparenz herzustellen geschieht über sogenannte Versichertenkonten, die von Individuen eingesehen werden können und in welchen ihre zu erwartenden Leistungen aufgeführt sind. Dies ist der Grund weshalb sogar Feldstein [2001] inzwischen ein solches Mischsystem mit Notional Accounts, d.h. fiktiven Guthaben, in der umlagefinanzierten Säule und einer kapitalgedeckten Säule favorisiert.[22]

Neben diesem Systemwandel von der reinen Umlagefinanzierung zu einer Mischfinanzierung sind aber auch einige systemimmanente Reformen nötig. Die Hauptaufgabe ist hierbei die Annäherung des tatsächlichen Renteneintrittsalters an das gesetzliche. Es gibt hierfür zwei Maßnahmen, die Hand in Hand gehen müssen, damit dieses Ziel erreicht werden kann. Zum einen muss das gesetzliche Renteneintrittsalter erhöht werden und zum anderen muss die bestehende Struktur hinsichtlich ihrer Anreizwirkungen an diese Veränderung angepasst werden. Zu guter Letzt kann zusammengefasst werden, dass ein nachhaltiges Rentensystem ein transparentes Rentensystem sein muss und eines, das Fehlanreize hinsichtlich des individuellen Entscheidungsverhaltens vermeidet. Darüber hinaus muss ein System aber auch flexibel genug sein, um auf sozioökonomische Änderung rea-

---

22 Das System, dass von Feldstein [2001] empfohlen wird, entspricht in seiner Form dem reformierten schwedischen Rentensystem.

gieren zu können ohne in eine finanzielle Schieflage zu geraten. Ein Hybridsystem bestehend aus einem umlagefinanzierten Teil und einem kapitalgedeckten
Teil, wie bereits erörtert, ist wohl die beste Antwort auf die mit dem demographischen Wandel verbundenen Probleme.

Gesellschaft und Ethos

Hans Küng

⇒ Verantwortung des Einzelnen
⇒ Änderung im Wertesystem

1. Die Grenzen der reinen Vernunft

(1) Die reine Vernunft vermag die Forderung der Nachhaltigkeit einer Entwicklung nicht zu beweisen

Unter "Nachhaltigkeit" verstehe ich nach der nüchternen Definition von Prof. O. Renn "eine Entwicklung, bei der die natürlichen Grundlagen so erhalten bleiben, dass die Lebensverhältnisse der heutigen Generation auch für die kommenden Generationen als Angebote bestehen bleiben." Also schlicht gesagt: Es darf den Folgegenerationen nicht wesentlich schlechter gehen als uns!

Doch gibt es nun Renn zufolge (und ich stimme ihm voll zu) keine naturwissenschaftlichen Gründe, die in quasi-automatischer Logik erzwingen, dass eine Politik der Nachhaltigkeit unbedingt betrieben werden müsste. Vielmehr handle es sich um eine ethische Entscheidung: Die Notwendigkeit, bestimmte erhaltenswerte Elemente der Umwelt und bestimmte Lebensbedingungen auszuwählen, lasse sich weder rein ökonomisch noch rein ökologisch begründen. Dies sei eine Frage kulturellen Selbstverständnisses: keine Frage der Wissenschaft, sondern eine Frage der Ethik und der Politik. Den dabei notwendigen Auswahlprozess könnten die Sozialwissenschaften verdeutlichen und interpretieren, die Leistung selbst aber müsse "ethisch und politisch" erbracht werden. In einem Satz: Nachhaltigkeit ist "weder ein ökonomisches, noch ein ökologisches, nicht einmal ein wissenschaftliches Konzept, sondern eine ethische Forderung. Wenn dies aber so ist, stellt sich die Frage nach der Begründung dieser ethischen Forderung. Zu ihr Stellung zu nehmen ist meine philosophisch-theologische Aufgabe:

(2) Die reine Vernunft vermag auch die Forderung der Vorsorge nicht zu beweisen. Als ein Prinzip der Vorsorge wird von Prof. Birnbacher/Dortmund vertreten: Wir sollen so handeln, dass es den Folgegenerationen nicht nur nicht schlechter geht als uns (Nachhaltigkeit), sondern dass es ihnen besser geht (Vorsorge). Für viele ein sympathisches, aber vielleicht doch – zumindest für Ökonomen – zu weit gehendes, unrealistisches Prinzip.

Wie immer: Unbestreitbar hängt es ganz von unseren ethischen Prämissen ab, dass wir uns dafür entscheiden, ob es der Generation unserer Kinder gleich gut wie uns oder schlechter oder besser gehen soll. Hier mit der reinen, der theoretischen Vernunft allein zu argumentieren, wäre kurzschlüssig. Denn diese Erkenntnis hat sich auch in der Philosophie durchgesetzt: Die Vernunft ist Interessen unterworfen. Mit der reinen Vernunft allein ist die Frage wahrhaftig nicht zu entscheiden: Soll ich mich hier und heute um das Schicksal zukünftiger Generationen sorgen? Oder habe ich nicht schon der Sorgen genug und ist es mir deshalb egal, wie es späteren Generationen ergeht: "Was kümmern mich verödete Landschaften – anderswo? Was der Artenschwund – solange mein Garten und mein Hund am Leben bleiben? Was die klimatischen Veränderungen – die doch erst im Jahre 2000 plus x die Ozeane steigen lassen? " Warum soll dies kein Standpunkt sein: "Hauptsache, ich lebe gut und treibe, was mir Spaß macht." Dies entspricht doch durchaus dem Standpunkt heutiger psychologischer "correctness": "Auf die Selbstverwirklichung kommt alles an! Warum sich kümmern um die anderen und erst recht die Nachgeborenen?"

Es ist in der Tat zutiefst eine ethische Option, dass ich mir über das Schicksal künftiger Generationen überhaupt Gedanken mache, geschweige denn dafür arbeite, dass es künftigen Generationen besser gehe als meiner Generation, oder zumindest nicht schlechter. Ethos ist also mehr als Interessenabwägung im konkreten Fall. Ethos zielt auf eine Selbstverpflichtung, die sowohl unbedingt wie allgemeingültig ist. Diese aber muss im Kontext von Interessen und Sachzwängen kritisch reflektiert werden. Denn Ethik ist nicht konfliktfrei zu haben. Ethische Entscheidungen sind oft großen Spannungen unterworfen, die auch von religiösen Tiefenüberzeugungen herrühren können. Dazu:

2. Die Grenzen der Religion

Auf der Umweltkonferenz in Rio (1992) wurde bereits deutlich gemacht: Konsens schon über ökologische Probleme gerade unter Ländern der dritten und vierten Welt konnte nicht allein durch Appell an die Zweckrationalität erzielt werden, weil stets weltanschauliche und religiöse Faktoren mit im Spiel waren. Das wurde genauso deutlich auf der Weltbevölkerungskonferenz in Kairo (1994): Die religiösen Gegensätze – gerade bei der Frage der Bevölkerungsexplosion und Empfängnisverhütung – prallten hier hart aufeinander. Fundamentalisten christlicher und islamischer Provenienz taten alles, um ihre eigene Sexualmoral durchzusetzen und so den Status quo zu erhalten. Ja, der römisch-katholische Fundamentalismus, wie er gegenwärtig im Vatikan herrscht, strebte sogar die Koordination mit einigen (nur wenigen und kleineren) fundamentalistisch ausgerichteten muslimischen Staaten an (anders Indonesien, Pakistan, Türkei, Ägypten!), um seine mittelalterliche Sexualmoral unverändert vertreten zu können.

Wenn wir also über das Ethos in der einen Welt reden, müssen wir auch darüber reden, dass nicht nur die reine Vernunft, sondern Ethos und Religion immer auch desavouiert dastehen durch die jeweiligen Interessengruppen und Machtblöcke – in allen religiösen Zentren dieser Erde. Deshalb muss ich gleich von Anfang an betonen: Das Ethos in der einen Welt meint für mich das Gegenteil von religiösem Moralismus, der keine Grenzen seiner Kompetenz kennt. Lassen Sie mich das am Beispiel gerade der Weltbevölkerungskonferenz in Kairo noch einmal verdeutlichen, damit Sie sehen, dass das, was man Weltethos nennen möchte, für mich von vorneherein etwas anderes ist als der römische Kirchenmoralismus und sein "Welt-Katechismus".

Wenn es um die Glaubwürdigkeit gerade der katholischen Kirche geht, muss man die Fakten anerkennen:

– dass die Bedeutung des anhaltenden exponentiellen Bevölkerungswachstums in unbegreiflicher Weise nicht heruntergespielt werden darf;
– dass der Vatikan bei den Vereinten Nationen nur Beobachterstatus hat;
– dass der Vatikan bezüglich des Zölibats einen auch in der eigenen Kirche nicht akzeptierten rigoristisch-einseitigen Standpunkt durchsetzen will;
– dass der Vatikan selbst diejenige Methode, die am wirksamsten Abtreibung verhindern könnte, nämlich empfängnisverhütende Mittel, auch noch nach der Konferenz in Kairo als unmoralisch verwirft, wo man weiß, dass in den letzten beiden Jahrzehnten Produktionsfortschritte und Wirtschaftsentwicklung in vielen Ländern mit der Bevölkerungsentwicklung einfach nicht mehr Schritt halten können.

Es stellt sich die Frage, ob die Position des Vatikans aufrecht erhalten werden kann, sich der ganzen Welt entgegenstemmen zu müssen, wie der Pressesprecher der Opus Dei-Mann Joaquín Navarro-Valls in "Wallstreet Journal" 1. 9. 92 schrieb: zwar "weithin isoliert und allein", aber "mutig genug, standfest zu sein, wenn jedermann sonst bezüglich der wesentlichen Würde des Menschen Kompromisse schließt". Kann ein Mensch allein wissen, was die Wahrheit, die Moral, die "wesentliche Würde" des Menschen sei, und dies gerade im Hinblick auf so schwierige Fragen wie beispielsweise Empfängnisverhütung?

Das römische System, das der katholischen Kirche womöglich alle Zukunftschancen verbaut und geändert gehört, ist vielleicht Ursache dieses Glaubens. Sollte ich aber meine eigenen ethischen Anliegen glaubwürdig vertreten, so musste ich mich notgedrungen absetzen von der Autorität der Religion, die für die Welt weitreichende Folgen hat.

Aber jetzt positiv gefragt: Was könnte für eine nachhaltige Entwicklung die ethische Maxime im Blick sein? Was wäre die ethische Zielvorstellung für das dritte Jahrtausend? Was wäre die Parole für eine Zukunftsstrategie? Antwort: Schlüsselbegriff für unsere Zukunftsstrategie muss sein: die Verantwortung des Menschen für diesen Planeten. Dies heißt:

3. Statt einer Erfolgs- oder Gesinnungsethik eine Verantwortungsethik

Eine dauerhafte, nachhaltige Entwicklung fordern heißt, zunächst einmal das Gegenteil von dem fordern, was bloße Erfolgsethik ist, das Gegenteil also von einem Handeln, für das der Zweck alle Mittel heiligt und für das gut ist, was funktioniert, Profit, Macht, Genuss bringt. Genau dies kann zu krassem Libertinismus und Machiavellismus, zu Kriegen zwischen Nationen und zur industriellen Verwüstung ganzer Landschaften führen. Zukunftsfähig dürfte eine solche "Ethik" nicht sein.

Die Forderung einer dauerhaften, nachhaltigen Entwicklung dürfte aber ebenso wenig auf einer bloßen Gesinnungsethik basieren. Ausgerichtet auf eine mehr oder weniger isoliert gesehene Wertidee (Gerechtigkeit, Wohlstand, Liebe, Friede) geht es einer bloßen Gesinnungsethik nur um die reine innere Motivation des Handelnden, ohne sich um die Folgen einer Entscheidung oder Handlung, um die konkrete Situation, ihre Anforderungen und Auswirkungen zu kümmern. Eine solche "absolute" Ethik ist auf eine gefährliche Weise geschichtslos, sie ist unpolitisch, kann aber gerade so zur Not selbst den psychischen oder physischen Terrorismus aus Gesinnungsgründen rechtfertigen.

Basis der Forderung einer nachhaltigen Entwicklung könnte eine Ethik der Verantwortung sein, wie sie der große Soziologe Max Weber schon im Revolutionswinter 1918/19 vorgeschlagen hat. Eine solche Ethik ist auch nach Weber nicht "gesinnungslos", fragt jedoch immer realistisch nach den voraussehbaren "Folgen" unseres Handelns und übernimmt dafür die Verantwortung, schließt also prinzipiell "Folgenabschätzung" ein.

Seit dem Ersten Weltkrieg sind nun Wissen und technische Verfügungsmacht des Menschen allerdings ins Unermessliche und Unabsehbare gewachsen – mit höchst gefährlichen und teilweise irreversiblen Fernfolgen für die kommenden Generationen, wie dies uns besonders im Bereich der Atomenergie und Gentechnologie vor Augen geführt wird. Am Ende der 70er Jahre hat deshalb der deutsch-amerikanische Philosoph Hans Jonas das "Prinzip Verantwortung" in völlig veränderter Weltlage mit dem Blick auf die gefährdete Weiterexistenz der menschlichen Gattung (nicht: der Erde) für unsere technologische Zivilisation neu und umfassend durchdacht. Handeln aus einer globalen Verantwortung für

248

die gesamte Bio-, Litho-, Hydro- und Atmosphäre unseres Planeten! Und dies schließt – man denke nur an Energiekrise, Naturerschöpfung, Bevölkerungswachstum – eine Selbstbeschränkung des Menschen und seiner Freiheit in der Gegenwart um seines Überlebens in der Zukunft willen ein: So ist nach Hans Jonas eine neuartige Ethik in Sorge um die Zukunft und in Ehrfurcht vor der Natur gefordert: eine Zukunftsethik.

Die Maxime des Handelns im Blick auf das dritte Jahrtausend sollte demnach konkret lauten: Verantwortung der Weltgesellschaft für ihre eigene Zukunft! Verantwortung für die Mitwelt und Umwelt, aber auch für die Nachwelt. Die Verantwortlichen der verschiedenen Weltregionen und auch Weltreligionen sind aufgefordert, in globalen Zusammenhängen denken und sozial handeln zu lernen! Hierbei sind gewiss die drei ökonomisch führenden Weltregionen besonders gefordert: die europäische Gemeinschaft, Nordamerika und der fernöstliche Raum. Sie haben eine nicht abschiebbare Verantwortung für die nachhaltige Entwicklung auch der anderen Weltregionen: Osteuropas, Lateinamerikas, Südasiens und – am meisten vernachlässigt – Afrikas.

An der Schwelle zum dritten Jahrtausend stellt sich also dringlicher denn je die ethische Kardinalfrage: Unter welchen Grundbedingungen können wir überleben, als Menschen auf einer bewohnbaren Erde überleben und unser individuelles und soziales Leben menschlich gestalten? Unter welchen Voraussetzungen kann die menschliche Zivilisation ins dritte Jahrtausend hinübergerettet werden? Welchem Grundprinzip sollen die Führungskräfte der Politik, der Wirtschaft, der Wissenschaft und auch der Religionen folgen, um eine nachhaltige Entwicklung zu ermöglichen? Unter welchen Voraussetzungen kann aber auch der einzelne Mensch zu einer geglückten und erfüllten Existenz kommen? Zuerst ganz allgemein und grundsätzlich ethisch geantwortet:

4. Ziel und Kriterium: der Mensch in einer lebenswerten Umwelt

Eine "biozentrische" Konzeption (P. W. Taylor), die nicht nur individuellen Pflanzen und Tieren, sondern auch ökologischen Systemen und biologischen Arten ein Existenzrecht zuschreiben will, ist als praktische Entscheidungshilfe ebenso wenig geeignet wie eine "holistische Konzeption" (K. M. Meyer-Abich), die auch die unbelebte Natur um ihrer selbst willen schützen will. Zur Maxime "Jeder nimmt auf alles Rücksicht" bemerkt Birnbacher zu Recht: "Wenn alles schützenswert ist, gibt es keine Maßstäbe, die Eingriffe in die Natur rechtfertigen können"

Dagegen möchte ich freilich auch keine "anthropozentrische" Konzeption im traditionellen Sinn vertreten, welche die Leiden der Tiere ignoriert und die Umwelt vernachlässigt, wohl aber eine humane Konzeption im Geist des europäischen Humanismus von den Griechen bis zu Kant, Weber und Jonas. Humanität aber in kosmischem Kontext, wie dies von alters her mehr in der indischen und chinesischen Geistigkeit betont wurde als im christlichen Abendland.

Was also ist das grundlegende Ziel und Kriterium ethischen Handelns? Antwort: Der Mensch soll wahrhaft menschlich sein, ja, der Mensch soll mehr werden, als er ist: Er muss menschlicher werden! Gut für den Menschen ist, was ihn sein Menschsein bewahren, fördern, gelingen lässt. Aber dies ganz anders als früher inmitten einer lebenswerten Umwelt. Der Mensch muss sein menschliches Potential für eine möglichst humane Gesellschaft und eine intakte, bewohnbare, funktionsfähige und den Werten des Menschen entsprechende und deshalb lebenswerte Umwelt anders ausschöpfen, als dies bisher der Fall war. Denn seine aktivierbaren Möglichkeiten an Humanität sind größer als sein Ist-Stand. Insofern gehören das realistische Prinzip Verantwortung (Hans Jonas) und das "utopische" Prinzip Hoffnung (Ernst Bloch) zusammen.

Nichts also gegen die "Selbst-Tendenzen" heutiger Psychologie und Psychotherapie: nichts gegen Selbstbestimmung, Selbsterfahrung, Selbstfindung, Selbstverwirklichung, Selbsterfüllung – solange sie nicht abgekoppelt sind von Selbstverantwortung und Weltverantwortung, abgekoppelt von der Verantwortung für die Mitmenschen, für die Gesellschaft und die Natur, solange sie also nicht zur narzisstischen Selbstbespiegelung und autistischen Selbstbezogenheit verkommen. Auch Psychologen und Psychotherapeuten sprechen heute von der "Selbstverwirklichungsfalle", die schon manche Ehe und menschliche Beziehung in Brüche gehen ließ, die zuklappt wo Selbst-Verwirklichung von Selbst-Verantwortung, Mit-Verantwortung und Welt-Verantwortung abgekoppelt ist. Nein, Selbstbehauptung und Selbstbeschränkung brauchen sich nicht auszuschließen. Identität und Solidarität sind zur Gestaltung einer besseren Welt gefordert.

Aber welche Projekte auch immer man plant für eine bessere Zukunft der Menschheit, ethisches Grundprinzip muss sein: Der Mensch – das ist seit Kant eine Formulierung des kategorischen Imperativs – darf nie zum bloßen Mittel gemacht werden. Er muß letzter Zweck, muss immer Ziel und Kriterium bleiben. Geld und Kapital sind Mittel, wie Arbeit Mittel ist. Jede Technikfolgenabschätzung hat zu beachten: Auch Wissenschaft, Technik und Industrie sind Mittel. Auch sie sind an sich keineswegs "wertfrei", "neutral", sondern sollen in jedem Einzelfall danach beurteilt und eingesetzt werden, inwieweit sie dem Menschen (als Individuum und Gattung) zu seiner Entfaltung dienen in einer lebenswerten Umwelt.

Und dabei ist zu bedenken: Wer ethisch handelt, handelt deshalb nicht unökonomisch, er handelt – ganz im Sinne einer Verantwortungsethik – krisenprophylaktisch. Manche Großunternehmen mussten erst schmerzhafte Verluste erleiden, bevor sie lernten, dass nicht dasjenige Unternehmen langfristig ökonomisch am erfolgreichsten ist, das sich weder um ökologische noch um politische noch um ethische Implikationen seiner Produktion und seiner Produkte kümmert, sondern dasjenige, welches diese – gegebenenfalls unter kurzfristigen Opfern – einbezieht und dafür empfindliche Strafen, gesetzliche Einschränkungen, Verlust öffentlicher Glaubwürdigkeit und schlechtes Gewissen der Verantwortlichen von vornherein vermeidet. Jedenfalls können wir uns in der Wirtschaft in Bezug auf unsere Langzeitverantwortung nicht einfach, wie das Ökonomen gern tun, auf den Marktmechanismus verlassen, dürfen allerdings bei konkreten Vorschlägen auch das ökonomische Kriterium der Effizienz nicht vernachlässigen.

Wie die soziale und ökologische Verantwortung von den Unternehmen nicht einfach auf die Politiker abgeschoben werden kann, so die moralische, ethische Verantwortung nicht einfach auf die Religion. Ethik, die in der Moderne zunehmend als Privatsache angesehen wurde, muss in der Zukunft – um des Wohles des Menschen und des Überlebens der Menschheit willen – wieder zu einem öffentlichen Anliegen von erstrangiger Bedeutung werden. Ethisches Handeln soll nicht nur ein privater Zusatz zu Marketingkonzepten, Wettbewerbsstrategien, ökologischer Buchhaltung und Sozialbilanz sein, sondern soll den selbstverständlichen Rahmen menschlich-sozialen Handelns bilden. Denn auch Marktwirtschaft, soll sie sozial funktionieren und ökologisch geregelt werden (und dies unterscheidet sie von Kapitalismus!), bedarf der Menschen, die von sehr bestimmten Überzeugungen und Haltungen getragen sind. Ja, man wird noch mehr sagen müssen:

5. Keine Weltordnung ohne Weltethos

Das eine gilt auch im Hinblick auf eine dauerhafte, nachhaltige Entwicklung: Der Mensch kann nicht durch immer mehr Gesetze und Vorschriften (auch nicht allein durch Preiserhöhung bei nicht-erneuerbaren Rohstoffen) verbessert werden, freilich auch nicht allein nur durch Psychologie und Soziologie. Im Großen wie im Kleinen ist man ja mit derselben Situation konfrontiert: Sachwissen ist noch kein Sinnwissen, Reglementierungen sind noch keine Orientierungen, und Gesetze sind noch keine Sitten. Auch das Recht braucht ein moralisches Fundament. Die ethische Akzeptanz der Gesetze (die vom Staat mit Sanktionen versehen und mit Gewalt durchgesetzt werden können) ist Voraussetzung jeglicher politischer Kultur. Was nützen "Umweltgipfel" und "Entwicklungsgipfel", was neue UN-Konventionen, internationale Verträge oder auch Waffenstillstände, was immer neue Gesetze, wenn ein Großteil der Verantwortlichen gar nicht daran denkt, sie auch einzuhalten, sondern ständig genügend Mittel und Wege findet, um verantwortungslos die eigenen oder kollektiven, lokalen, regionalen oder nationalen Interessen durchzusetzen? "Quid leges sine moribus", heißt ein römisches Dictum: was sollen Gesetze ohne Sitten?

Gewiss: Alle Staaten der Welt haben eine Rechtsordnung, aber in keinem Staat der Welt wird sie funktionieren ohne einen ethischen Konsens, ohne ein Ethos ihrer Staatsbürger und Staatsbürgerinnen, aus dem der demokratische Rechtsstaat lebt. Gewiss: Auch die internationale Staatengemeinschaft hat bereits transnationale, transkulturelle, transreligiöse Rechtsstrukturen geschaffen (ohne die internationale Verträge ja purer Selbstbetrug wären); was aber ist eine Weltordnung ohne ein – bei aller Zeitgebundenheit – verbindendes und verbindliches Ethos für die gesamte Menschheit, ohne ein Minimum gemeinsamer humaner Werte, Grundhaltungen und Maßstäben, ohne eine "global ethic", ein Weltethos (nicht eine Welt-Ethik im Sinn eines Systems, sondern ein Welt-Ethos im Sinn der inneren sittlichen Grundhaltung)?

Nicht zuletzt der Weltmarkt mit seiner global verfügbaren Technologie erfordert ein Weltethos. Räume mit schlechthin unterschiedlicher oder gar in zentralen Punkten widersprüchlicher Ethik wird sich die Weltgesellschaft im Zeitalter weltweiter Kommunikationsnetze weniger denn je leisten können. Was nützen ethisch fundierte Verbote in dem einen Land, wenn sie durch Ausweichen in andere Länder unterlaufen werden können? Ethos, wenn es zum Wohle aller funktionieren soll, muss unteilbar sein. Die ungeteilte Welt braucht zunehmend das ungeteilte Ethos! Die Menschheit braucht in Zukunft mehr denn je gemeinsame Ziele, Ideale, Visionen, Werte, Maßstäbe.

Aber die große Frage ist: Woher nehmen wir diese Werte und Maßstäbe, die uns leiten und, wo nötig, in die Schranken verweisen? Von den Naturwissenschaften? Von den Philosophie? Es ist heute die Überzeugung vieler: Die von Naturwissenschaft und Technologie produzierten Übel können nicht einfach durch noch mehr Naturwissenschaft und Technologie geheilt werden. Gerade Naturwissenschaftler und Techniker betonen es heute: Naturwissenschaftliches und technologisches Denken ist zwar fähig, ein traditionelles, wirklichkeitsfremd gewordenes Ethos zu zerstören; und vieles, was sich in der Moderne an Immoralismus und auch Umweltschäden breit gemacht hat, ist ja nicht Resultat bösen Willens, sondern ungewolltes "Nebenprodukt" von Industrialisierung, Urbanisierung, Säkularisierung , wenn man will: organisierter Verantwortungslosigkeit. Aber modernes naturwissenschaftliches und technologisches Denken hat sich von Anfang an als unfähig erwiesen (und die Diskussion um das Nachhaltigkeitsprinzip bestätigt dies), universale Werte, Menschenrechte, ethische Maßstäbe zu begründen.

Und die Philosophie? Besonders seit den 80er Jahren kümmert sich auch die deutsche Philosophie sich wieder mehr um das Ethos und damit um die rationale

Begründung einer allgemein verbindlichen Ethik. Und selbstverständlich ist jeder philosophische Beitrag zu einem Weltethos hochwillkommen. Angesichts so vieler hochkomplexer Probleme sieht sich ja jedes konkrete Handeln immer wieder mit ausgesprochenen Konfliktsituationen und Pflichtenkollisionen konfrontiert – im individuellen wie im sozialen und politischen Bereich; selten ist eine Situation so eindeutig, dass es für eine sittliche Entscheidung nicht auch Gegengründe gibt. Was soll man da tun?

6. Vorzugs- und Sicherheitsregeln

Sowohl für den einzelnen Menschen (zum Beispiel Wissenschaftler) wie für die Institutionen (z. B. Wissenschaften, Forschungsinstitute, Industrieunternehmungen) geht es im konkreten Fall um eine oft sehr schwierige Güterabwägung (z. B. im individuellen Bereich: das Leben der Mutter oder das Leben des ungeborenen Kindes; im sozialen Bereich: die Arbeitsbeschaffung oder die Umweltgefährdung). Um die Wahl, die angesichts der Globalität der Auswirkungen und der unerhörten Geschwindigkeit der Veränderungen sehr viel schwieriger geworden ist, zu erleichtern, hat heutige rationale Ethik eine ganze Reihe von Vorzugs- und Sicherheitsregeln entwickelt, die auch für die Technikfolgenabschätzung wichtig sind und von denen ich hier einige wichtige, knapp formuliert (im Anschluss an den Tübinger Ethiker Dietmar Mieth), wiedergebe:

(1) **Problemlösungsregel**: Kein wissenschaftlicher oder technologischer Fortschritt, der, realisiert, größere Probleme als Lösungen schafft! Beispiel: Bekämpfung von Krankheiten durch die technische Verwertung menschlicher Föten.

(2) **Beweislastregel**: Wer eine neue wissenschaftliche Erkenntnis vorträgt, eine bestimmte technologische Innovation befürwortet, eine gewisse industrielle Produktion in Gang setzt, hat selber nachzuweisen, dass sein Unternehmen weder sozialen noch ökologischen Schaden verursacht. Beispiel: eine Industrieansiedlung oder eine Aussetzung gentechnisch veränderter Pflanzen, Bakterien und Viren (als Schädlingsbekämpfungsmittel) außerhalb des Labors im Freiland.

(3) **Gemeinwohlregel**: Das Gemeinwohlinteresse hat Vorrang vor dem Individualinteresse – solange (gegen das faschistische "Gemeinnutz geht vor Eigennutz"!) die Personwürde und die Menschenrechte gewahrt bleiben. Beispiel: stärkere Förderung der Präventive statt der Reparaturmedizin.

(4) **Dringlichkeitsregel**: Der dringlichere Wert (Überleben eines Menschen oder der Menschheit) hat Vorrang vor dem an sich höheren Wert (Selbstverwirklichung eines Menschen oder einer bestimmten Gruppe).

(5) **Ökoregel**: Das Ökosystem, das nicht zerstört werden darf, hat Vorrang vor dem Soziosystem (Überleben ist wichtiger als Besserleben).

(6) **Reversibilitätsregel**: In technischen Entwicklungen haben umkehrbare Entwicklungen Vorrang vor unumkehrbaren: nur so viel Irreversibilität wie unabdingbar notwendig. Beispiel: Genchirurgische Eingriffe können das ganze genetische Informationssystem eines Menschen verändern, die genetische Veränderung von Keimbahnzellen kann schicksalhafte Auswirkungen auf kommende Generationen haben.

Freilich lässt sich nicht übersehen: Auch die Philosophie tut sich notorisch schwer mit der Begründung einer für größere Bevölkerungsschichten praktikablen und vor allem einer unbedingt und allgemein verbindlichen Ethik. Nicht wenige Philosophen verzichten deshalb lieber auf universale Normen und ziehen sich auf die Üblichkeiten der verschiedenen Lebenswelten und Lebensformen zurück. Solcher "Regionalismus" freilich ist in Gefahr, die Lebens- und Praxisferne der Philosophie zu verstärken – angesichts der Tatsache, dass die heutige Umweltkrise nicht mehr wie alle Umweltkrisen zuvor eine Regionalkrise (wie etwa die Abholzung und Verkarstung der Mittelmeerländer) ist, sondern eben eine globale Krise: weltweite Entwaldung, weltweite Luft- und Wasserschadstoffe und Belastung der Atmosphäre mit Treibhausgasen usw. Ob angesichts unserer immensen globalen Zukunftssorgen alle nur regionalen Rationalitäten und Plausibilitäten nicht zu kurz greifen und Fixierungen auf regionale oder nationale Belange um des großen Ganzen willen nicht immer wieder aufgebrochen werden müssen?

Doch auch für eine durchaus universal angelegte "Diskursethik", wie sie K. O. Apel und J. Habermas vertreten und die mit Recht die Bedeutung des rationalen Diskurses und Konsenses betont, stellt sich das Problem: Warum Diskurs und Konsens bevorzugen und nicht die gewaltsame Auseinandersetzung? Impliziert der Diskurs wirklich schon eine Moral oder kann nicht auch er missbraucht werden? Wie also soll die Vernunft allein die Unbedingtheit und Universalität ihrer Normen begründen? Wie soll sie das können, nachdem sie nach Nietzsche nicht mehr auf einen quasi angeborenen "kategorischen Imperativ" (Kant) zurückgreifen kann? Bisher, so scheint es, sind philosophische Begründungen unbedingt verbindlicher und allgemeingültiger Normen kaum über problematische Verallgemeinerungen und transzendental-pragmatische oder utilitaristisch-pragmatische Modelle hinausgekommen. Sie berufen sich zwar (mangels einer übergreifenden Autorität) auf eine ideale Kommunikationsgemeinschaft, bleiben jedoch nicht nur für den Durchschnittsmenschen in der Regel viel zu abstrakt. Trotz behaupteter transzendentaler "Letztverbindlichkeit" scheinen sie keine allgemein einleuchtende unbedingte Verbindlichkeit aufzuweisen. Warum schon soll ich unbedingt, und warum soll gerade ich? Wer auf ein transzendentes Prinzip verzichten will, muss einen weiten Weg horizontaler Kommunikation gehen, um am Ende möglicherweise festzustellen, er sei nur im Kreis herum gegangen.

Philosophische Modelle versagen leicht gerade dort, wo von Menschen im konkreten Fall – gerade im Blick auf künftige Generationen – ein Handeln gefordert ist, das keineswegs ihrem Nutzen oder ihrer Kommunikation dient, das von ihnen vielmehr ein Handeln gegen ihre Interessen, ein "Opfer" verlangen kann? Philosophie ist mit dem "Appell an die Vernunft" rasch am Ende, wo ethische Selbstverpflichtung "weh" tut oder ökologische "Selbstbeschränkung" (H. Jonas) gefordert wird. Wie kann man das ausgerechnet von mir verlangen? "Alle wollen, aber keiner tut etwas", formuliert Ortwin Renn zugespitzt, "hohes Umweltbewusstsein, aber wenig umweltbewusstes Handeln".

7. Das Motivationsproblem

Gewiss, mit bestimmten Regeln kann auch eine rationale Ethik ganz bestimmte Haltungen und Lebensstile empfehlen: Selbstbegrenzung etwa, Friedensfähigkeit, Verteilungsgerechtigkeit, Lebensförderlichkeit... Aber je konkreter man wird, um so mehr stellen sich Fragen (1) nach der sittlichen Motivation, (2) nach dem Grad der Verbindlichkeit, (3) nach der allgemeinen Gültigkeit und (4) nach der letzten Sinnhaftigkeit von Normen überhaupt.

Bezüglich einer Langzeitverantwortung gegenüber kommenden Generationen und der Natur stellt sich die Frage nach der Motivation mit besonderer Schärfe. Und man wird dies vermutlich auch bezüglich der anderen drei obigen Fragen – Grad der Verbindlichkeit, allgemeine Gültigkeit und letzte Sinnenhaftigkeit von Normen – sagen müssen. Wenn alles gegen die Praktikabilität der Zukunftsverantwortung spricht (vor allem wegen der Unmöglichkeit einer Kompensation ethisch motivierter Vorleistungen durch entsprechende Gegenleistungen, wegen der Anonymität des Zukünftigen und schließlich wegen der Unsicherheit unseres prognostischen Wissens), dann stellt sich erst recht die Frage: Woher soll die Motivation zur Zukunftsethik, zur Langzeitverantwortung gegenüber späteren Generationen und der Natur kommen?

Auch heute diskutierte politische Maßnahmen wie etwa Ombudsmänner (auf lokaler, regionaler, nationaler und internationaler Ebene) für zukünftige Generationen oder entsprechende UN-Kommissionen, mögliche Verbandsklagen vor einem Weltgerichtshof usw. setzen eine Bewusstseinsänderung voraus. Es käme darauf an, ein Bewusstsein der eigenen zeitlichen Position in der Kette der Generationen zu entwickeln und Generationen übergreifendes Gefühl der Gemeinschaft wenn nicht mit der ganzen Menschheit, so doch mit einer begrenzten kulturellen, nationalen oder regionalen Gruppe auszubilden; aus solcher Bewusst-seinsänderung lässt sich eine doppelte Einstellung gewinnen, nämlich "eine Einstellung in Dankbarkeit in rückwärtiger und der Anerkennung von Vorsorgeverpflichtungen in zukünftiger Richtung".

Doch woher soll zu einem solchen Zukunftsethos die unbedingte und universale Verpflichtung herkommen? Könnten da nicht vielleicht doch, so frage ich mich, die Religionen – viel gelobt und viel geschmäht – helfen, die ja nun einmal seit Jahrhunderten, ja, Jahrtausenden zuständig sind für das Ethos der Menschheit, die Religionen, die ja zuallermeist einen Sinn haben für die "Kette der Generationen", für die Dimension der Dankbarkeit im Rückblick und die Dimension der Erwartung und Vorsorge im Blick auf die Zukunft. Auch die Frage der Unbedingtheit und Universalität des Ethos ließe sich vielleicht von daher leichter beantworten. Deshalb nochmals die Frage:

8. Woher Unbedingtheit und Universalität des Ethos?

Um eine falsche Diskussion von vorneherein zu vermeiden, betone ich, was ich verschiedentlich breit ausgeführt habe: Auch ohne Religion kann ein Mensch ein menschliches, also humanes und in diesem Sinn moralisches Leben führen; eben dies ist Ausdruck der innerweltlichen Autonomie des Menschen. Es gibt ein ethisch verantwortetes Leben auch ohne Religion. Auch Menschen ohne Religion können ethisch hoch engagiert sein.

Und doch meine ich gleichzeitig sagen zu müssen: Eines kann der Mensch ohne Religion nicht, selbst wenn er faktisch für sich unbedingte sittliche Normen annehmen sollte: die Unbedingtheit und Universalität ethischer Verpflichtung begründen. Ungewiss bleibt: Warum soll ich unbedingt, also in jedem Fall und überall, solche Normen befolgen – selbst da, wo sie meinen Interessen völlig zuwiderlaufen? Und warum sollen dies alle tun, alle Schichten und Nationen, alle Rassen und Klassen? Denn was ist ein Ethos letzthin wert, wenn es nicht ohne alles Wenn und Aber gilt: bedingungslos, nicht hypothetisch, sondern "kategorisch" (Kant)?

Aus den endlichen Bedingtheiten des menschlichen Daseins, aus menschlichen Dringlichkeiten und Notwendigkeiten lässt sich ein unbedingter Anspruch, ein "kategorisches" Sollen nicht ableiten. Und auch eine verselbständigte abstrakte "Menschennatur" oder "Menschenidee" (als Begründungsinstanz) dürfte kaum zu irgend etwas unbedingt verpflichten. Selbst eine "Überlebenspflicht der Menschheit" ist rational kaum schlüssig zu erweisen. Zu Recht hat Hans Jonas in seinem Werk zur Verantwortungsethik angesichts des Apokalypse-fähigen Potentials der Atom- oder Gentechnik die grundlegende Frage gestellt, mit der die

Ethik bisher nicht konfrontiert war: ob und warum es denn eine Menschheit geben, ihr genetisches Erbe respektiert werden, ja warum es überhaupt Leben geben soll.

Es weist Hans Jonas als radikalen Denker aus, dass er bis auf diese Wurzelfrage vorgestoßen ist und dabei die Mühe offen eingesteht, die es philosophisch braucht, damit man auch nur den ersten Imperativ einer Überlebensethik rational zu begründen vermag: "dass eine Menschheit sei", dass es keinem Staatsmann erlaubt sei, ein "Vabanque-Spiel mit der Menschheit" zu treiben und ein – möglicherweise verdientes – "Ende der Menschheit" zu wollen. Ja, der Philosoph Jonas gesteht hier die Grenzen der Philosophie ein, auch wenn er sie nur ungern akzeptiert: Dass "die Menschheit das Recht zum Selbstmord nicht" habe, sei "gar nicht leicht und vielleicht ohne Religion überhaupt nicht zu begründen". Die "unbedingte Pflicht der Menschheit zum Dasein" und so "die Pflicht ... zur Fortpflanzung überhaupt" könne nicht auf ein fremdes Recht zurückgeführt werden, da es dafür kein Rechtssubjekt gäbe – "es sei denn ein(es) Recht(es) des Schöpfergottes gegen seine Geschöpfe, denen mit der Verleihung des Daseins diese Fortsetzung seines Werkes anvertraut wurde".

Ich kann Hans Jonas nur zustimmen, wenn er sagt, "dass religiöser Glaube hier schon Antworten hat, die die Philosophie erst suchen muss, und zwar mit unsicherer Aussicht auf Erfolg". Ich stimme ihm auch zu, wenn er sagt: "Der Glaube kann also sehr wohl der Ethik die Grundlage liefern, ist aber selber nicht auf Bestellung da." Nur bin ich anders als Jonas der Meinung, dass dieser Gottesglaube durchaus nicht "abwesend" ist, sondern heute sogar wieder öffentlich präsent, dass Religion nicht wie in der Moderne "diskreditiert", sondern jetzt in der Nach-Moderne, vernünftig verantwortet, wieder neu glaubwürdig werden kann.

Wir sind hier am entscheidenden Punkt unserer ganzen Überlegungen. Ich frage provokativ: Warum soll – vorausgesetzt man geht selber kein Risiko ein – ein Verbrecher seine Geiseln nicht töten, ein Diktator sein Volk nicht vergewaltigen, eine Wirtschaftsgruppe einen tropischen Regenwald nicht umholzen, eine Nation einen Krieg um vermutete Öl- und Goldvorräte willen nicht anfangen, wenn das nun einmal im ureigensten Interesse liegt und es keine transzendente Autorität gibt, die unbedingt für alle gilt? Warum sollen sie alle unbedingt anders handeln? Reicht da der "Appell an die Vernunft" (die "Menschennatur", die "Humanität"), mit deren Hilfe man so oft das eine wie dessen Gegenteil begründen kann?

Die Religionen berufen sich hier auf eine Wirklichkeit, welche die Philosophen heutzutage zumeist schamhaft oder verlegen aussparen, obwohl die große Philosophie von den Vorsokratikern und den frühen indischen Denkern bis Kant, Hegel, Kierkegaard und sogar Nietzsche um dieses Eine gekreist ist: Das eine Absolute, das einen übergreifenden Sinn zu vermitteln vermag und das den einzelnen Menschen, auch die Menschennatur, ja, die gesamte menschliche Gemeinschaft, die Kette der Generationen in Vergangenheit, Gegenwart und eben auch Zukunft umfasst und durchwaltet. Dieses Absolute ist kein Staat, keine Partei, keine Kirche und kein Führer, sondern ist die letzte, höchste Wirklichkeit selbst, die zwar nicht rational bewiesen, aber in einem vernünftigen Vertrauen angenommen werden kann – wie immer sie in den verschiedenen Religionen genannt, verstanden und interpretiert wird.

Zumindest für die prophetischen Religionen, Judentum, Christentum und Islam, ist dies das einzig Unbedingte in allem Bedingten, das allein die Unbedingtheit und Universalität ethischer Forderungen begründen kann. Dieser Urgrund, Urhalt, dieses Urziel des Menschen und der Welt, das wir mit dem missverständlichen Wort Gott benennen, bedeutet für den Menschen keine Fremdbestimmung. Im Gegenteil: Solche Begründung, Verankerung und Ausrichtung eröffnen die Möglichkeit zu einem wahren Selbst-Sein und Selbst-Handeln des Menschen, ermöglichen Selbst-Gesetzgebung und Selbst-Verantwortung. Richtig verstanden ist Theonomie also nicht Heteronomie, sondern Grund, Garantie, aber auch Grenze menschlicher Autonomie, die ja nie zu menschlicher Willkür entarten darf. Wer es will, kann es erfahren: Nur die Bindung an ein Unendliches schenkt Freiheit gegenüber allem Endlichen. Insofern kann man verstehen, dass man nach den Unmenschlichkeiten der Nazizeit in der Präambel des Grundgesetzes der Bundesrepublik Deutschland die doppelte Dimension der Verantwortung (vor wem und für wen?) festgehalten hat und meines Erachtens auch weiterhin festhalten soll: die "Verantwortung vor Gott und den Menschen". Aber Weltethos durch die Religionen – ist das nicht ein Widerspruch? Ich kann dazu nur in knappen zusammenfassenden Sätzen Stellung nehmen.

9. Ein Weltethos: Herausforderungen und Antworten

(1) Wir leben in einer Welt und Zeit, da wir neue gefährliche Spannungen und Polarisierungen beobachten zwischen Gläubigen und Nichtgläubigen, kirchlich Gebundenen und Säkularisten, Klerikalen und Antiklerikalen – nicht nur in Russland, Polen und Ostdeutschland, sondern auch in Frankreich, in Algerien und in Nordamerika …

Auf diese Herausforderung antworte ich: Es wird kein Überleben der Demokratie geben ohne eine Koalition von Gläubigen und Nichtgläubigen in gegenseitigem Respekt!

Aber, viele werden mir sagen: Leben wir nicht in einer Periode neuer kultureller Konfrontationen? Wahrhaftig:

(2) Wir leben in einer Welt und Zeit, da die Menschheit bedroht ist von einem "Clash of Civilizations" (S. Huntington), einem Zusammenprall der Zivilisationen, zum Beispiel zwischen muslimischer oder konfuzianischer Zivilisation und westlicher Zivilisation. Wir sind freilich nicht so sehr bedroht durch einen neuen Weltkrieg, wohl aber durch alle möglichen Konflikte zwischen zwei Ländern oder in einem Land, in einer Stadt, gar in einer Straße oder Schule. Auf diese Herausforderung antworte ich: Es wird keinen Frieden zwischen den Zivilisationen geben ohne einen Frieden unter den Religionen!

Aber manche werden fragen: Sind es nicht gerade die Religionen, die so oft Hass, Feindschaft und Krieg inspirieren und legitimieren? Wahrhaftig:

(3) Wir leben in einer Welt und Zeit, da der Friede in vielen Ländern bedroht ist durch alle möglichen Arten von religiösem Fundamentalismus, christlich, muslimisch, jüdisch, buddhistisch oder hindu, ein Fundamentalismus, der sehr oft nicht so sehr in der Religion wurzelt als im sozialen Elend, in der Reaktion auf den westlichen Säkularismus und im Bedürfnis nach einer Grundorientierung im Leben.

Auf diese Herausforderung antworte ich: Es wird keinen Frieden zwischen den Religionen geben ohne einen Dialog zwischen den Religionen!

Doch viele werden mir entgegenhalten: Gibt es nicht so viele dogmatische Differenzen und Hindernisse zwischen den verschiedenen Religionen, die einen wirklichen Dialog zu einer naiven Illusion machen? Wahrhaftig:

(4) Wir leben in einer Welt und Zeit, da bessere Beziehungen zwischen den Religionen oft blockiert sind durch alle möglichen Dogmatismen, die sich nicht nur in der römisch-katholischen Kirche, sondern in allen Kirchen, Religionen und Ideologien finden können.

Auf diese Herausforderung antworte ich: Es wird keine neue Weltordnung geben ohne ein neues Weltethos, ein globales oder planetarisches Ethos trotz aller dogmatischen Differenzen.

Doch manche werden fragen: Was soll denn genau die Funktion eines solchen Weltethos sein? Auf diese Herausforderung antworte ich: Ein globales Ethos ist nicht eine neue Ideologie oder Superstruktur; es will das spezifische Ethos der verschiedenen Religionen und Philosophien nicht überflüssig machen; es ist also kein Ersatz für die Tora, die Bergpredigt, den Koran, die Bagavadghita, die Reden des Buddha oder die Sprüche des Konfuzius. Das eine Weltethos meint keine einzige Weltkultur, erst recht nicht eine einzige Weltreligion.

Positiv gesagt: Globales Ethos, ein Weltethos ist nichts anderes als das notwendige Minimum gemeinsamer humaner Werte, Maßstäbe und Grundhaltungen. Oder noch genauer: Das Weltethos ist der Grundkonsens bezüglich verbindlicher Werte, unwiderruflicher Maßstäbe und Grundhaltungen, die von allen Religionen trotz ihrer dogmatischen Differenzen bejaht, ja, auch von Nichtgläubigen mitgetragen werden können.

Ein solcher Konsens wird ein entscheidender Beitrag sein, um die Orientierungskrise zu überwinden, die zu einem wirklichen Weltproblem von Europa und Amerika bis nach Russland und China geworden ist und die auch jeglichen Konsens bezüglich der Motivation einer nachhaltigen Entwicklung zu lähmen droht. Nach der Ermordung eines zweijährigen Kindes durch zwei zehnjährige Kinder in Liverpool vor kurzer Zeit hat sich selbst "Der Spiegel" in einer Titelgeschichte beklagt über den "Orientierungsdschungel" und eine in der Kulturgeschichte beispiellose Enttabuisierung: "Die jüngste Generation muss mit einer Werteverwirrung zurechtkommen, deren Ausmaß kaum abzuschätzen ist. Klare Maßstäbe für Recht und Unrecht, Gut und Böse, wie sie in den fünfziger und sechziger Jahren von Eltern und Schulen, Kirchen und manchmal auch von Politikern vermittelt wurden, sind für sie kaum noch erkennbar".

Es ist deshalb von größter Bedeutung, auch im Hinblick auf die ethische Basis der Forderung einer Langzeitverantwortung gegenüber kommenden Generationen und der Natur, jenes Dokument zu studieren, das zum ersten Mal in der Religionsgeschichte einen solchen minimalen Basiskonsens der verschiedenen Religionen bezüglich der Werte, Maßstäbe und Verfahrensweisen formuliert: Die "Erklärung zum Weltethos", die das Parlament der Weltreligionen am 4. September 1993 in Chicago verabschiedet hat; der Dalai Lama hat sie ebenso unterschrieben wie der Kardinal Erzbischof von Chicago, Rabbiner ebenso wie führende Muslime, Buddhisten, Hindus und Vertreter auch zahlenmäßig kleiner Religionen.

10. Die "Erklärung" des Parlamentes der Weltreligionen

Dieser Text geht von der Grundeinsicht aus: Keine neue Weltordnung ohne ein Weltethos! Hier wird eine ganz praktische Antwort gegeben auf die von Ortwin Renn aufgeworfene Frage, ob es uns gelingen könne, "in unserer pluralistischen Wert- und Weltordnung allgemein verbindliche kulturelle Normen zu verankern". Dieses Dokument fundiert die ethischen Weisungen in der Grundforderung: Jeder Mensch (ob weiß oder farbig, Mann oder Frau, reich oder arm) muss menschlich behandelt werden. Dabei geht die Erklärung über diese nur scheinbar selbstverständliche Forderung noch hinaus durch eine zweite Grundforderung, jene "Goldene Regel", die sich seit Jahrtausenden in vielen religiösen und ethischen Traditionen der Menschheit findet und die sich bewährt hat: "Was du nicht willst, das man dir tut, das tue auch keinem anderen!" Diese Regel wird als die "unverrückbare, unbedingte Norm für alle Lebensbereiche" angesehen, "für Familien und Gemeinschaften, für Rassen, Nationen und Religionen. "

Auf diesem Fundament werden "vier unverrückbare Weisungen" aufgebaut. Alle Religionen können bejahen.

1. Verpflichtung auf eine Kultur der Gewaltlosigkeit und der Ehrfurcht vor allem Leben (die uralte Weisung: "Du sollst nicht töten" oder: "Hab Ehrfurcht vor dem Leben! ").

2. Verpflichtung auf eine Kultur der Solidarität und eine gerechte Wirtschaftsordnung (die uralte Weisung: "Du sollst nicht stehlen" oder: "Handle gerecht und fair! ").

3. Verpflichtung auf eine Kultur der Toleranz und ein Leben in Wahrhaftigkeit (die uralte Weisung: "Du sollst nicht lügen" oder: "Rede und handle wahrhaftig! ").

4. Verpflichtung auf eine Kultur der Gleichberechtigung und die Partnerschaft von Mann und Frau (die uralte Weisung: "Du sollst nicht Unzucht treiben" oder: "Achtet und liebet einander! ").

Direkt auf unsere Problematik einer nachhaltigen Entwicklung beziehen sich Passagen, welche die erste und zweite unverrückbare Weisung konkretisieren: die "Verpflichtung auf eine Kultur der Gewaltlosigkeit und der Ehrfurcht vor allem Leben" sowie "Verpflichtung auf eine Kultur der Solidarität und eine gerechte Wirtschaftsordnung". Von Vertretern aller Religionen wurden folgende Sätze bejaht:

– "Die menschliche Person ist unendlich kostbar und unbedingt zu schützen. Aber auch das Leben der Tiere und Pflanzen, die mit uns diesen Planeten bewohnen, verdient Schutz, Schonung und Pflege. Hemmungslose Ausbeutung der natürlichen Lebensgrundlagen, rücksichtslose Zerstörung der Biosphäre, Militarisierung des Kosmos sind ein Frevel. Als Menschen haben wir – gerade auch im Blick auf künftige Generationen – eine besondere Verantwortung für den Planeten Erde und den Kosmos, für Luft, Wasser und Boden. Wir alle sind in diesem Kosmos miteinander verflochten und voneinander abhängig. Jeder von uns hängt ab vom Wohl des Ganzen. Deshalb gilt: Nicht die Herrschaft des Menschen über Natur und Kosmos ist zu propagieren, sondern die Gemeinschaft mit Natur und Kosmos zu kultivieren. "

– "Wenn sich die Lage der ärmsten Milliarde Menschen auf diesem Planeten, darunter besonders die der Frauen und Kinder, entscheidend verändern soll, so müssen die Strukturen der Weltwirtschaft gerechter gestaltet werden. Individuelle Wohltätigkeit und einzelne Hilfsprojekte, so unverzichtbar sie sind, reichen nicht aus. Es braucht die Partizipation aller Staaten und die Autorität der internationalen Organisationen, um zu einem gerechten Ausgleich zu kommen.

VII. Schlusswort

Umsetzung der Nachhaltigkeit bringt nachhaltigen Wohlstand

Martin Bartenstein

"Die Zukunft zu entwerfen ist die wichtigste und schwierigste Aufgabe des Menschen" meinte im Jahr 1981 Aurelio Peccei, der Gründer des Club of Rome. Spätestens nach der zweiten Erdölkrise wurde vielen Menschen zunehmend bewusst, dass ein Ende des stetigen Wirtschaftswachstums gekommen war.[1] Die Weltgemeinschaft hatte zur Kenntnis zu nehmen, dass neue Wege zur Sicherstellung von Harmonie zwischen Wirtschaftswachstum, Ressourcenschonung und sozialer Ausgewogenheit beschritten werden mussten.

Die internationale Politik als Basis für nationale Entscheidungen

Auf internationaler Ebene stellten die Vereinten Nationen das Thema "Umwelt" 1972 auf der Konferenz in Stockholm erstmals in den Mittelpunkt eines umfassenden, globalen Diskurses. Aber erst 20 Jahre später wurde Umwelt auf der Konferenz in Rio de Janeiro - ebenso wie andere Bereiche - mit dem Begriff der "nachhaltigen Entwicklung" in direkten Zusammenhang gebracht. Die teilnehmenden Staaten sahen einen dringenden Handlungsbedarf und beschlossen das Aktionsprogramm Agenda 21. Dieses ist zwar nicht völkerrechtlich verbindlich, beinhaltet jedoch die wesentlichen Eckpunkte für effizientes Ressourcenmanagement. Die Agenda 21 reflektiert einen globalen gemeinsamen Willen und eine politische Verpflichtung zur Zusammenarbeit hinsichtlich Entwicklung und Umwelt. Die Verantwortung der Umsetzung wurde hauptsächlich den Regierungen zugeschrieben.

Leider hielt die Euphorie von Rio nicht lange an. Die Verhandlungen der im letzten Jahrzehnt abgehaltenen internationalen Konferenzen zu wichtigen umweltrelevanten Themen wurden teilweise verzögert. So wurden beispielsweise wesentliche Verträge (zum Beispiel der Kyoto-Vertrag) teilweise nicht ratifiziert oder nicht umgesetzt. Die allgemeine Weltlage seit Rio im Jahre 1992 hat sich stark geändert. Die Euphorie für Umweltanliegen und das Ende des Kalten Krieges beherrschten den Zeitgeist. Aber die schlechte Weltwirtschaftslage und die wachsende Gefahr des Terrorismus führten auf der Konferenz in Johannesburg 2002 zu einer weitaus pessimistischeren Ausgangslage. So wurden in Johannes-

---

1 Die Zukunft in unserer Hand, Aurelia Peccei, Verlag Fritz Molden, Wien, S. 23.

burg zwar eine Politische Resolution und ein Umsetzungsplan beschlossen. Es wurden jedoch keine neuen Vorschläge für internationale Umweltverträge vorgelegt. Umweltanliegen verloren in dieser Zeit eines unsicheren Wirtschaftsklimas und der allgemeinen Gefahren an Gewicht. Daher standen Themen wie Armutsbekämpfung, Zugang zur Bildung, zu sauberem Trinkwasser als Themen etc. auf der Tagesordnung. In der Politischen Resolution wurde von den Staats- und Regierungschefs die globale Governance – die politische Weltordnung – als Voraussetzung zur Erreichung der Milleniums-Ziele und der Agenda 21 unterstrichen. Weitere Meilensteine wurden erreicht, indem die Ergebnisse der WTO-Konferenz von Doha[2] und der UN-Entwicklungskonferenz von Monterrey[3] Bestandteil des Rio-Prozesses miteinbezogen wurden. Im Gegensatz zu Rio wurde explizit anerkannt, dass die Regierungen nicht allein vermögen, ihre Verpflichtungen einzuhalten. Der Wirtschaft und der Zivilgesellschaft werden Schlüsselrollen im wirtschaftlichen Wachstums- und Wohlstandsfragen zugewiesen, um Armut und Umweltzerstörung zu bekämpfen.

Der in Johannesburg 2002 beschlossene Umsetzungsplan beinhaltet insbesondere die Bekräftigung der Agenda 21 und die Schwerpunktthemen Armutsbekämpfung, Energie, Wasser, nachhaltige Konsummuster oder Schutz der Artenvielfalt. Er soll nicht isoliert von anderen Verpflichtungen der Regierungen gesehen werden. Um eine zielgerichtete Umsetzung zu fördern, ist der Vorschlag des Round Table über nachhaltige Entwicklung bei der OECD unter dem Vorsitzenden Right Honourable Simon D. Upton, ehemaliger Umweltminister von Neuseeland, begrüßenswert. Dementsprechend mögen Untergruppen der UN-Kommission für nachhaltige Entwicklung eingerichtet werden, die Projekte zur raschen Lösung von Problemen mit notwendiger Flexibilität ausarbeiten.

Derzeit werden weltweit neben der weiteren Umsetzung der Lokalen Agenda 21 die ersten Umsetzungsschritte bezüglich der einzelnen nationalen Nachhaltigkeitsstrategien unternommen.

Die Umsetzung von Rio und Johannesburg in Österreich

In Österreich wurde im Auftrag von Bundeskanzler Dr. Schüssel unter der Führung des Bundesministers für Land- und Forstwirtschaft, Umwelt und Wasserwirtschaft in breiter Diskussion eine Nationale Nachhaltigkeitsstrategie erarbeitet; diese wurde im April 2002 vom Ministerrat mit den ersten Umsetzungsmaß-

---

2 Unter anderem wurde eine engere Integration der Entwicklungsländer in das Handelssystem zum Ziel gesetzt.
3 0,7 % des BNE an staatlicher Entwicklungshilfe wurden als Zielsetzung festgelegt.

nahmen beschlossen. Für das Jahr 2003 wurde ein Arbeitsprogramm zur Umsetzung der Strategie vorgelegt, welches wieder von der gesamten Regierung getragen wird.

In der Nationalen Nachhaltigkeitsstrategie wurden daher vier Handlungsfelder identifiziert. Neben Lebensqualität, Lebensräumen und Österreichs internationale Verantwortung wird dabei auch ein dynamischer Wirtschaftsstandort angestrebt. Ein solcher soll den heutigen und künftigen Generationen ein qualitatives und vom Ressourcendurchsatz entkoppeltes Wirtschaftswachstum mit mehr und besseren Arbeitsplätzen, soziale Sicherheit sowie eine gesunde und intakte Umwelt langfristig sichern. Die in Österreich bislang erzielten Erfolge sind insbesondere dem Modell der Ökosozialen Marktwirtschaft, dem sich alle politischen Entscheidungsträger verschrieben haben, zu verdanken.

Das Ergebnis dieser Politik spiegelt sich im Rahmen einer neuen mathematischen Theorie, wie es Prof. Radermacher in seinem Kapitel erklärt. Durch den Vergleich der niedrigsten mit den durchschnittlichen Einkommen lässt sich der Grad an sozialem Ausgleich angenähert über einen Equity-Parameter beschreiben. Österreich liegt mit einem Equity-Faktor von 1:1,54 (64,9 Prozent) an der Spitze dieses Parameters. Dies bedeutet, dass in Österreich die 30 ärmsten Prozent über 20,7 Prozent des Gesamteinkommens ihres Landes verfügen. In Brasilien beispielsweise verfügen die ärmsten 30 Prozent lediglich über 9,2 Prozent des Gesamteinkommens.

Um das hohe Niveau des sozialen Friedens, das sich im Übrigen auch in einer besonders niedrigen Streikquote manifestiert, auch in Zukunft zu gewährleisten, müssen die politischen Rahmenbedingungen an die sich ständig ändernden Verhältnisse angepasst werden. Stellvertretend für die die Vielzahl notwendiger Maßnahmen in allen Politik- und Lebensbereichen werden im Folgenden einige für die nachhaltige Entwicklung besonders wichtige Eckpfeiler dargestellt.

Forschung und Innovation – der Schlüssel zur ressourceneffizienten Dienstleistungsgesellschaft

Eine volkswirtschaftliche Neuordnung mit bewusster Ausrichtung auf Ressourceneffizienz, wie im Modell Faktor IV von Prof. Weizsäcker favorisiert, spart nicht nur Ressourcen; sie schafft auch ein hohes Potenzial für neue Dienstleistungen. Neue Logistiksysteme, wie die Ergänzung der Transportlogistik um die Transport- und Sortierschiene für die bereits gebrauchten Güter, führen zur sortenreinen Sammlung von Altstoffen, zum Recyceln und schaffen darüber hinaus neue Arbeitsplätze.

Ein hervorragendes Beispiel für den Einsatz moderner Techniken zur Ressourcenschonung finden wir im Modell des Energie Contracting. Dabei handelt es sich um ein umfassendes Dienstleistungspaket zur Senkung des Energieeinsatzes in Gebäuden. Beim Einspar-Contracting werden bestimmte Leistungen von der Planung bis zum Betrieb von Heizungsanlagen für eine bestimmte vertraglich festgesetzte Laufzeit vom Auftragnehmer übernommen. Die Vorfinanzierung erfolgt durch den Auftragnehmer. Bezahlt wird über die Einsparung aufgrund der Energiekostenreduzierung. Die Reduktion von einigen hundert Tonnen CO_2-Emissionen pro Projekt steht einer Energiekosteneinsparung von durchschnittlich 25 bis 50 Prozent gegenüber. Der volkswirtschaftliche Effekt schlägt sich in der Wirtschaftsbelebung der Klein- und Mittelbetriebe zu Buche.

Technologischer Fortschritt und geänderte Nachfragebedingungen am Markt sind Vorbedingungen für eine überlebensfähige Gesellschaft. Die neuesten Forschungsergebnisse lassen für die Zukunft neue Technologien erwarten, die die Welt entscheidend beeinflussen werden. Neben der für die ärztliche Versorgung ständig an Bedeutung gewinnenden Gen-Forschung gilt die Hoffnung insbesondere auch der Nanotechnologie, die nutzbringende Anwendungen in der Robotik, Sensorik, Biotechnologie, Medizin oder Kunstrestauration erwarten lässt. Das steirische Institut für Nanostrukturierte Materialien und Photonik leistet derzeit Grundlagenforschung für die maßgeschneiderte Manipulation und Steuerung von Licht mit Hilfe nanostrukturierter Systeme zur Effizienzsteigerung von Solarzellen. Die österreichische Regierung anerkennt die große Bedeutung des technologischen Fortschritts auch dadurch, dass sie die Forschungsinvestitionen bis zum Jahr 2006 auf 2,5 Prozent des BIP erhöhen will.

Klimaschutz

Die globale mittlere Oberflächentemperatur ist zwischen 1861 und 2000 um 0,6 Grad Celsius gestiegen. In Österreich kam es in den letzten 150 Jahren zu einer Steigerung der Mittelwerte von 1,8 Grad Celsius.

In Österreich spielt der Umweltschutz traditionell eine wichtige Rolle im politischen Diskurs. Diese wesentliche Stellung der Umwelt im Bewusstsein der Österreicher wird auch darin deutlich, dass Österreich den höchsten Anteil an Wasserstromproduktion innerhalb der Europäischen Union aufweist.

Die Erreichung des Kyoto-Ziels wurde von der Bundesregierung im Juni 2002 mit dem Beschluss der nationalen Klimastrategie in Angriff genommen. Österreich wurde gemäß der EU-Lastenverteilungsvereinbarung eine Emissionsreduktion der Treibhausgase von 13 Prozent bis 2012 zugeteilt. Um dieses ehrgeizige Ziel zu erreichen, zielen die Umsetzungs- und Reformschritte vorrangig in Richtung

• Umleitung des Güterverkehrs von der Straße auf die Schiene (Einführung der km-abhängigen LKW-Straßenbenützungsabgabe, Realisierung wichtiger Schienen-Infrastrukturvorhaben),

• Ausweitung der Umweltförderungsmittel für klimarelevante Investitionen und Programme (insbesondere erneuerbare Energieträger und Energieeffizienz),
• Ökologisierung des Steuersystems und
• Steigerung des Anteils erneuerbarer Energieträger an der Stromerzeugung von 70 auf 78 Prozent. Im EU-Vergleich weist Österreich bereits jetzt den höchsten Anteil an erneuerbarer Energie auf.

Ein wesentlicher Faktor für diese Belebung bildet die Förderung erneuerbarer Energie zur Stromerzeugung aufgrund des 2002 beschlossenen Ökostromgesetzes. Die im Ökostromgesetz genannten Ziele dienen der Erreichung des 78,1 Prozent-Zieles für Österreich, wie es in der EU-Richtlinie zur Förderung erneuerbarer Energieträger vorgegeben ist.

Im Rahmen des Budgetbegleitgesetzes 2003 wurde das österreichische JI/CDM-Programm[4] geschaffen. Es wird nunmehr Wirtschaftsunternehmen erleichtert, Anlagenprojekte, die im Ausland Treibhausgasemissionen reduzieren, abzuwickeln. Durch die vertragliche Fixierung, dass der Staat die erzielten Emissionsreduktionseinheiten ankauft, wurde eine völlig neuartige Form der Projektfinanzierung geschaffen. Insbesondere im Bereich der Energie- und Umwelttechnologie werden so neue Chancen auf internationalen Märkten eröffnet. Gleichzeitig können die volkswirtschaftlichen Kosten für die Erreichung des Kyoto-Ziels durch privatwirtschaftliche Unternehmensaktivitäten gesenkt werden.

Die Umsetzung der nationalen Klimastrategie lässt auch deutliche volkswirtschaftliche Impulse erwarten. So ist nach einer WIFO-Studie[5] mit einem Beschäftigungszuwachs um etwa 20.000 bis 26.000 Personen in den Bereichen erneuerbare Energieträger, Sanierung von Gebäuden und Förderung des öffentlichen Personennahverkehrs im Zeitraum 2005 bis 2010 zu rechnen.

Die mit 1.1.2003 in Kraft getretenen **Ökostromverordnungen** enthalten einerseits die Festsetzung der Preise für die Abnahme elektrischer Energie aus Ökostromanlagen. Andererseits werden auch Förderbeträge sowie die Festset-

---

4 Joint Implementation/Clean Development Mechanism.
5 Wirtschaftsforschungsinstitut; "Energieszenarien bis 2010".

zung eines Kraft-Wärme-Kopplungszuschlages auf alle an Endverbraucher abgegebenen Strommengen festgesetzt.

Land- und Forstwirtschaftspolitik

In Österreich werden 11 Prozent der landwirtschaftlichen Nutzfläche nach biologischen Kriterien bewirtschaftet, rund jeder zehnte Bauer ist Biobauer. Damit der Trend zur verstärkt biologischen Landwirtschaft anhält, wurde ein Bio-Aktionsprogramm vereinbart und schrittweise umgesetzt. Im Jahr 2002 wurden aus dem agrarischen Umweltprogramm ÖPUL 2000 für Bioförderungen um rund 7,5 Mio. € mehr ausgezahlt als im Jahr 2001. Das auf EU-Ebene ausgearbeitete Bio-Aktionsprogramm wurde von Österreich sehr unterstützt.

Das Programm zur ländlichen Entwicklung (die "zweite Säule der Gemeinsamen Agrarpolitik") brachte 2001 weitreichende Änderungen der Ausgleichszulage für Betriebe in benachteiligten Gebieten und des Agrar-Umweltprogramms.

Im Jahre 2002 wurde eine Aufstockung der **Förderung für Biomasse und erneuerbare Energieträger** um insgesamt 15 Millionen Euro erreicht. Mit diesen Geldern können so viele Biomasseheizwerke gefördert werden wie nie zuvor. Diese Förderungsaufstockung ist nicht nur ein Schritt in Richtung besserer Klimaschutz, sondern auch ein Beitrag zur Belebung der Wirtschaft. Es werden Investitionen von rund 50 Millionen Euro erwartet, die rund 1.000 zusätzliche Arbeitsplätze in der Bauwirtschaft und neue Dauerarbeitsplätze im ländlichen Raum schaffen. Für die Landwirte ergibt sich damit eine neue zusätzliche Absatzmöglichkeit für ihre Biomasseprodukte.

Menschen im sozialen Umfeld

Im sozialen Bereich zählt die Frage zur Erhöhung der Erwerbsbeteiligung bei älteren Menschen über 60 auch in Österreich zu einer der wichtigsten Zukunftsfragen. Älter werden darf nicht als Bedrohung erlebt werden. In Anbetracht der demographischen Entwicklung müssen – wie im Kapitel von Prof. Josef Schmid skizziert – daher ständig Anpassungen im Gesundheits- und Sozialbereich, in der Alterssicherung etc. vorgenommen werden. Als langfristiges Ziel zur Förderung der Entfaltungsmöglichkeiten für alle Generationen wurde dieses Thema auch in der Nationalen Nachhaltigkeitsstrategie als Leitziel verankert.

Prognosen der künftigen Ausgaben für die Altersversorgung zeigen enorme Zuwächse, in Höhe von 3 bis 5 Prozentpunkten des BIP in den meisten Ländern

(Österreich $4^{1}/_{2}$ Prozent) und in einigen sogar darüber. Zuwächse in dieser Größenordnung stellen die Frage nach der bestmöglichen Finanzierung der Pensionssysteme in den Vordergrund. In Anlehnung an die von Prof. Rürup in seinem Kapitel vorgeschlagenen Eckpfeiler gilt es, Maßnahmen insbesondere in folgenden Bereichen zu setzen.

Wirtschafts- und Beschäftigungspolitik, Bildungspolitik sowie Familienpolitik als Basis

Da für die Finanzierbarkeit der Alterssicherung vor allem die gesamtwirtschaftliche Entwicklung (Wachstum, Arbeitsproduktivität, Beschäftigung) ausschlaggebend ist, kommt einer aktiven Beschäftigungs- und Arbeitsmarktpolitik, durch die die Arbeitslosigkeit abgebaut und das Beschäftigungsniveau erhöht wird, größte Bedeutung im Hinblick auf die Finanzierung der Pensionen zu.

Die Politik ist daher bei der Steuerung der entsprechenden Rahmenbedingungen – Stichworte "Vereinbarung von Beruf und Familie, betriebliche Weiterbildungsmaßnahmen für ältere Arbeitskräfte usw." – gefordert. Im derzeitigen österreichischen Regierungsprogramm finden sich dazu mehrere Maßnahmen und ein weiterer Ausbau ist in Ausarbeitung.

Beispielsweise sollen für über 56/58-jährige Arbeitnehmer die Lohnnebenkosten um drei Prozent, für über 60-jährige Arbeitnehmer um etwa 10 Prozent gesenkt werden. Unter bestimmten Voraussetzungen, wie zum Beispiel bei Gefährdung des Arbeitsplatzes, sollen verstärkt Mittel der aktiven Arbeitsmarktpolitik zur Qualifizierung von älteren Beschäftigten verwendet werden. Arbeitslosen Arbeitnehmern, die das 25. Lebensjahr noch nicht oder das 50. Lebensjahr bereits überschritten haben, soll binnen acht Wochen eine zumutbare Beschäftigung angeboten werden. Falls dies nicht möglich ist, hat der Arbeitslose einen Rechtsanspruch auf Teilnahme an einer Qualifizierungsmaßnahme.

Bildungspolitik

Das international anerkannte und differenzierte österreichische Bildungssystem ist auch ein wesentlicher Grund dafür, dass Österreich seit Anfang des Jahres 2003 die niedrigste Jugendarbeitslosigkeit in der gesamten EU aufzuweisen hat.

Eine der heimischen Besonderheiten im Schulsystem ist das "duale Bildungssystem". Dieses besteht aus einer Kombination: Jugendliche erhalten eine Berufsausbildung aufgrund der praktischen Ausübung eines Berufs in einem Unternehmen und der theoretischen Ausbildung in einer staatlich organisierten Berufsschule. Meistens dauert die Ausbildung drei Jahre. Um dieses erfolgreiche System fortzuführen, das Österreich das hervorragende Potenzial an Facharbeitern bietet, wurden neue Lehrberufe eingerichtet (Personaldienstleistung, Kristallschleiftechnik, Sanitär- und Klimatechnik- Ökoenergieinstallation, Mechatronik etc.).

Besonderen Anteil an der österreichischen Spitzenposition im EU-Vergleich haben auch die berufsbildenden mittleren und höheren Schulen in Bereichen Mode, Land- und Forstwirtschaft, Tourismus oder kaufmännische Berufe. Die berufsbildenden mittleren Schulen oder Fachschulen vermitteln in drei oder vier Jahren berufliche Qualifikationen und Allgemeinbildung. Mit Abschluss der fünfjährigen berufsbildenden höheren Schule erwirbt man den allgemeinen Hochschulzugang und die berufliche Qualifikation. Die Übungsfirma als Lernort und Lernmethode, wie sie an allen Handelsschulen und Handelsakademien seit 1993 im Lehrplan verpflichtend vorgesehen ist, setzt sich auch in den anderen berufsbildenden Schulen zunehmend durch. Derzeit gibt es in Österreich ca. 1.200 Übungsfirmen.

Die Höheren Technischen Lehranstalten und die technischen-gewerblichen Fachschulen bieten Ingenieur- und Technikerprojekte an. Diese verbinden eine hochwertige fachliche Ausbildung mit dem Erwerb sehr wichtiger wirtschaftlicher Schlüsselkompetenzen. Auch die im letzten Jahrgang der HTL unter Leitung erfahrener Lehrkräfte in Zusammenarbeit mit der Wirtschaft und Industrie erstellten Diplomarbeiten haben sich besonders bewährt.

Neben dem Angebot des Universitäts- bzw. Hochschulstudiums gibt es seit 1993 das Angebot an Fachhochschul-Studiengängen. Das Novum an dieser wissenschaftlich fundierten Ausbildung auf Hochschulniveau ist ein verpflichtendes Berufspraktikum, wie zum Beispiel in Tourismus, Informationswesen und -technologien, Medien, Design oder Gesundheit und Soziales. Ihre Gründung wird weder von Ministerien noch per Gesetz beschlossen. Die Fachhochschul-Studiengänge werden nach Genehmigung durch den Fachhochschulrat von juristischen Personen des privaten oder öffentlichen Rechts geführt. Insgesamt haben diese Ausbildungseinrichtungen seit Mitte der 90er Jahre bereits rund 7.500 Absolventen verlassen.

Allgemeine Zukunftsaspekte

Die Erfolge der industrialisierten Länder sind bemerkenswert. Doch warten in Zukunft große Herausforderungen auf die gesamte Menschheit, die nur gemeinsam auf internationaler Ebene zu bewältigen sind.

Das weltweite schwache Wirtschaftswachstum, die steigende Bevölkerungsanzahl, die Klimaveränderung und die Frage der Sicherheit sollen nicht getrennt
gesehen werden. Der Abschied vom stetigen und massiven Wirtschaftswachstum
begann sich in den 70er Jahren des 20. Jahrhunderts zu vollziehen, wie Prof. Giarini zusammenfassend im Kapitel "Governance und die ökonomische Ordnung"
beschreibt. Auf volkswirtschaftlicher Ebene liegen die zukünftigen Bedürfnisse
der Gesellschaft im überwiegenden Maß im Dienstleistungsbereich, während die
traditionellen Industriesektoren an Bedeutung verlieren werden.

Da die Messung des BIP-Wachstums durch die Messung des Geldflusses auf
makro-ökonomischer nationaler Ebene erfolgt, stellen die durch Umweltverschmutzung entstandenen Vermögensverluste, die durch Investitionen ersetzt
werden müssen, trotz positiver Bilanz im Bruttoinlandsprodukt keinen Mehrwert
dar. Die wirkliche Höhe des Volkswohlstandes hängt hingegen nicht nur vom
Geldfluss ab, sondern auch von freiwillig geleisteten Leistungen. Diesbezüglich
gilt es insbesondere der zum großen Teil von Frauen getragenen Familienarbeit
und dem freiwilligen Dienst im Kranken -und Pflegebereich zu würdigen.

Eine der wesentlichen Grundbedingungen für eine nachhaltige globale Zukunft ist ein fairer globaler Wettbewerb. Das Ziel nationaler Regierungen muss es
daher sein, faire Rahmenbedingungen in den Regelwerken der WTO und in den
UN-Vereinbarungen zu unterstützen.

Mit der Ministerkonferenz in Doha im Jahre 2001 wurde eine neue multilate-
rale Handelsrunde eingeleitet. Nicht nur neue Bereiche, wie Handel und Umwelt
oder Transparenz im öffentlichen Beschaffungswesen sollen nun in das WTO-
Regelwerk finden. Auch die Forderungen und Anliegen der Entwicklungsländer
stehen dabei im Mittelpunkt. Bei der WTO-Ministerkonferenz in Cancun (Mexiko) im September 2003 wären wichtige Entscheidungen zu treffen gewesen, damit die neue Verhandlungsrunde wie geplant bis 1.1.2005 abgeschlossen hätte
werden können. Der Abbruch der WTO-Verhandlungen in Cancun ist bedauer-
lich und ein Rückschlag für die WTO, vor allem aber für die Entwicklungsländer.
Noch nie sind die Industriestaaten den Entwicklungsländern so weit entgegen gekommen wie in Cancun, vor allem in der Landwirtschaft.

Nachhaltigkeit ist eine zentrale politische Herausforderung des 21. Jahrhunderts. Besondere Bedeutung kommt hier insbesondere der Wirtschaftspolitik zu.
Auch in deren Teilbereichen, wie etwa bei der Handels-, Forschung- und Innova-
tionspolitik, muss der Mensch im Mittelpunkt stehen. Als Konsument hat er das
Anrecht auf umweltschonende, ressourceneffiziente Produkte und Produktionsweisen. Als Produzent trägt er die Verantwortung, auf welche Weise dies passiert. Das oftmals als gespannt angesehene Verhältnis zwischen Wirtschafts- und
Umweltpolitik kann im Modell der Nachhaltigkeit aufgrund der gemeinsamen
Zielsetzungen in kreativer Weise gelöst werden. Auf diese Weise werden die

Ziele "gesunde Umwelt" und "wirtschaftlicher Wohlstand " zu komplementären Zielen der Wirtschaftspolitik.

Literatur- und Quellenverzeichnis

Die globale Energiewende: Beseitigung der Energiearmut und Klimaschutz

Enquête-Kommission "Vorsorge zum Schutz der Erdatmosphäre" des 11. Deutschen Bundestages (1990): Schutz der Erde. Eine Bestandsaufnahme mit Vorschlägen zu einer neuen Energiepolitik. Economica Verlag, Bonn

IPCC (1996): Climate Change 1995 – The Science of Climate Change: Contribution of Working Group I to the Second Assessment Report of the Intergovernmental Panel on Climate Change. Eds.: J.T. Houghton, L.G. Meira Filho, B.A. Callander, N. Harris, A. Kattenberg, and K. Maskell, Cambridge University Press

IPCC (2001a): Climate Change: The Scientific Basis. Contribution of Working Group I to the Third Assessment Report (TAR). Cambridge University Press, Cambridge, UK, 881 Seiten

IPCC (2001b): Impacts, Adaptation, and Vulnerability. Cambridge University Press, Cambridge, UK

Rotstayn, L.D. and U. Lohmann (2002): Tropical rainfall trends and the indirect aeorosol effect. Journal of Climate, 15, 2103-2116

Feichter, J. (2003): Private Mitteilung

WBGU (1997): Stellungnahme zur 3. Vertragsstaatenkonferenz der Klimarahmenkonvention: Ziele für den Klimaschutz

WBGU (2003): Welt im Wandel – Energiewende zur Nachhaltigkeit. 254 Seiten. Alle WBGU-Gutachten sind unter www.wbgu.de erhältlich

Neoliberalismus contra nachhaltige Entwicklung?

Affemann, N., B.F. Pelz und F.J. Radermacher: Globale Herausforderungen und Bevölkerungsentwicklung: Die Menschheit ist bedroht. Beitrag für den Beirat der Deutschen Stiftung Weltbevölkerung e. V., Landesstelle Baden-Württemberg, 1997

Brown, G.: Tackling Poverty: A Global New Deal. A Modern Marshall Plan for The Developing World. Pamphlet based on the speeches to the New York Federal Reserve, 16 November 2001, and the Press Club, Washington D.C., 17 December 2001. HM Treasury, February 2002

Club of Rome (ed.): No Limits to Knowledge, but Limits to Poverty: Towards a Sustainable Knowledge Society. Statement of the Club of Rome to the World Summit on Sustainable Development (WSSD), 2002

Gore, A.: Wege zum Gleichgewicht – Ein Marshallplan für die Erde. S. Fischer Verlag GmbH, Frannkfurt, 1992

Information Society Forum (ed.): The European Way for the Information Society. European Commission, Brussels, 2000

Kämpke, T., F.J. Radermacher, R. Pestel: A computational concept for normative equity. European J. of Law and Economics 15, 129-163, 2002

Küng, H.: Projekt Weltethos, 2. Aufl., Piper, 1993

Küng, H. (ed.): Globale Unternehmen – globales Ethos. Frankfurter Allgemeine Buch, Frankfurt, 2001

Neirynck, J.: Der göttliche Ingenieur. expert-Verlag, Renningen, 1994

Radermacher, F.J.: Globalisierung und Informationstechnologie. In: Weltinnenpolitik. Intern. Tagung anläßlich des 85. Geburtstages von Carl-Friedrich von Weizsäcker, Evangelische Akademie Tutzing, 1997. In (U. Bartosch und J. Wagner, eds.) S. 105-117, LIT Verlag, Münster, 1998

Radermacher, F.J.: Die neue Zukunftsformel. bild der wissenschaft 4, S. 78ff., 2002

Radermacher, F.J.: Balance oder Zerstörung: Ökosoziale Marktwirtschaft als Schlüssel zu einer weltweiten nachhaltigen Entwicklung. Ökosoziales Forum Europa (ed.), Wien, August 2002, ISBN: 3-7040-1950-X

Schauer, T. F.J. Radermacher (eds.): The Challenge of the Digital Divide: Promoting a Global Society Dialogue. Universitäts-Verlag, Ulm, 2001

Schmidt, H.(Hg.): Allgemeine Erklärung der Menschenpflichten – Ein Vorschlag. Piper Verlag GmbH, München, 1997

Schmidt, H.: Die Selbstbehauptung Europas. Perspektiven für das 21. Jahrhundert. Deutsche Verlags-Anstalt, Stuttgart, 2000

Schmidt-Bleek, F.: Wieviel Umwelt braucht der Mensch? MIPS – Das Maß für ökologisches Wirtschaften, Birkhäuser Verlag, 1993

Töpfer, K.: Kapitalismus und ökologisch vertretbares Wachstum – Chancen und Risiken. in: Kapitalismus im 21. Jahrhundert, S. 175-185, 1999

Töpfer, K.: Ökologische Krisen und politische Konflikte. in: Krisen, Kriege, Konflikte (A. Volle und W. Weidenfeld, ed.), Bonn, 1999

Töpfer, K.: Environmental Security, Stable Social Order, and Culture. in: Environmental Change and Security Project Report, Woodrow Wilson Centre, No. 6, 2000

Töpfer, K.: Globale Umweltpolitik im 21. Jahrhundert, eine Herausforderung für die Vereinten Nationen. in: Erfurter Dialog (Thüringer Staatskanzlei, ed.), 2001

von Weizsäcker, C. F.: Bedingungen des Friedens. Vandenhoeck und Ruprecht, Göttingen, 1964
von Weizsäcker, E.U., A. B. Lovins, L. H. Lovins: Faktor Vier: doppelter Wohlstand, halbierter Naturverbrauch. Droemer-Knaur, 1995

Good Governance , "Think globally, act locally"

Altvater, Elmar, Mahnkopf, Birgit: Grenzen der Globalisierung; Ökonomie, Ökologie und Politik in der Weltgesellschaft. Münster 1996.
Amon, Werner, Liebmann, Andreas (Hrsg.): Umwelt – Friede – Entwicklung. Dimensionen 2000, Wien 1997.
Beck, Ulrich: Perspektiven der Weltgesellschaft. Frankfurt am Main 1998.
Bourdieu, Pierre: Gegenfeuer; Wortmeldungen im Dienste des Widerstands gegen die neoliberale Invasion. Konstanz 1998.
Esteva, Gustavo: FIESTA – jenseits von Entwicklung, Hilfe und Politik. Frankfurt a. M. / Wien 1992.
Grober, Ulrich: Konstruktives braucht Zeit. Aus Politik und Zeitgeschichte, B31-32/2002.
Kabou, Axelle: Weder arm noch ohnmächtig; Eine Streitschrift gegen schwarze Eliten und weiße Helfer. Basel 1995.
Kennedy, Margit: Gefahren und Chancen der Globalisierung. In: Zeitschrift für Sozialökonomie 121/1999. S.27 ff.
Madörin, Mascha: Männliche Ökonomie – Ökonomie der Männlichkeit. In: Bundesministerium für Frauenangelegenheiten, Frauenwirtschaftskonferenz, Schriftenreihe BD.6, Wien 1995.
Mascha, Andreas: Das Holistische Marketing – Eine zukunftsfähige Managementstrategie. Sonderschrift der Arbeitsgruppe Integrales Management / Institut homo integralis.
Messner, Dirk, Nuscheler, Franz: Das Konzept Global Governance Stand und Perspektiven; INEF Report, Duisburg, Heft 67/2003.
Moser, Anton, Riegler, Josef: Konfrontation oder Versöhnung? Ökosoziale Politik mit der Weisheit der Natur. Graz / Stuttgart 2001.
Narr, W., D., Schubert, A.: Weltökonomie, Die Misere der Politik. Frankfurt am Main 1994.
Nohlen, D., Nuscheler, F. (Hrsg.): Handbuch der Dritten Welt; 1 Grundprobleme, Theorien, Strategien. Bonn 1993.
Nuscheler, Franz (Hrsg.): Entwicklung und Frieden im Zeichen der Globalisierung, Bonn 2000.

Sachs, Wolfgang (Hg.): Wie im Westen so auf Erden, Ein polemisches Handbuch zur Entwicklungspolitik. Reinbek bei Hamburg 1993.

Schmee, J., Weissel, E. (Hrsg.): Die Armut des Habens; Wider den feigen Rückzug vor dem Neoliberalismus. Wien 1999.

Stiftung Entwicklung und Frieden (SEF) (Hrsg.): Nachbarn in Einer Welt; Der Bericht der Kommission für Weltordnungspolitik. Bonn 1995.

Woyke, Wichard (Hrsg.): Handwörterbuch Internationale Politik. Opladen 1993.

Die Grenzen der Moneterisierung – Der Wandel der geldgesteuerten Gesellschaft

Beck, U. (1997),: Erwerbsarbeit durch Bürgerarbeit ergänzen, in: Kommission für Zukunftsfragen der Freistaaten Bayern und Sachsen, Band III, S. 146-168.

Beck, U. (1999): Schöne neue Arbeitswelt. Vision: Weltbürgergesellschaft, Frankfurt a.M./New York.

Britton, F. (1994): Rethinking Work – An Exploratory Investigation of New Concepts of Work in a Knowledge Society. Paris.

Competitiveness Advisory Group (1995 and 1996): First to Third Report to the President of the European Commission, the Prime Ministers and Heads of State. Brussels.

Delsen, L./ Reday-Mulvey, G. (1996): Gradual Retirement in the OECD Countries.

Dollase, R. et.al. (1999): Zeitstrukturierung unter hypothetischen Bedingungen der völligen Wahlfreiheit oder: Das Flexibilisierungsparadoxon.

Employee Benefit Research Institue (1996-2001): Monthly Newsletters. New York.

European Commission (1993): Actions for Stimulation of Transborder Telework & Research Cooperations in Europe. Brussels.

European Commission (1994-2000): Employment in Europe. Brussels. And follow-up documentation.

Giarini, O. & Liedtke, P. (1997 et. al.): Wie wir arbeiten werden – ein Bericht an den Club of Rome. Hamburg, Bilbao, Paris, Rom, et.al.

Gruhler, W. (1990): Dienstleistungsbestimmter Strukturwandel in deutschen Industrieunternehmen. Köln.

ILO (1994-2000): World Labour Reports. World Employment Reports. Yearbooks of Labour Statistics. Geneva.

International Social Security Association (various): International Social Security Review. Various Issues. Geneva.

Liedtke, P. (2001): "Erwartungen der Erwerbstätigen an die Arbeitsbedingungen des 21. Jahrhunderts", in: Bensel, N.: "Von der Industrie- zur Dienstleistungsgesellschaft", Frankfurt.

Liedtke, P. (2001): "The Future of Active Global Ageing: Challenges and Responses", in Geneva Papers on Risk and Insurance – Issues and Practice, vol. 26, no. 3, July 2001.

OECD (1994): Labour Force Statistics 1972-1992. Paris

OECD (1999): Implementing the OECD Jobs Strategy – Assessing Performance and Policy. Paris.

OECD (various): Employment Outlook. Paris.

Rauschenbach, Th. (1999): Rede anlässlich der Mitgliederversammlung des Deutschen Vereins für öffentliche und private Fürsorge e.V. am 1. Dezember 1999 in Frankfurt/Main.

S. Simon, G. (1999): Zeit-Geist-Wende. In: Kommune, Nr. 8, August 1999.

Scherrer, K. und Wieland, R. (1999): Belastungen und Beanspruchung bei der Arbeit im Call Center. In: Gesina aktuell, Nr. 2, April 1999.

UNDP (1994-2000): Human Development Reports. New York.

Wieland, R. (1999): Arbeitswelt 2000 – Kreativ, motiviert, flexibel.

Risiko und Nachhaltigkeit

Amalberti, R. (1994) Quand l'homme et la machine ne se comprennent plus. In: Bulletin deliaison de l'Institut Fredrik R. Bull,Louveciennes.

Berliner, B. (1982) Limits of insurability of Risks, Zurich, Swiss Reinsurance Company, Prentice-Hill Inc.,Englewood Cliffs,N.J.

Bernold, T. (1990) Industrial Risk Management: A Life-cycle Engineering Approach, Proceedings of a Conference at the Swiss Federal Institute of Technology, Zurich, In: Elsevier Amsterdam a Journal of Occupational Accidents, Vol.13 (1/2)

Carnoules Declaration of the Factor 10 Club (1994).

Dieren, Wouter van (1995) Taking Nature into account, Birkhäuser-Verlag, Basel, ISBN 3-7643-5173-X

ETAN Expert Working Group for the European Commission Directorate General XII, Environment and Climate RTD Programme, Targeted Socio-Economic Research Programme, ETAN Working Paper on Climate Change and the Challenge for Research and Technological Development (RTD) Policy. Prepared by an independent Final Report – December 1998

Ewald, F. (1989) Die Versicherungs-Gesellschaft, In: Kritische Justiz, 22 Jahrgang, Heft 4,Baden-Baden

Giarini, Orio und Stahel, Walter R. (1989/1993) The Limits to Certainty, facing risks in the new Service Economy, 2nd edn; Kluwer Academic Publishers, Dordrecht, Boston, London – ISBN 0-7923-2167-7. (2002) Die Performance Gesellschaft: Chancen und Risiken beim Übergang zur Service Economy. Metropolis Verlag Marburg. ISBN 3-89518-320-2

Gross (1995), Die Multi-Options-Gesellschaft, Suhrkamp Verlag

Gruhler, Wolfram (1990) Dienstleistungsbestimmter Strukturwandel in deutschen Industrieunternehmen; Deutscher Instituts Verlag Köln; ISBN 3-602-24406-7.

Haller, M. and Petin, J. (1994) Geschäft mit dem Risiko – Brüche und Umbrüche in der Industrieversicherung; in: Schwebler et al (Hrsg.) Dieter Farny und die Versicherungswirtschaft, Verlag Versicherungswirtschaft Karlsruhe

Nutter, F.W., (1994) The Role of Government in the United States in Addressing Natural Catastrophes and Environmental Exposure, In: Geneva Papers, 19th year, No. 72, July, p.244

Schmidt-Bleek, Friedrich (1996) The Fossil Makers – Factor 10 and more. Birkhäuser Verlags-AG, Berlin, Basel; ISBN 3-7643-2959-9

Schmid, G. (1990)Rechtsfragen bei Großrisiken, In Zeitschrift für Schweizerisches Recht, NF 109 (1990) sowie in den Proceedings des Schweizerischen Juristentages

Showater, Sands, P. and Myers, M.F. (1994) Natural Disasters in the United States as Release Agents of Oil, Chemicals or Radiological Materials between 1980-1989, Analysis and Recommendations, In Risk Analysis, Vol. 14, No.2, p.169ff

Sogh, G. and Fauve, M. (1991) Compensation for Damages Caused by Nuclear Accidents: A Convention as Insurance, Etudes et Dossiers No. 156, July 1991, Geneve, The Geneva Association

Stahel, Walter and Reday, Geneviève (1976/1981) Jobs for Tomorrow, the potential for substituting manpower for energy; report to the Commission of the European Communities, Brussels/Vantage Press, N.Y.

Stahel, Walter R. (2000) Incentives for loss prevention instead of disaster management by the State in case of catastrophic risks; in: Coles, E., Smith D. and Tombs S. (eds.) Risk Management and Society, pp. 81-100

(1995) 300 examples of higher resource productivity in today's industry and society (Intelligente Produktionsweisen und Nutzungskonzepte) – Handbuch Abfall 1 – Allg. Kreislauf- und Rückstandswirtschaft; Band 1 und 2, Landesanstalt für Umweltschutz Baden-Württemberg (Hrsg.), Karlsruhe

(1994) The impact of shortening (or lengthening) of life-time of products and production equipment on industrial competitiveness, sustainability and employment; research report to the European Commission, DG III, November 1994

(1985) Hidden innovation, R&D in a sustainable society, in: Science & Public Policy, Journal of the International Science Policy Foundation, London; Volume 13, Number, 4 August 1986: Special Issue : The Hidden Wealth.

(1984) "The Product-Life Factor"; in: Orr, Susan Grinton (ed.) An Inquiry into the Nature of Sustainable Societies: The Role of the Private Sector; HARC, The Woodlands, TX

World Health Organization, (1991) Report on Chernobyl: see Risk Management Newsletter No.10 (January 1991), Geneva, The Geneva Association.

Der Generationenvertrag

Aaron, Henry, 1966, The Social Insurance Paradox, Canadian Journal of Economics and Political Science, 32, 371-374

Auerbach, Alan, Laurence Kotlikoff, Willi Leibfritz, 1999, Generational Accounting Around the World, National Bureau of Economic Research Project, The University of Chicago Press

Barr, Nicholas, 2000, Reforming Pensions: Myths, Truths, and Policy Choices, IMF Working Paper WP/00/139

Breyer, Friedrich, 2001, Why funding is not a solution to the "Social Security Crisis", DIW Discussion Paper No. 254

Breyer, Friedrich, Mathias Kifmann, 2001, Incentives to retire later – a solution to the social security crisis? DIW Discussion Paper No. 266

Breyer, *Friedrich*, 1989, On the Intergenerational Pareto Efficiency of Pay-as-you-go Financed Pension Systems, Journal of Institutional and theoretical Economics, Journal of Institutional and Theoretical Economics, 145, 643-658

Brunner, Johann, 1996, Transition from a pay-as-you-go to a fully funded pension system: The case of differing individuals and intragenerational fairness, Journal of Public Economics, 60, 131-146

Brunner, Johann, 1994, Redistribution and the Efficiency of the Pay-as-you-go Pension System, Journal of Institutional and theoretical Economics, 150, 511-523

Diamond, Peter, 1977, A Framework for social security analysis, Journal of Public Economics, 8, 275-298

European Commission, 2001, Reforms of Pension Systems in the EU – An Analysis of the Policy Options -, European Economy, No. 73,171-222

European Commission, 1999, Generational Accounting in Europe, European Economy, No. 6

Feldstein, Martin, 2001, The Future of Social Security Pensions in Europe, NBER Working Paper No. 8487

Feldstein, Martin, 1996, The Missing Piece in Policy Analysis: Social Security Reform, American Economic Review, 86, 1-14

Fenge, Robert, 1995, Pareto-efficiency of the Pay-as-you-go Pension System with Intragenerational Fairness, Finanzarchiv, NF 52, 357-363

Herbertsson, Tryggvi Thor, J. Micheal Orszag, 2001, The costs of Early Retirement in the OECD, Institute of Economic Studies, University of Iceland, Working Paper W01:02

Lindbeck, Assar, Mats Persson, 2002, The Gains from Pension Reform, Institute for International Economic Studies, Seminar Paper No. 712

Merton, Robert, 1983, On the Role of Social Security as a means for efficient Risk Sharing in an Economy where Human Capital is not tradeable, in Z. Bodie, J. B. Shoven (eds.): Financial Aspects of the United States Pension System, 325-358, University of Chicago Press

Orszag, Peter, Joseph Stieglitz, 1999, Rethinking Pension Reform: Ten Myths about Social Security Systems, Paper Presented at the conference on "New Ideas about Old Age Security", The World Bank, Washington DC

Persson, Mats, 2000, Five Fallacies in the social security debate, Institute for International Economic Studies, Stockholm University, Seminar Paper No. 686

Riphahn, Regina, Peter Schmidt, 1999, Lockt der Ruhestand oder drängt der Arbeitsmarkt? Langfristige Entwicklung der Gesetzlichen Rentenversicherung und Determinanten des Rentenzugangs, in E. Wille (Hrsg.): Entwicklung und Perspektiven der Sozialversicherung, p. 101-145, Nomos Verlag, Baden Baden

Rürup, Bert, Patrick M. Liedke, 1998, Umlageverfahren versus Kapitaldeckungsverfahren, in Cramer, Förster, Ruland (Hrsg.): Handbuch der Altersversorgung, S.779-798, Fritz Knapp Verlag, Frankfurt am Main

Samuelson, Paul, 1958, An Exact Consumption Loan Model of Interest with or without Social Contrivance of Money, Journal of Political Economy, 66, 467-482

Siddiqui, Sinkandar, 1997, The Pension Incentive to retire: Empirical Evidence for West Germany, Journal of Population Economics, 10, 337-360

Sinn, Hans-Werner, 1999a, The Crisis of Germany's Pension Insurance system How it can be resolved, CESifo Working Paper Series No. 191

Sinn, Hans-Werner, 1999b, Pension Reform and Demographic Crisis: Why a funded System is needed and why it is not needed, Paper presented at the 55th IIPF Congress in Moscow

Thum, Marcel, Jakob von Weizsäcker, 2000, Implizite Einkommensteuer als Messlatte für aktuelle Rentenreformvorschläge, Perspektiven der Wirtschaftspolitik, 1, 453-468

Worldbank, 1994, Averting the old age crisis, Oxford University Press

Gesellschaft und Ethos

Die Grundlage für die folgenden grundsätzlichen Ausführungen bildet mein Buch "Projekt Weltethos" (München 1990)

O. Renn, Ökologisch denken – sozial handeln: Zur Realisierbarkeit einer nachhaltigen Entwicklung (Redemanuskript 1994)

D. Birnbacher – C. Schicha, Vorsorge statt Nachhaltigkeit – ethische Grundlagen der Zukunftsverantwortung (Redemanuskript 1994)

Dietmar Mieth, Aufsatz: Theologisch-ethische Ansätze im Hinblick auf die Bioethik, in: Concilium 25 (1989) Heft 3 (als ganzes der Thematik "Ethik der Naturwissenschaften" gewidmet)

H. Jonas, Das Prinzip Verantwortung. Versuch einer Ethik für die technologische Zivilisation, Frankfurt 1984,
Der Spiegel, Nr. 9, 1993

H. Küng – K.-J. Kuschel (Hrsg.), Erklärung zum Weltethos. Die Deklaration des Parlamentes der Weltreligionen, München 1993, Kap. II: Grundforderung: Jeder Mensch muss menschlich behandelt werden, vgl. Erklärung zum Weltethos, Kap. III: Vier unverrückbare Weisungen, vgl. Erklärung zum Weltethos, Kap. III,1: Verpflichtung auf eine Kultur der Gewaltlosigkeit und der Ehrfurcht vor allem Leben, vgl. Erklärung zum Weltethos, Kap. III,2: Verpflichtung auf eine Kultur der Solidarität und eine gerechte Wirtschaftsordnung, vgl. Erklärung zum Weltethos, Kap. IV: Wandel des Bewusstseins.

H. Küng – Das Christentum, 1999 (Neuauflage), München, Piper Verlag.

Gotthilf Hempel / Meinhard Schulz-Baldes (Hrsg.)

Nachhaltigkeit und globaler Wandel

Guter Rat ist teuer

Frankfurt am Main, Berlin, Bern, Bruxelles, New York, Oxford, Wien, 2003.
244 S., zahlr. Abb. und Tab.
ISBN 3-631-50400-4 · br. € 20.80*

Künftige Generationen sollen überall auf der Erde gut leben können. Diesem Wunschziel nachhaltiger Entwicklung steht der großenteils vom Menschen verursachte globale Wandel gegenüber, vor allem Klimaänderungen und Bevölkerungswachstum. In 15 Beiträgen suchen Umweltforscher, Ökonomen, Juristen, Psychologen, Philosophen und Mediziner nach Wegen aus diesem Dilemma. Im Mittelpunkt steht der Klimawandel und die Energiepolitik, aber auch die Sorge um Wasser und Böden, um das Meer und die biologische Vielfalt. Die Autorinnen und Autoren sind oder waren Mitglieder des Wissenschaftlichen Beirats der Bundesregierung *Globale Umweltveränderungen*. Sie nehmen dabei – z.T. sehr persönlich – Stellung zu den Themen des Weltgipfels in Johannesburg (August/September 2002), über den in einem Nachwort berichtet wird.

Aus dem Inhalt: Klimawandel und Energiepolitik · Gesundheit, Böden, Wasservorräte, Meere und biologische Vielfalt weltweit in Gefahr · Wer bezahlt den globalen Umweltschutz? · Klimapolitik: verhindern, anpassen oder reparieren · Macht und Ohnmacht von Staatengemeinschaft, Staat und Zivilgesellschaft · Umweltverhalten und Umweltethik als Regulative im globalen Wandel

 Frankfurt am Main · Berlin · Bern · Bruxelles · New York · Oxford · Wien
Auslieferung: Verlag Peter Lang AG
Moosstr. 1, CH-2542 Pieterlen
Telefax 00 41 (0) 32 / 376 17 27

*inklusive der in Deutschland gültigen Mehrwertsteuer
Preisänderungen vorbehalten
Homepage http://www.peterlang.de